R语言
机器学习实战

PRACTICAL
MACHINE
LEARNING IN R

[美] 弗雷德·恩旺加（Fred Nwanganga）

[美] 迈克·查普尔（Mike Chapple）　著

李毅 译

人民邮电出版社

北京

图书在版编目（CIP）数据

R语言机器学习实战 ／（美）弗雷德·恩旺加
（Fred Nwanganga），（美）迈克·查普尔
（Mike Chapple）著；李毅译. -- 北京：人民邮电出版
社，2022.12
ISBN 978-7-115-58393-2

Ⅰ．①R… Ⅱ．①弗… ②迈… ③李… Ⅲ．①程序语
言－程序设计 Ⅳ．①TP312

中国版本图书馆CIP数据核字(2022)第058175号

版 权 声 明

♦ 著　　[美] 弗雷德·恩旺加（Fred Nwanganga）
　　　　[美] 迈克·查普尔（Mike Chapple）
　　译　　　李　毅
　　责任编辑　王峰松
　　责任印制　王　郁　焦志炜

♦ 人民邮电出版社出版发行　　北京市丰台区成寿寺路 11 号
　　邮编　100164　电子邮件　315@ptpress.com.cn
　　网址　https://www.ptpress.com.cn
　　临西县阅读时光印刷有限公司印刷

♦ 开本：787×1092　1/16
　　印张：19　　　　　　　　　2022 年 12 月第 1 版
　　字数：427 千字　　　　　　2022 年 12 月河北第 1 次印刷
　　著作权合同登记号　图字：01-2020 -6512 号

定价：119.80 元

读者服务热线：**(010)81055410**　印装质量热线：**(010)81055316**
反盗版热线：**(010)81055315**
广告经营许可证：京东市监广登字 20170147 号

内容提要

本书探讨了如何使用 R 语言进行机器学习，涵盖基本的原理和方法，并通过大量的示例和练习，让读者掌握 R 语言的数据处理技巧。本书包括入门、回归、分类、模型的评估和改进、无监督学习五大部分，涉及线性回归、logistic 回归、k 近邻、朴素贝叶斯、决策树、聚类和关联规则等机器学习模型。本书配套提供相关的代码和数据，方便读者学习和使用。本书适合 R 语言和机器学习的爱好者、从业者以及相关院校的师生阅读参考。

献给我的父母，格雷丝和弗雷迪。
没有你们，我就不会是现在的我。谢谢你们。我想你们。

爱子，丘卡

致瑞奇，
我为你这个年轻人感到骄傲。

爱你的爸爸

关于作者

弗雷德·恩旺加（Fred Nwanganga）拥有美国圣母大学计算机科学与工程博士学位，是圣母大学门多萨商学院（University of Notre Dame's Mendoza College of Business）商业分析专业助理教授，在学校讲授数据管理、机器学习和非结构化数据分析的研究生与本科生课程。他在私营部门和高等教育领域拥有超过 15 年的技术领导经验。

迈克·查普尔（Mike Chapple）拥有美国圣母大学计算机科学博士学位，是圣母大学门多萨商学院信息技术、分析和运营系的副教授，是该大学商业分析硕士项目的学术主任，著有 20 多种图书。他在公共和私营部门拥有超过 20 年的技术经验。

关于译者

李毅，男，韩国岭南大学理学博士，中国人民大学统计学博士后，现任山西财经大学统计学院教授兼博士生导师，研究方向为大数据推断与抽样调查。主讲的"数据挖掘"课程获批山西省一流课程；主持或完成国家自然基金项目、教育部人文社会科学基金项目等国家级和省部级课题十余项，发表高质量学术论文 30 余篇，著作 5 部；获山西省社会科学研究优秀成果一等奖、山西省教学成果一等奖、山西省五一劳动奖章等 10 余项奖励；被遴选为山西省学术技术带头人、山西省青年拔尖人才等。

关于技术编辑

埃韦拉尔多·阿吉亚尔（**Everaldo Aguiar**）在圣母大学获得博士学位，并任职于圣母大学网络科学与应用跨学科中心。他曾是一名社会公益数据科学专家，现在担任 SAP Concur 首席数据科学经理，领导着一个数据科学家团队，负责开发、部署、维护和评估嵌入客户产品中的机器学习解决方案。

塞思·贝里（**Seth Berry**）是圣母大学门多萨商学院信息技术、分析和运营系的助理教授。他是一个狂热的 R 用户（已经足够了解什么时候需要使用 Tinn-R），并且喜欢统计编程任务。他对各种形式的文本分析以及通过人们的在线行为预测现实生活中的决策特别感兴趣。

致谢

出版一本书需要一个小团队，感谢与我们合作的许多人。

首先，感谢我们的家人。还要感谢圣母大学门多萨商学院信息技术、分析和运营系的同事。本书的大部分内容都源自大学走廊上的谈话，感谢同事的支持。

吉姆·米纳特尔（Jim Minatel）是我们在 Wiley 的策划编辑，在本书的出版过程中他发挥了重要作用。迈克曾经和吉姆共事多年，对他坚定不移的支持表示感谢。这次出书是弗雷德与 Wiley 的第一次合作，这确实是一次了不起的、有益的经历。

我们的代理人 Waterside Productions 的卡萝尔·耶伦（Carole Jelen），是我们重要的合作伙伴，他一直帮我们开拓新的出版机会，包括本书的出版。

我们的技术编辑，塞思·贝里（Seth Berry）和埃韦拉尔多·阿吉亚尔（Everaldo Aguiar），在本书的出版过程中给了我们宝贵的反馈。感谢他们做出的有意义的贡献。

我们的研究助理尼古拉斯·施密特（Nicholas Schmit）和闫赟（Yun "Jessica" Yan），做了很棒的文献回顾工作，并为本书整理了一些补充材料。

我们还要感谢 Wiley 的其他工作人员，特别是项目编辑凯齐亚·恩兹利（Kezia Endsley）和制作编辑瓦桑特·科拉吉（Vasanth Koilraj），是他们使本书能够按时出版。

——弗雷德和迈克

前言

机器学习正在改变世界。每个组织，无论大小，都试图从每天存储和处理的大量信息中提取知识。预测未来的诱人愿望推动了从市场营销到医疗保健等各个领域的商业分析师和数据科学家的工作。本书的目标是使分析工具能够为广大读者所接受。

R 编程语言是一种专用语言，旨在促进统计分析和机器学习。我们选择它作为本书的编程语言，不仅是因为它在这个领域很受欢迎，还因为它特别直观，对于那些将它作为第一门编程语言来学习的人来说，更是如此。

市面上有很多书是为商务人士和旁观者设计的，这类书强调机器学习的实际应用。同样，市面上也有许多深入研究机器学习的数学基础和计算机科学的技术资源。本书努力在这两者之间架起桥梁，试图给读者带来直观的机器学习介绍，并着眼于机器学习在当今世界的实际应用。同时，我们也提供了相应的代码。正如我们在本科和研究生课程中所做的那样，我们力求让每个人都能使用 R 编程语言。希望读者在阅读本书的时候，能打开身边的电脑，跟着我们的例子试着练习。

让我们开启机器学习的冒险吧。祝大家好运！

本书内容

本书介绍了如何使用 R 编程语言进行机器学习。

第 1 章介绍机器学习的概念，并描述机器学习如何在数据中发现知识。在本章中，我们将解释无监督学习、监督学习和强化学习之间的区别。我们描述了分类和回归问题之间的区别，并解释了如何衡量机器学习算法的有效性。

第 2 章介绍 R 编程语言以及本书其他部分将使用的工具集。我们从初学者的视角着手研究 R，解释 RStudio 集成开发环境的使用，并指导读者完成第一个 R 脚本的创建和执行。我们还将介绍如何使用包来重新分发 R 代码以及在 R 中使用不同的数据类型。

第 3 章介绍数据管理的概念以及使用 R 来收集和管理数据。我们将介绍 tidyverse，这是一组旨在促进分析过程的 R 包。我们将解释如何清洗、转换和减少数据，以便为机器学习做好准备，还会介绍在 R 中描述和可视化数据的不同方法。

第 4 章在探索线性回归的同时，深入研究有监督机器学习方法。我们解释了回归背后的统计原理，并演示了如何在 R 中拟合简单和复杂的回归模型。我们还介绍了如何评估、解释和应用回归模型的结果。

第 5 章介绍 logistic 回归。虽然线性回归适用于需要预测数值的问题，但它不太适合分类预测。在这一章中，我们描述了一种分类预测技术——logistic 回归，讨论了广义线性模型的使用，并描述了如何在 R 中建立 logistic 回归模型，以及如何评估、解释和改进 logistic 回归模型的结果。

第 6 章介绍 k 近邻技术，它使我们能够根据其他相似数据点的分类来预测一个数据点的分类。在这一章中，我们描述了 KNN 过程是如何工作的，并演示了如何在 R 中建立 KNN 模型。我们还将展示如何应用该模型对新数据点的分类做出预测。

第 7 章介绍朴素贝叶斯分类方法，即使用概率表来预测某个样本属于特定类别的可能性。在这一章中，我们讨论了联合概率和条件概率的概念，并描述了贝叶斯分类方法的作用。我们还演示了如何在 R 中构建一个朴素贝叶斯分类器，并用它来预测以前未见的数据。

第 8 章介绍决策树。决策树是一种流行的建模技术，因为它能产生直观的结果。在本章中，我们将学习如何创建和解释决策树模型，了解在 R 中生长一棵树的过程，并使用剪枝来提高模型的泛化能力。

第 9 章介绍评估模型。没有一种建模技术是完美的，每种方法都有自己的优缺点。在本章中，我们将讨论模型性能的评估过程。我们还会介绍重抽样技术，并探讨如何使用这些技术来估计模型未来的性能。此外我们还演示了如何在 R 中对模型性能进行可视化和评估。

第 10 章介绍改进模型。一旦有了评估模型性能的工具，我们就可以应用它们来改进模型性能。在这一章中，我们将介绍调整机器学习模型的技术，还将演示如何同时利用多个模型的预测能力来提升预测效果。

第 11 章介绍用关联规则发现模式。关联规则可以帮助我们发现数据集中存在的模式。在这一章中，我们介绍了关联规则的方法，并演示了如何从 R 中的数据集生成关联规则，以及如何评估和量化关联规则的强度。

第 12 章介绍用聚类对数据分组。聚类是一种无监督的学习技术，它根据项目之间的相似性对项目进行分组。在这一章中，我们将探讨使用 k 均值聚类算法细分数据的方法，并在 R 中演示 k 均值聚类。

读者服务

为了充分利用本书，我们鼓励大家利用本书配套网站上提供的学生材料和教师材料。我们也鼓励大家为我们提供有意义的反馈，以改进本书。

在阅读本书中的示例时，读者可以选择手动输入所有代码或使用本书附带的源代码文件。如果选择动手实践，读者还需要使用本书中提到的数据集。本书中使用的所有源代码和数据集都可以从人民邮电出版社异步社区官网下载。

资源与支持

本书由异步社区出品，社区（https://www.epubit.com）为您提供相关资源和后续服务。

配套资源

本书提供如下资源：
- 所有源代码、数据集
- 书中彩图。

要获得以上配套资源，请在异步社区本书页面中单击 `配套资源` ，跳转到下载界面，按提示进行操作即可。注意：为保证购书读者的权益，该操作会给出相关提示，要求输入提取码进行验证。

如果您是教师，希望获得教学配套资源，请在社区本书页面中直接联系本书的责任编辑。

提交错误信息

作者和编辑尽最大努力来确保书中内容的准确性，但难免会存在疏漏。欢迎您将发现的问题反馈给我们，帮助我们提升图书的质量。

当您发现错误时，请登录异步社区，按书名搜索，进入本书页面，单击"提交勘误"，输入错误信息，单击"提交"按钮即可。本书的作者和编辑会对您提交的错误信息进行审核，确认并接受后，您将获赠异步社区的 100 积分。积分可用于在异步社区兑换优惠券、样书或奖品。

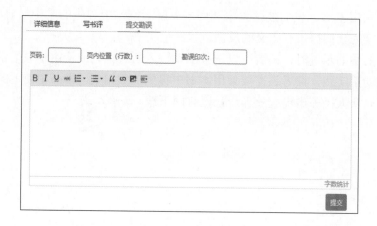

扫码关注本书

扫描下方二维码，您将会在异步社区微信服务号中看到本书信息及相关的服务提示。

与我们联系

我们的联系邮箱是 contact@epubit.com.cn。

如果您对本书有任何疑问或建议，请您发邮件给我们，并请在邮件标题中注明本书书名，以便我们更高效地做出反馈。

如果您有兴趣出版图书、录制教学视频，或者参与图书翻译、技术审校等工作，可以发邮件给我们；有意出版图书的作者也可以到异步社区在线投稿（直接访问 www.epubit.com/contribute 即可）。

如果您所在的学校、培训机构或企业，想批量购买本书或异步社区出版的其他图书，也可以发邮件给我们。

如果您在网上发现有针对异步社区出品图书的各种形式的盗版行为，包括对图书全部或部分内容的非授权传播，请您将怀疑有侵权行为的链接发邮件给我们。您的这一举动是对作者权益的保护，也是我们持续为您提供有价值的内容的动力之源。

关于异步社区和异步图书

"异步社区"是人民邮电出版社旗下 IT 专业图书社区，致力于出版精品 IT 专业图书和相关学习产品，为作译者提供优质出版服务。异步社区创办于 2015 年 8 月，提供大量精品 IT 专业图书和电子书，以及高品质技术文章和视频课程。更多详情请访问异步社区官网 https://www.epubit.com。

"异步图书"是由异步社区编辑团队策划出版的精品 IT 专业图书的品牌，依托于人民邮电出版社数十年的计算机图书出版积累和专业编辑团队，相关图书在封面上印有异步图书的 LOGO。异步图书的出版领域包括软件开发、大数据、人工智能、测试、前端、网络技术等。

异步社区

微信服务号

目录

第一部分 入门

第二部分　回归

第三部分　分类

第一部分　入门

第 1 章

什么是机器学习

欢迎来到机器学习的世界！你将开始一次激动人心的冒险，探索数据科学家如何使用算法来发现隐藏在企业、组织和个人每天产生的大量数据中的知识。

如果你和我们一样，经常会发现自己面对着堆积如山的数据，你确信这些数据中包含着重要的见解，但是不知道如何从中提取知识，这种情况下机器学习就可以帮助你。本书致力于为你提供利用机器学习算法所需的知识和技能，你将了解适合机器学习解决方案的不同类型的问题，以及最适合处理各类问题的不同类型的机器学习技术。

最重要的是，我们将以务实的心态对待这个复杂的技术领域。在这本书中，我们的目的不在于算法的复杂数学细节，相反，我们将关注如何让这些算法立即为你工作。我们还将向你介绍 R 编程语言，我们认为它特别适合从实际角度来处理机器学习问题。但现在不要担心 R 语言编程，我们将在第 2 章讨论这个问题。现在，让我们深入了解一下机器学习是如何工作的。

在本章结束时，你将学到以下内容：

- 机器学习如何允许在数据中发现知识；
- 无监督学习、监督学习和强化学习技术的区别；
- 分类和回归问题的区别；
- 如何衡量机器学习算法的有效性；
- 交叉验证如何提高机器学习模型的准确性。

1.1 从数据中发现知识

我们在机器学习领域的目标是使用算法来发现数据中的知识，然后应用这些知识帮助我们对未来做出明智的决定。无论我们从事的专业领域是什么，都是如此，因为机器学习在许多领域都有应用。下面这些情况能够体现出机器学习的价值。

- 细分客户，确定对不同客户群体有吸引力的营销信息；
- 发现系统和应用程序日志中可能指示网络安全事件的异常；
- 根据市场和环境条件预测产品销售；
- 根据客户过去的活动和相似客户的偏好，推荐他们可能想看的下一部电影；

- 根据预测需求提前设定酒店房间的价格。

当然，这些只是几个例子。机器学习几乎可以给每个领域带来价值——我们要求你思考一个知识不能提供优势的领域！

1.1.1　算法介绍

随着本书的深入，你将看到我们不断地将机器学习技术称为算法。这是一个来自计算机科学领域的术语，在数据科学领域反复出现，所以理解它很重要。虽然这个术语在技术上听起来很复杂，但是算法的概念实际上很简单，可以大胆地猜测，你几乎每天都在使用某种形式的算法。

简单地说，算法就是执行过程时遵循的一组步骤。最常见的是，当我们指的是计算机在执行计算任务时所遵循的步骤时，我们使用这个术语，但是也可以把每天所做的许多事情看作算法。例如，当我们在一个大城市街道上走到十字路口时，我们遵循一种过马路的算法，图 1.1 显示了这个过程。

当然，在计算机科学的世界里，我们的算法更复杂，是通过编写软件来实现的，但我们可以用同样的方式来思考它们。算法只是一系列精确的观察、决策和指令，告诉计算机如何执行一项行动。我们设计机器学习算法来发现数据中的知识。随着本书的深入，你将了解许多不同类型的机器学习算法，以及它们如何以不同寻常的方式实现这一目标。

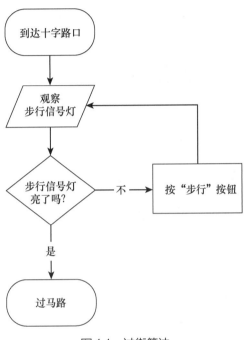

图1.1　过街算法

1.1.2　人工智能、机器学习和深度学习

一般情况下，人工智能、机器学习和深度学习这些术语几乎可以互换地用来描述计算机处理数据的任何技术。但是，既然你已经进入了数据科学的世界，那么更精确地理解这些术语是很重要的。

人工智能（Artificial Intelligence，AI）包括我们试图让计算机系统模仿人类行为的任何类型的技术。顾名思义，我们试图让计算机系统人为地表现得好像它们是智能的。当然，现代计算机不可能达到人类思维中的复杂推理水平，但我们可以尝试让它们模仿人类行为和判断的一小部分。

机器学习（Machine Learning，ML）是人工智能技术的一个子集，它试图将统计应用到数据问题中，通过例子归纳发现新知识。换句话说，机器学习技术是为了学习而设计的人工智能技术。

深度学习（Deep Learning，DL）是机器学习的进一步细分，它使用一组称为神经网络的复杂技术，以特定方式发现知识。这是机器学习的一个高度专业化的分支，最常用于图像、视频和声音分析。

图 1.2 显示了这些术语之间的关系。本书中我们主要关注机器学习技术。具体来说，我们关注的是不属于深度学习的机器学习范畴。

图 1.2 人工智能、机器学习和深度学习的关系

1.2 机器学习技术

在本书中讨论的机器学习技术分为两大类：监督学习算法是基于过去数据的标记例子来学习模式；无监督学习算法是寻求在没有标记数据的帮助下发现模式。让我们更详细地看看这些技术。

1.2.1 监督学习

监督学习算法可能是最常用的机器学习算法。这些算法的目的是使用现有的数据集来生成一个模型，然后帮助我们对未来的未标记数据进行预测。更正式地说，我们提供了一个以训练数据集为输入的监督机器学习算法。然后，该算法使用该训练数据开发一个模型作为其输出，如图 1.3 所示。

训练集　　　　　　　机器学习算法　　　　　　　模型

图 1.3 一般监督学习模型

你可以把监督机器学习算法产生的模型想象成一个水晶球，一旦有了它，我们就可以用它来预测我们的数据。图 1.4 显示了这个模型是如何工作的。一旦有了它，我们就可以获取我们遇到的任何新数据，并使用该模型从训练数据集中获得的知识对该新数据进行预测。

我们之所以使用术语"监督"来描述该算法，是因为其使用了训练数据集来监督模型的构建。这个训练数据集包含帮助我们完成预测任务的标签。

生产数据　　　　　　　　　模型　　　　　　　　　　　预测

图 1.4　使用监督学习模型进行预测

用一个更具体的例子来强调这一点。比如一个从事汽车经销工作的贷款员，如图 1.5 所示，经销商的销售顾问向客户推销汽车，而客户通常手头没有现金直接购车而是寻求融资方案。我们的工作是从以下三个选择中为客户提供最佳贷款产品。

- 次级贷款的利率最为昂贵，提供给可能错过还款期限或拖欠贷款的客户。
- 顶级贷款利率最低，提供给不太可能错过还款期限且还款可能性极高的客户。
- 标准贷款提供给处于上述两个群体之间的客户，利率介于这两个值之间。

图 1.5　使用机器学习对汽车经销商客户进行分类

我们收到销售顾问的贷款申请，必须当场做出决定。如果不迅速做出决定，客户可能会离开，业务将被另一家经销商夺走。如果我们向客户提供比他们通常有资格获得的风险更高的贷款，我们可能会因另一家提供较低利率的经销商而失去这个业务。另外，如果我们向客户提供的利率低于他们应得的利率，在他们违约后，我们可能无法从交易中获利。

我们目前的经营方法是审查客户的信用报告，并根据多年工作经验决定贷款类别。我们"见多识广"，可以依靠"直觉"做出这些重要的商业决策。然而，作为初出茅庐的数据科学家，我们现在意识到，使用机器学习可能有更好的方法来解决这个问题。

汽车经销商可以使用监督机器学习来协助完成这项任务。首先，他们需要一个训练数据集，包含有关其过去客户和贷款偿还行为的信息。训练数据集中包含的数据越多越好，如果有几年的数据将有助于开发高质量的模型。

数据集可能包含客户的各种信息，例如客户的大致年龄、信用评分、房屋所有权状态和车辆类型等。每一个数据点都被认为是关于客户的特征，它们将成为由算法构建的机器学习模型的输入。数据集还需要包含训练数据集中每个客户的标签，这些标签是我们希望使用模型的预测值。在这种情况下，我们有两个标签：违约和偿还。我们为训练数据集中每个客户的贷款状态贴上适当的标签。如果他们全额偿还贷款，将被贴上"已偿还"的标签，而那些未能偿还贷款的人将被贴上"违约"的标签。

图 1.6 显示部分数据集，这个数据集中需要注意的有两点。首先，数据集中的每一行对应一个客户，这些客户都是已经完成贷款期限的过去客户。我们知道向这些客户发放贷款的结果，为我们提供了训练监督学习模型所需的标签。其次，模型中包含的每个特征都是贷款员在做出贷款决策时可用的特征，这对于构建一个有效解决给定问题的模型至关重要。如果模型中包含了一个特征，指定客户是否在贷款期限内失去了工作，这可能会为我们提供准确的结果，但贷款员无法实际使用该模型，因为他们在做出贷款决策时无法为客户确定此特征。在尚未开始的贷款期限内，他们如何知道客户是否会失业？

用户序号	年龄	信用评分	房屋所有权	车辆类型	结果
1	52	420	自有	轿车	违约
2	52	460	自有	轿车	违约
3	64	480	租赁	运动型	已偿还
4	31	580	租赁	轿车	违约
5	36	620	自有	运动型	已偿还
6	29	690	租赁	皮卡	已偿还
7	23	730	租赁	轿车	已偿还
8	27	760	租赁	皮卡	已偿还
9	43	790	自有	皮卡	已偿还

图 1.6　部分过去客户贷款偿还行为数据集

如果我们使用机器学习算法来生成基于这些数据的模型，它可能会捕捉到数据集中的一些特征，这些特征在你不经意的观察中可能也很明显。首先，过去汽车贷款的信用评分低于 600 分的人中大多数都拖欠贷款。如果仔细查看数据，我们可能会意识到一个更合适的说法：信用评分低于 600 并购买了轿车的人很可能违约。这类知识，当由一个算法生成时，就是一个机器学习模型！

然后，贷款员可以通过简单地遵循这些规则来部署机器学习模型，以便在每次有人申请贷款时做出预测。如图 1.7 所示，如果客户的信用评分为 780 并准备购买一辆跑车，那么他们应该得到顶级贷款，因为他们违约的可能性很小。如果客户的信用评分为 410 并准备购买一辆轿车，我们肯定会把他们放入次级贷款。介于这两个极端之间的客户将适合标准贷款。

图 1.7　应用机器学习模型

　　这是一个简单的例子。在示例中所有客户都完全符合我们描述的类别。当然，这不会发生在现实世界中。我们的机器学习算法会有不完美的数据，在组之间没有整洁、清晰的划分。我们将有更多的观测数据集，算法将不可避免地出错。也许下一个高信用评分的年轻人走进车行购买跑车后会失去工作拖欠贷款，我们的算法会做出不正确的预测。本章后面将讨论由算法产生的错误类型。

1.2.2　无监督学习

　　无监督学习技术的工作原理截然不同。监督技术在有标记数据上进行训练，而无监督技术在无标记训练数据集上开发模型。这改变了它们能够处理的数据集的性质和生成的模型。无监督技术允许我们发现数据中隐藏的模式，而不是提供一种基于历史数据为输入分配标签的方法。

监督算法和无监督算法之间的一个区别是，监督算法帮助我们为新观测值分配已知的标签，而无监督算法帮助我们发现数据集中观测值的新标签或分组。

例如，让我们回到刚才汽车经销商的例子中，想象现在正在分析客户数据集，并希望为服务部门开发一个营销活动。我们怀疑数据库中客户在某些方面彼此相似，不像他们所购买的汽车类型那样明显，我们希望发现其中的一些分组可能是什么，进而开发不同的营销信息。

无监督学习算法非常适合这种类型的开放式发现任务。我们描述的汽车经销商问题通常被称为市场细分问题，有大量的无监督学习技术可以帮助进行这类分析。第 12 章将讨论如何使用无监督聚类算法进行市场细分。

再举一个例子。想象一下，我们管理一家杂货店，并试图找出货架上产品的最佳位置。我们知道客户经常跑到店里来买一些常见的主食，如牛奶、面包、肉和农产品。我们的目标是设计货架，让冲动购买的商品相互靠近。如图 1.8 所示，把饼干放在牛奶旁边，这样来店里买牛奶的人就会看到它们，并认为"这些饼干配上一杯牛奶会很美味！"

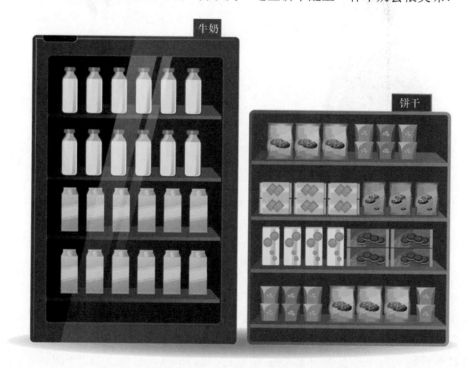

图 1.8　基于无监督学习在杂货店策略性地放置物品

确定客户经常一起购买哪些商品也是机器学习中众所周知的问题，称为超市购物篮问题。第 11 章将讨论数据科学家如何使用关联规则方法来解决超市购物篮问题。

注意，你可能还听说了第三种机器学习算法，称为强化学习。这些算法寻求在试错的基础上学习，类似于小孩子通过奖励和惩罚来学习家庭规则的方式。强化学习是一种有趣的技术，但超出了本书的范围。

1.3 模型选择

在 1.2 节中，我们讨论了用于训练的数据类型对算法进行分组的方法。使用标记训练数据集的算法称为监督算法，因为它们的训练是由标记"监督"的；而使用未标记训练数据集的算法称为无监督算法，因为它们可以自由地学习发现任何模式，而无须"监督"。把这种分类模式看作描述机器学习算法是如何学习的。

我们还可以根据学习内容对算法进行分类。在这本书中，我们讨论了可以从数据中学习到的 3 种主要类型的知识：分类技术训练模型能够预测一个类别的成员；回归技术允许预测数值型结果；相似性学习技术有助于发现数据集中观测数据之间的相似性和差异性。

1.3.1 分类技术

分类技术使用监督机器学习来帮助预测分类。这意味着模型的输出是一个非数字标签，或者更正式地说，是一个分类变量。这仅仅意味着变量采用离散非数值，而不是数值。下面是一些分类变量的示例，这些变量可能具有一些可能的值：

- 获得教育学位（无学位、学士学位、硕士学位、博士学位）；
- 国籍（美国、爱尔兰、尼日利亚、中国、澳大利亚、韩国）；
- 血型（A+、A−、B+、B−、AB+、AB−、O+、O−）；
- 政党成员（民主党、共和党、独立党）；
- 客户状态（当前客户、过去客户、非客户）。

例如，在本章前面，我们讨论了一个问题，即汽车经销商的经理需要预测贷款偿还的能力。这是一个分类问题的例子，试图将每个客户分配到两个类别之一：已偿还或违约。

在现实世界中，我们会遇到各种类型的分类问题。我们可能会尝试确定三个促销活动中哪一个对潜在客户最有吸引力。这是一个分类问题，分类是三个不同的报价。

同样，我们可能希望查看试图登录到我们计算机系统的人，并预测他们是合法用户还是试图违反系统安全策略的黑客。这也是一个分类问题，我们试图将每个登录尝试分配到"合法用户"或"黑客"的类别。

1.3.2 回归技术

回归技术使用监督机器学习技术来帮助我们预测连续的响应。简单地说，这意味着模型的输出是一个数值。我们不是预测离散类别集合中的成员关系，而是预测数值变量的值。

例如，寻找新客户的财务顾问可能希望根据收入来筛选潜在客户。如果顾问的潜在客户列表中没有明确包含收入，他们可以使用已知收入的过去联系人数据集来训练回归模型，预测未来客户的收入。此模型可能如下所示：

$$收入 = 5000 + 1000 \times 年龄 + 3000 \times 高中后教育年限$$

如果财务顾问遇到一个新的潜在客户，就可以使用这个公式基于客户年龄和受教育年限来预测收入。客户年龄每增加一岁，预期有 1000 美元额外年收入。同样，高中毕业后接受教育每增加一年则其收入将增加 3000 美元。

回归模型非常灵活。将年龄或收入的任何可能值代入，预测出此人的收入。当然，如果没有良好的训练数据，预测结果可能不准确。我们还可能发现变量之间的关系不是用简单的线性方法来解释的。例如，收入可能会随着年龄的增长而增加，但只会持续增长到某一点。更高级的回归技术可以建立更复杂的模型，将这些因素考虑在内。第 4 章将讨论这些问题。

1.3.3 相似性学习技术

相似性学习技术使用机器学习算法来帮助我们识别数据中的常见模式。我们可能不知道我们究竟想要发现什么，于是要求算法探索数据集，寻找可能没有预测到的相似点。

本章中已经提到了两种相似性学习技术。关联规则技术，在第 11 章中将进行更详细的讨论，使我们解决类似于超市购物篮（通常一起购买的商品）的问题。聚类技术（将在第 12 章中进行更全面的讨论）允许我们根据观测结果所具有的相似特征将其分组。

关联规则和聚类都是无监督使用相似性学习技术的例子，也可以在监督方式下使用相似性学习。例如，最近邻算法寻求基于训练数据集中最相似观测值的标签为观测值分配标签。第 6 章中将详细讨论这些问题。

1.4 评估模型

在开始讨论具体机器学习算法之前，最好先学习一下如何评估算法的有效性。我们将在整本书中更详细地讨论这个主题，所以这里只是先给你一个概念。在我们学习每种机器学习技术时，将讨论通过数据集评估其性能。第 9 章中将对模型性能评估进行更全面的讨论。

在此之前，需要认识到的重要一点是，在不同的问题上，有些算法会比其他算法工作得更好。数据集的性质和算法的性质将决定适当的技术。

在监督学习的世界里，可以根据算法产生的错误的数量或大小来评估算法的有效性。对于分类问题，通常查看算法做出错误分类预测的次数百分比或者错误分类率。类似地，可以查看预测正确的百分比，即算法的准确性。对于回归问题，通常查看算法预测值与实际值之间的差异。

注意，只有当我们提到监督学习技术时，讨论这种类型的评估才有意义，因为实际上有一个正确的答案。在无监督学习中，在没有任何客观指导的情况下检测模式，因此没有设定的“正确”或“错误”答案来衡量结果。相反，无监督学习算法的有效性在于它为我们提供的洞察力的价值。

1.4.1 分类错误

许多分类问题都试图预测一个二元值，以确定一个观测值是否是同一个类。我们把观察结果属于一类的情况称为正例，把观察结果不属于一类的情况称为反例。

例如，假设我们正在开发一个模型，旨在预测某人是否患有乳糖不耐受症，难以消化乳制品。模型可能包括已知或疑似导致乳糖不耐受的人口统计学、遗传和环境因素。然后，该模型根据这些属性预测个体是否患有乳糖不耐受症。被预测为乳糖不耐受的个体为正例，而被预测为非乳糖不耐受的个体为反例。这些预测值来自我们的机器学习模型。

然而，还有一个现实世界的事实。不管模型预测的结果如何，每个人要么是乳糖不耐受，要么不是。真实世界的数据决定了这个人是真正例还是真反例。当一个观测值的预测值与实际值不同时，就会发生错误。分类问题中可能出现两种不同类型的错误。

- 当模型将观测值标记为预测正例，而实际上，观测值为反例时，就会出现假正例错误。例如，如果模型确定某人可能是乳糖不耐受者，而实际上他们是乳糖耐受者，则这是一个假正例错误。假正例错误也称为 I 型错误。
- 当模型将观测值标记为预测反例，而实际上，观测值是正例时，就会出现假反例错误。在乳糖不耐受症模型中，如果模型预测某人是乳糖耐受者，而实际上他们是乳糖不耐受者，则这是一个假反例错误。假反例错误也称为 II 型错误。

类似地，我们可以将预测正确的观测值标记为真正例或真反例，这取决于它们的标记。图 1.9 以图表形式给出了错误类型。

当然，假正例和假反例错误的绝对值取决于我们所做的预测数量。不使用这些基于大小的度量，而是度量这些错误发生的次数百分比。例如，假正例率（FPR）是被错误地识别为正例的真实反例的百分比。通过将假正例数（FP）除以假正例数和真反例数（TN）之和来计算这个比率，公式如下：正确和

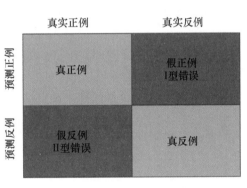

图 1.9 正确和错误类型

$$FPR = \frac{FP}{FP + TN}$$

类似地，假反例率（FNR）计算如下：

$$FNR = \frac{FN}{FN + TP}$$

一种类型的错误是好是坏并没有明确的规则，这在很大程度上取决于所解决问题的类型。

例如，假设我们使用机器学习算法将大批潜在客户分类为购买产品的人（正例）或不购买产品的人（反例）。我们只花钱把邮件寄送给被算法标记为正例的潜在客户。

在假正例邮件的情况下，你向不购买产品的客户发送小册子，将损失印刷和邮寄宣传

册的钱。在出现假反例结果的情况下，你不会向本应做出回应的客户发送邮件，将失去向客户推销产品的机会。哪个更糟？这取决于邮寄成本、每位客户的潜在利润和其他因素。

另外，考虑使用机器学习模型来筛查患者患癌症的可能性，然后将那些有正例结果的患者转到其他更具创伤性的检测。在出现假反例结果的情况下，潜在癌症患者不会被送去做额外的筛查，可能会导致活动性疾病得不到治疗。这显然是一个非常糟糕的结果。

然而，假正例结果并非没有危害。如果一个病人被错误地标记为潜在的癌症患者，他们将接受不必要的检查，这可能是昂贵和痛苦的，消耗的资源本可以用于其他病人。在等待新的检查结果时，他们也会受到精神上的伤害。

机器学习问题的评估是一个棘手的问题，它不能脱离问题领域独立完成。数据科学家、领域专家，以及某些情况下的伦理学家，应该根据每种错误类型的收益和成本来共同评估模型。

1.4.2 回归错误

我们在回归问题中可能犯的错误是非常不同的，因为我们预测的性质是不同的。当我们为样本指定分类标签时，预测可能是对的，也可能是错的。当把一个非恶性肿瘤标记为恶性肿瘤时，这显然是一个错误。然而，在回归问题中，我们预测的是一个数值。

回顾我们在本章前面讨论过的收入预测问题。如果有一个人的实际年收入为 45 000 美元而算法预测正好是 45 000 美元，这显然是一个正确的预测。如果算法预测收入为 0 美元或 1000 万美元，几乎每个人都会客观地认为这些预测是错误的。但是预测 45 001 美元、45 500 美元、46 000 美元或 50 000 美元呢？这些都不正确吗？它们中的一些或全部足够接近吗？

对我们来说，根据回归算法的预测误差大小来评估回归算法更有意义。我们通过测量预测值和实际值之间的距离来确定这一点。例如，考察图 1.10 所示的数据集。

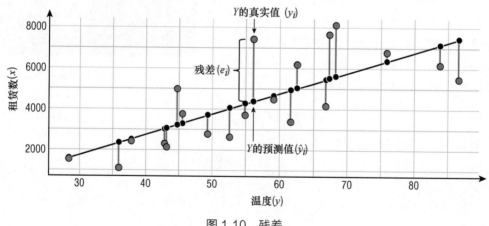

图 1.10　残差

在这个数据集中，我们试图根据当天的平均温度来预测每天发生的自行车租赁数。自行车租赁显示在 y 轴上，温度显示在 x 轴上。黑线是一条回归线，表示预计自行车租赁数会随着温度的升高而增加。这条黑线是构建的模型，黑点是在这条线上特定温度下的预测。

橙色圆点代表自行车租赁公司运营期间收集的真实数据，这是"正确"的数据。预测值和实际值之间的红线是误差的大小，称为残值。线越长，说明算法在该数据集上执行的效果越差。

我们不能简单地把这些残差相加，因为有些是负值，会抵消正数。相反，将每个残差进行平方，然后将这些残差的平方相加，就会得到一个称为残差平方和的性能度量。

第 4 章将再次讨论残差的概念以及这个特定的自行车租赁数据集。

1.4.3 错误类型

当我们为除最简单的问题以外的任何问题建立机器学习模型时，该模型将包含某种类型的预测误差。这个错误有三种不同的形式。

- 偏差（在机器学习领域）是由于选择机器学习模型而产生的错误类型。当选择的模型类型无法很好地拟合数据集时，产生的错误就是偏差。
- 方差是指用来训练机器学习模型的数据集不能代表所有可能数据时产生的错误。
- 不可减少的错误或噪声是指独立于使用机器学习算法和训练数据集的，在试图解决问题时所固有的错误。

当我们试图解决一个特定的机器学习问题时，无法解决不可减少的错误，所以将精力集中在剩下的两个误差源上：偏差和方差。一般来说，方差高的算法偏差低，而方差低的算法偏差高，如图 1.11 所示。偏差和方差是我们模型的内在特征，是共存的。当修改模型来改进其中一种错误时，就会以牺牲另一种为代价。我们的目标是在两者之间找到一个平衡点。

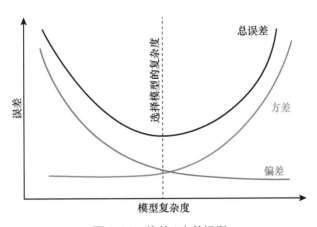

图 1.11　偏差 / 方差权衡

在高偏差和低方差的情况下，模型被描述为数据拟合不足。我们再看几个例子来说明这一点，图 1.12 显示了使用两个变量的函数来预测第三个变量的尝试。图 1.12 中最左边的图显示了一个欠拟合数据的线性模型，数据点是以曲线方式分布的，是我们选择的直线（线性模型）限制模型拟合数据集的能力。你不可能画出一条适合这个数据集的直线，正因为如此，我们方法中的大部分错误都是由于选择的模型和数据集显示了很高的偏差。

图 1.12 中间的图说明过拟合的问题，当有一个低偏差但高方差的模型时，就会发生过拟合。在这种情况下，我们的模型非常适合训练数据集。它相当于为特定的测试（训练数据集）而学习，而不是学习问题的通用解决方案。当这个模型在不同的数据集上使用时很可能无法很好地工作。我们不是学习基础知识，而是研究过去考试的答案。当我们面临新考试时，却没有必要的知识来帮我们找出答案。

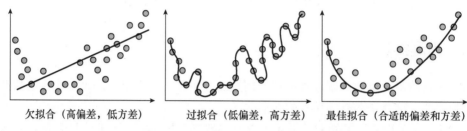

欠拟合（高偏差，低方差）　　　过拟合（低偏差，高方差）　　　最佳拟合（合适的偏差和方差）

图 1.12　欠拟合、过拟合和最佳拟合

我们寻求的平衡是一个能同时优化偏差和方差的模型，如图 1.12 最右边的图所示。该模型符合分布的曲线性质，但与训练数据集中的具体数据点不太一致。它与数据集的一致性比欠拟合模型好得多，但不像过拟合模型那样紧跟训练数据集中的特定点。

1.4.4　分割数据集

当我们评估一个机器学习模型时，通过使用验证技术将模型暴露于用于构建模型数据之外的数据来防止方差错误。这种方法的重点是解决过拟合问题。回顾一下图 1.12 中的过拟合模型。如果使用训练数据集来评估这个模型，我们会发现它表现得非常好，因为模型经过了高度调优，可以在特定数据集上表现得很好。然而，如果我们使用一个新的数据集来评估模型，可能会发现它的性能相当差。

我们可以通过使用测试数据集以评估模型的性能来探讨这个问题。测试数据集是在模型开发过程开始时预留的，专门用于评估模型。在训练过程中没有使用它，所以模型不可能对测试数据集进行过拟合。如果开发一个不过拟合训练数据集的可泛化模型，它也将在测试数据集上表现良好。相反，如果模型过拟合训练数据集，那么它在测试数据集上的表现就不会很好。

我们有时还需要一个单独的数据集来协助模型开发过程。这些数据集称为验证数据集，用于在迭代过程中帮助开发模型，在每次迭代过程中调整模型的参数，直到我们找到在验证数据集上表现良好的方法。虽然使用测试数据集作为验证数据集是很有诱惑力的，但是这种方法重新引入了过拟合测试数据集的可能性，因此我们应该为此使用第三个数据集。

1. 留出法

测试和验证数据集最直接的方法是留出法（holdout）。在图 1.13 所示的方法中，在模型开发过程开始留出原始数据集的一部分，用于验证和测试。使用验证数据集来辅助模型开发，然后使用测试数据集来评估最终模型的性能。

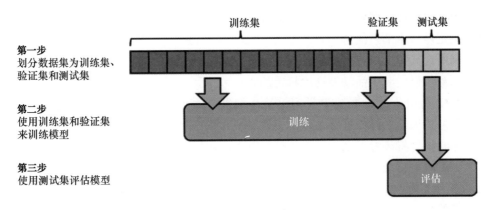

图 1.13　留出法

2. 交叉验证法

还有各种更高级的方法用于创建验证数据集，在模型开发的迭代方法中执行重复的数据抽样，被称为交叉验证（cross validation）技术。对于不希望保留一部分数据集用于验证较小数据集特别有用。

图 1.14 显示了交叉验证的示例。在这种方法中，我们仍然留出数据集的一部分用于测试目的，但是在模型开发的每次迭代中，我们使用训练数据集的不同部分用于验证目的。

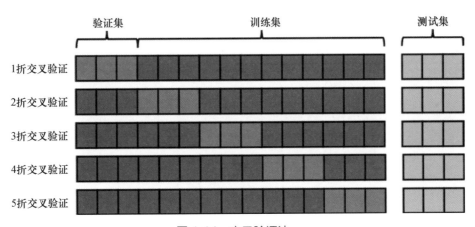

图 1.14　交叉验证法

如果这听起来很复杂，不用担心，第 9 章将更详细地讨论留出法和交叉验证法。现在，你应该对这些技术有了一个初步的了解。

1.5　练习

练习 1. 思考以下每一个机器学习问题。这个问题是分类问题还是回归问题？为你的答案提供一个合理的理由。

a．预测商业捕鱼航程中捕获的鱼的数量。

b．确定新技术的可能采用者。

c．利用天气和人口数据预测自行车租赁率。

d．预测最好的营销活动发送给特定的人。

练习 2．你开发了一种机器学习算法，根据一系列诊断标准来评估患者心脏病发作（正例事件）的风险。你如何描述以下事件？

a．你的模型将患者识别为可能心脏病发作，而患者确实心脏病发作了。

b．你的模型将患者识别为可能心脏病发作，而患者没有心脏病发作。

c．你的模型将患者识别为不太可能心脏病发作，而患者没有心脏病发作。

d．你的模型将患者识别为不太可能心脏病发作，而患者确实心脏病发作了。

第 2 章

R 和 RStudio 简介

机器学习处于统计学和软件开发的交叉领域。在本书中，我们广泛地关注用来解开隐藏在数据中的价值的统计技术。在本章中，我们将为你提供实现这些技术所需的计算机科学工具。在本书中，我们选择使用 R 编程语言来实现这一点。本章介绍了 R 语言的基本概念，本书的其余部分都将使用这些概念。

在本章结束时，你将学到以下内容：

* R 编程语言在数据科学与分析领域中扮演的角色；
* RStudio 集成开发环境（IDE）如何促进 R 编码；
* 如何使用软件包重新分发和重用 R 代码；
* 如何编写、保存和执行自己的基本 R 脚本；
* R 中不同数据类型的用途。

2.1 欢迎来到 R

R 编程语言始于 1992 年，旨在创建一种用于统计应用程序的专用语言。20 多年后，这种语言已经发展成为世界各地统计学家、数据科学家和商业分析师使用的最流行的语言之一。

R 迅速成为一种流行语言有几个原因。首先，它是一种免费的开源语言，由一群忠诚的开发人员开发。这种方法打破了过去的分析工具方法的模式，过去的分析工具依赖于私有的、商业的软件，而这些软件往往超出了许多个人和组织的财务能力范围。

由于被机器学习方法的开发者所采用，R 的受欢迎程度也在持续增长。几乎今天创建的任何新的机器学习技术都可以通过一个可重新发布的包迅速向 R 用户提供，该包在综合 R 归档网络（CRAN）上作为开放源代码提供，CRAN 是一个全球流行的 R 代码库。图 2.1 显示了 CRAN 中可用包的数量随时间的增长。正如你所看到的，在过去的 10 年里，增长非常迅猛。

R 是一种解释型语言，而不是编译型语言。在解释型语言中，你编写的代码存储在一个称为脚本的文档中，该脚本是由处理代码的系统直接执行的代码。在编译型语言中，开发人员编写的源代码通过一个称为编译器的专门程序运行，编译器将源代码转换成可执行的机器语言。

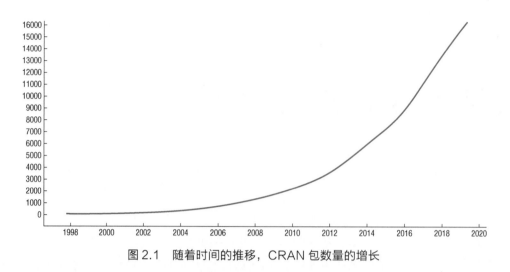

图 2.1　随着时间的推移，CRAN 包数量的增长

R 是一种解释型语言的事实也意味着你可以直接执行 R 命令，并立即看到结果。例如，你可以执行以下简单命令来计算 1 加 1：

```
> 1+1
[1] 2
```

当你这样做时，R 解释器立即响应结果：2。

2.2　R 和 RStudio 组件

本书的工作环境由两个主要部分组成：R 编程语言和 RStudio 集成开发环境（IDE）。虽然 R 是一种开源语言，但 RStudio 是一种商业产品，旨在使 R 的使用更容易。

2.2.1　R 语言

开源 R 语言可以从 R 项目官方网站免费下载。在撰写本书时，R 的当前版本是 3.6.0，代号为"植树"。R 通常是向后兼容的，因此如果你使用的是 R 的最新版本，在执行本书中的代码时应该不会遇到任何困难。

注意：不同版本 R 的代号非常有趣！过去的代号包括"伟大的真理""烤棉花糖""木制圣诞树"和"愚蠢的黑暗"。这些都是参考查尔斯·舒尔茨（Charles Schultz）的漫画《花生》。

如果你还没有这样做，现在是在你的计算机上安装最新版本的 R 的好时机。只需访问 R 项目主页，点击 CRAN 链接，选择最靠近你所在位置的 CRAN 镜像。然后，您将看到一个类似于图 2.2 所示的 CRAN 站点。为你的操作系统选择下载链接，并在下载完成后运行安装程序。

図 2.2　综合 R 归档网络（CRAN）镜像站点

2.2.2　RStudio

作为一个集成的开发环境，RStudio 提供了一个设计良好的图形界面来帮助你创建 R 代码。没有理由不能简单地打开一个文本编辑器编写一个 R 脚本，然后使用开源 R 环境直接执行它。但是你也没有理由那么做！RStudio 使得管理代码、监控其进度以及解决 R 脚本中可能出现的问题变得更加容易。

虽然 R 是一个开源项目，但是 RStudio IDE 有不同的版本。RStudio 有一个免费的开源版本，但是 RStudio 也提供其产品的商业版本，这些版本提供了增强的支持选项和附加功能。

就本书而言，RStudio 的开源版本就足够了。

1. RStudio 桌面版

RStudio 桌面版是 RStudio 最常用的版本，尤其是对于个人程序员而言。它是一个可以下载并安装在 Windows、Mac 或 Linux 系统上的软件包，可以为你提供全面的 R 开发环境。在图 2.3 中可以看到 RStudio IDE 的一个例子。

如果你的计算机上还没有安装 RStudio，那么现在就安装吧。你可以从 RStudio 官方网站下载最新版本。

2. RStudio 服务器版

RStudio 还提供了 RStudio IDE 的服务器版本。对于那些一起处理 R 代码并希望维护集中式存储库的团队来说，这个版本非常理想。使用 RStudio 的服务器版本时，可以通过网页浏览器访问 IDE。然后，服务器版会向你呈现一个窗口视图，看起来类似于桌面环境。在图 2.4 中看到一个基于网络的 IDE 示例。

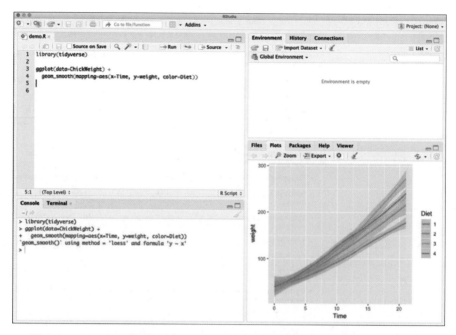

图 2.3　RStudio 桌面版为 Windows、Mac 和 Linux 系统提供了一个 IDE

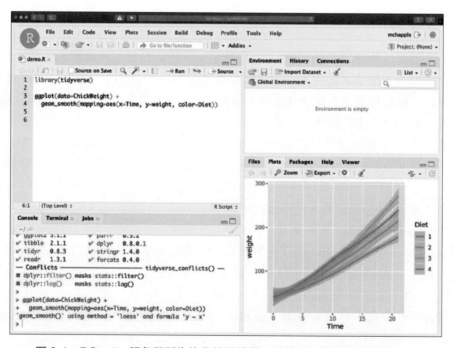

图 2.4　RStudio 服务器版为协作使用提供一个基于网络的集成开发环境

　　使用 RStudio 服务器版需要构建一个 Linux 服务器，可以是本地服务器，也可以是云端服务器，然后在该服务器上安装 RStudio 服务器版代码。如果你的组织已经使用 RStudio 服务器版，那么你可以在本书的示例中使用它。

3．探索 RStudio 环境

让我们快速浏览一下 RStudio 桌面环境，并熟悉打开 RStudio 时看到的不同窗口。

控制台窗口

当第一次打开 RStudio 时，不会看到图 2.3 所示的视图。相反，你将看到一个只有 3 个窗口的视图，如图 2.5 所示。那是因为你还没有打开或创建 R 脚本。

在此视图中，控制台出现在 RStudio 窗口的左侧。打开一个脚本后，它会出现在左下角，如图 2.6 所示。

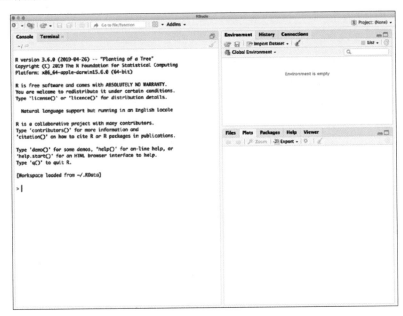

图 2.5　未打开 R 脚本的 RStudio 桌面

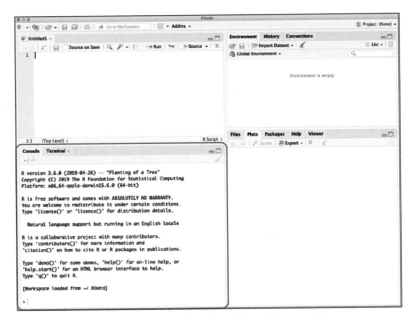

图 2.6　突出显示控制台窗口的 RStudio 桌面

提示：图 2.6 所示的窗口布局是 RStudio 的默认配置，也可以根据自己的喜好更改默认布局。如果你的环境与图中所示的环境不完全匹配，不用担心，只需查找我们讨论的窗口标题和选项卡即可。

控制台窗口允许你直接与 R 解释器交互。你可以在这里输入命令，R 将立即执行它们。例如，图 2.7 只显示了执行几个简单命令的控制台窗口。请注意，用户输入的命令后面紧接着 R 解释器的回答。

图 2.7　执行几个简单 R 命令的控制台窗口

提示：用户在 R 中执行的命令的历史也存储在本地系统的文件中。此文件名为 .Rhistory，存储在当前工作目录中。

你还应该注意控制台窗口包含一个标题为 Terminal 的选项卡。此选项卡允许你直接打开到操作系统的终端会话。这与在 Linux 系统上打开 shell 会话、在 Mac 系统上打开终端窗口或在 Windows 系统上打开命令提示符是一样的。这个终端不会直接与你的 R 代码交互，它的存在只是为了方便。你可以在图 2.8 中看到运行 Mac 终端命令的示例。

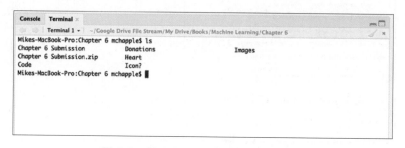

图 2.8　在 RStudio 中访问 Mac 终端

脚本窗口

脚本窗口是奇迹发生的地方！你通常不希望直接在控制台中执行 R 命令。相反，你通常会在脚本文件中编写 R 命令，以便保存该脚本文件以供日后编辑或重用。R 脚本只是一个包含 R 命令的文本文件。在 RStudio IDE 中编写 R 脚本时，R 会用不同的颜色编码代码中的不同元素，以使其更易于阅读。

图 2.9 显示了在 RStudio 的脚本窗口中呈现的 R 脚本示例。

这是一个简单的脚本，它加载一个包含雏鸡样本体重信息的数据集，并创建如图 2.10 所示的图。

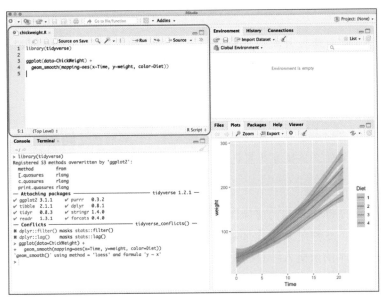

图 2.9　RStudio IDE 中的雏鸡体重脚本

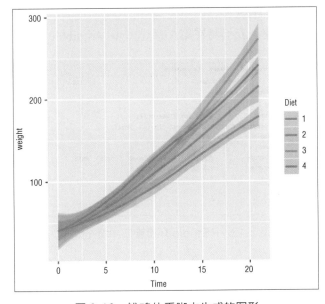

图 2.10　雏鸡体重脚本生成的图形

图 2.11 显示了使用简单文本编辑器打开的相同脚本文件。请注意，代码是相同的。唯一的区别是，在 RStudio 中打开文件时，会看到一些颜色编码以帮助你解析代码。

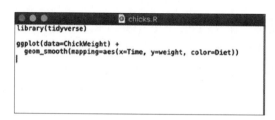

图 2.11　文本编辑器中的雏鸡体重脚本

你可以在 RStudio 中打开现有的脚本，方法是从顶部菜单中选择 File → Open File 或者单击任务栏中文件打开图标。你可以通过从顶部菜单中选择 File → new File → R Script 或单击任务栏中带有加号的纸张图标来创建新脚本。

提示： 当你在 RStudio 中编辑脚本时，当你有未保存的更改时，脚本的名称将显示为红色，并在其旁边有一个星号。这只是一个经常保存代码的视觉提示！当保存代码后，星号将消失，文件名将恢复为黑色。

环境窗口

环境窗口允许你查看 R 的当前操作环境。你可以看到当前存储在内存中的变量、数据集和其他对象的值。这种对 R 操作环境的可视性洞察是使用 RStudio IDE 而不是标准文本编辑器来创建 R 脚本的最引人注目的原因之一。在开发和排除代码故障时，可以方便地访问内存内容，是很有价值的工具。

图 2.9 中的环境窗口是空的，因为我们在该示例中使用的 R 脚本没有在内存中存储任何数据。相反，它使用了内置在 R 中的 ChickWeight 数据集。

图 2.12 显示了 RStudio 环境窗口，其中填充了几个变量、向量和存储在一个名为 tibble 的对象中的完整数据集。我们将在第 3 章进一步讨论 tibble。

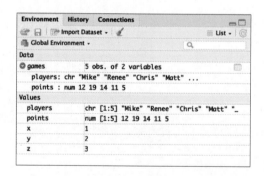

图 2.12　RStudio 环境窗口中填充数据

你还可以使用同一窗口中的选项卡访问其他两个 RStudio 功能。History 选项卡显示了当前会话期间执行的 R 命令，如图 2.13 所示。Connections 选项卡用于创建和管理与外部数据源的连接，这一技术超出了本书的范围。

图 2.13　RStudio 中 History 选项卡显示当前执行的命令

绘图窗口

RStudio 的最后一个窗口出现在图 2.9 的右下角。此窗口默认为绘图视图，并将包含在 R 代码中生成的任何图形。在图 2.9 中，窗口包含在示例 R 脚本中创建的按饮食类型划分的雏鸡体重图。如图 2.5 所示，当你第一次打开 RStudio 时，该窗口是空的，并且还没有执行任何生成图的命令。

该窗口还有其他几个可用选项卡。如图 2.14 所示，Files 选项卡允许你导航设备上的文件系统，以打开和管理 R 脚本和其他文件。

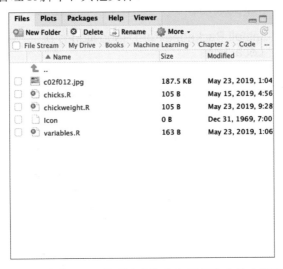

图 2.14　RStudio 中的 Files 选项卡允许你与设备的本地文件系统进行交互

图 2.15 显示了 RStudio 中的 Packages 选项卡，它允许你安装、更新和加载包。许多人喜欢直接在 R 代码中执行这些任务，但是这是一个方便的位置，可以验证系统上安装的软件包以及它们的当前版本号。

Help 选项卡提供了对 R 文档的便捷访问。你可以通过在 Help 选项卡中搜索或使用?命令，后面跟着要查看文档的命令名称。图 2.16 显示了执行 ?install.packages 命令的结果，该命令在控制台查看 install.packages() 函数的帮助。

最后一个选项卡 Viewer 用于显示本地网络内容，例如使用"Shiny"创建的内容。这个功能也超出了本书的范围。

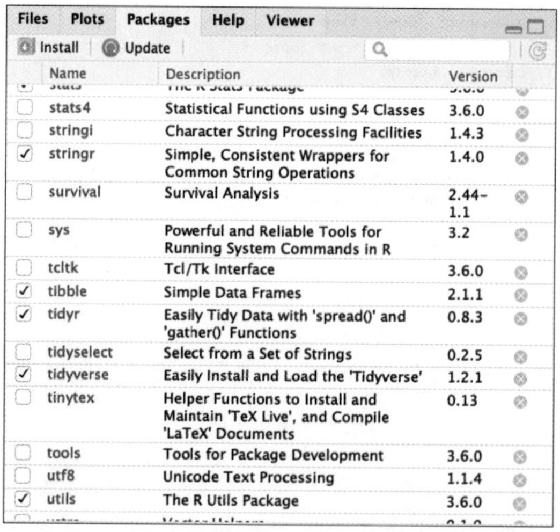

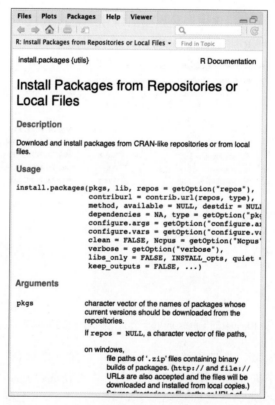

图 2.15　RStudio 中的 Packages 选项卡允许你查看和管理系统上安装的软件包

图 2.16　RStudio 中 Help 选项卡显示 install.packages() 命令的文档

2.2.3　R 包

包是 R 社区的秘方，它们由社区创建的代码集合组成，并被广泛共享以供公众使用。

正如图 2.1 所示，近年来公开可用的 R 包的数量猛增。这些包的范围从非常流行和广泛使用的包（如 tidyverse），到服务于 R 社区狭窄空间中高度专业化的包。

在这本书中，我们将使用各种 R 包来导入和操作数据，以及建立机器学习模型。我们将向你介绍这些包。

1. CRAN 存储库

综合 R 归档网络（The Comprehensive R Archive Network，CRAN）是由 R 社区维护并由 R 基金会协调的 R 包的官方存储库。CRAN 志愿者管理存储库，以确保所有包满足一些关键标准，包括每个包满足以下要求：

- 对 R 社区做出了重要贡献；
- 是由有权这样做的个人或组织根据开源许可证发布的；
- 指定一个人作为包的维护者，并提供此人的联系信息；
- 使用高效的代码，将文件大小和计算资源利用率降至最低；
- 通过 CRAN 质量控制检查。

CRAN 是 RStudio 中默认的包存储库，本书使用的所有包都可以通过 CRAN 获得。

2. 安装包

在 R 脚本中使用包之前，必须确保该包已安装在系统上。安装包从存储库下载代码，根据代码安装所需的任何其他包，并执行在系统上安装该包所需的每个步骤，如编译代码和移动文件。

命令 install.packages() 是在系统上安装 R 包的最简单方法。例如，以下是在系统上安装 RWeka 包的命令和相应的输出：

```
> install.packages("RWeka")
 also installing the dependencies 'RWekajars', 'rJava'
 trying URL ...
Content type 'application/x-gzip' length 10040528 bytes (9.6 MB)
==================================================
downloaded 9.6 MB

trying URL ...
Content type 'application/x-gzip' length 745354 bytes (727 KB)
==================================================
downloaded 727 KB
 trying URL ...
Content type 'application/x-gzip' length 632071 bytes (617 KB)
==================================================
downloaded 617 KB

The downloaded binary packages are in
    /var/folders/f0/yd4s93v92tl2h9ck9ty20kxh000gn/T//RtmpjNb5IB/
downloaded_packages
```

请注意，除了安装 RWeka 包外，该命令还安装了 RWekajars 和 rJava 包。RWeka 包使用这些包中包含的函数，创建了两个包之间的依赖关系。命令 install.packages() 通过在安装 RWeka 之前安装两个必需的包来解决这些依赖关系。

提示：你只需在使用的每个系统上安装一次包。因此，大多数人更喜欢在控制台上执行命令 install.packages()，而不是在它们的 R 脚本中。请注意在别人的系统上安装包被认为是不良习惯！

3．加载包

当你想在代码中调用包时，必须将它加载到 R 会话中。虽然你只需要在系统上安装一次包，但必须随时加载它。安装包可以使其在系统上可用，而加载包可以使其在当前环境中可用。

使用 library() 命令将包加载到 R 会话中。例如，以下命令加载我们将在本书中使用的 tidyverse 包：

```
library(tidyverse)
```

注意：如果仔细阅读，你可能已经注意到 install.packages() 命令用引号将包名字括起来，而 library() 命令不需要。这是大多数 R 用户的标准约定。无论是否用引号将包名字括起来，library() 命令都会起作用。install.packages() 命令需要引号。另外，需要注意的是，单引号和双引号在 R 中基本上是可以互换的。

许多用 R 编码的人交替使用术语包和库，实际上它们略有不同。存储在 CRAN 存储库（和其他位置）中的代码包称为包。可以使用 install.packages() 命令将包放到系统中，并使用 library() 命令将包加载到内存中。著名的 R 开发者哈德利·威克姆（Hadley Wickham）在 2014 年 12 月的推文中很好地总结了这个概念，如图 2.17 所示。

图 2.17　Hadley Wickham 阐述包和库的区别

4．包文档

我们已经讨论过如何使用? 命令访问包中函数的帮助文件。包的作者还经常在名为 vignette 的文件中创建更详细的包使用说明，包括示例。可以使用 vignette() 命令访问 vignette。例如，以下命令查找与 R 的 dplyr 包关联的所有 vignette：

```
> vignette(package = 'dplyr')
Vignettes in package 'dplyr':

compatibility        dplyr compatibility (source, html)
dplyr                Introduction to dplyr (source, html)
```

```
programming          Programming with dplyr (source, html)
two-table            Two-table verbs (source, html)
window-functions     Window functions (source, html)
```

如果要查看名为"programming"的 vignette，可以使用以下命令：

```
vignette(package = 'dplyr', topic = 'programming')
```

图 2.18 显示了执行这个命令的结果：一个描述如何使用 dplyr 包编写代码的冗长文档。

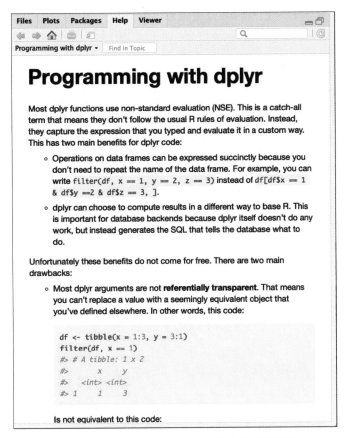

图 2.18　RStudio 显示 dplyr 包中的编程简介

2.3　编写和运行 R 脚本

正如我们前面提到的，在 RStudio 中最常见的工作方式是编写包含一系列 R 命令的脚本，可以保存这些命令并在以后重用它们。这些 R 脚本是简单的文本文件，可以在 RStudio 的脚本窗口中编写，并保存在系统或云存储位置。图 2.9 显示了一个在 RStudio 中打开的简单脚本。

当你想执行脚本时，有两个选项：Run 按钮和 Source 按钮。当单击 Run 按钮（在图 2.19 中突出显示）时，RStudio 将执行代码的当前部分。如果脚本中没有任何文本突出显示，则将执行光标当前所在的行。在图 2.19 中，第 6 行不包含任何代码，因此 Run 按钮不会执行任何操作。如果将光标移动到第 1 行代码，单击 Run 按钮将运行第 1 行，加载 tidyverse，然后自动前进到包含代码的脚本的下一行，即第 3 行（因为第 2 行为空）。第二次单击 Run 按钮将运行第 3 行和第 4 行代码，因为它们在 R 中组合成一条语句。

　　Run 按钮是在开发和故障排除阶段在 R 中执行代码的常用方法。它允许你在编写脚本时执行脚本，并监视结果。

提示：RStudio 中的许多命令也可以通过键盘快捷键访问。例如，可以按 Ctrl+Enter 组合键运行当前代码行。

图 2.19　RStudio 中的 Run 按钮运行代码的当前部分

　　图 2.20 中突出显示的 Source 按钮将保存脚本中所做的任何更改，然后立即执行整个文件。这是快速运行整个脚本的实用方法。

提示：默认情况下，Source 按钮不向屏幕显示任何输出。如果希望在脚本运行时看到其结果，请单击 Source 按钮右侧的小箭头，然后选择 "Source with Echo"。这将导致脚本的每一行在执行时出现在控制台中，并且绘图将出现在绘图窗口中。

警告：使用 Source 按钮（或 Run 按钮）执行脚本时，脚本会在当前环境的上下文中运行。这可能会使用在早期执行过程中创建的数据。如果要在干净的环境中运行，请确保在单击 Source 按钮之前，使用 Environment 窗口中的 "扫帚" 图标清除工作区中的对象。

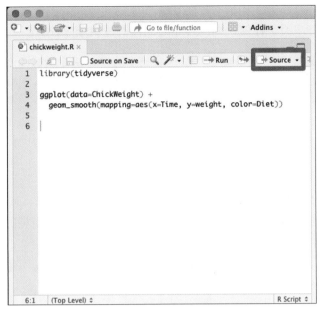

图 2.20　RStudio 中的 Source 按钮运行整个脚本

2.4　R 中的数据类型

与大多数编程语言一样，在 R 脚本中创建的所有变量都有一个关联的数据类型。数据类型定义了 R 存储变量中包含的信息和可能值的范围。下面是 R 中一些比较常见的数据类型。

- 逻辑型数据类型是一个简单的二元变量，可能只有两个值：真或假。这是一种有效的数据存储方式，只能存储这两个值。这些数据元素通常也称为标志。例如，在一个关于学生的数据集中有一个变量，名为 Married，对于已婚学生设置为真，对于未婚学生设置为假。

- 数值型数据类型存储十进制数，而整数数据类型存储整数。如果创建了一个包含数字但没有指定数据类型的变量，默认情况下，R 会将其存储为数值型。然而，R 通常可以根据需要在数值和整数数据类型之间自动转换。

提示：R 还称数值型数据类型为 double，它是双精度浮点数的缩写。数值和双精度是可以互换的。

- 字符型数据类型用于存储最多 65 535 个字符的文本字符串。

- 因子数据类型用于存储分类值。一个因子的每一个可能值都称为一个水平。例如，可以使用一个因子来存储个人居住的美国州。50 个州中的每一个都可能是这个因子的一个水平。

- 有序因子数据类型是因子数据类型的特例，其中级别的顺序是十分重要的。例如，如果我们有一个包含低、中、高风险评级的因子，则该顺序很重要，因为中大于低，并且高大于中。有序因子保留了这一意义。另一方面，美国各州的列表不会作为有序因子存储，因为各州之间没有逻辑顺序。

注意：这些是 R 中最常用的数据类型。该语言确实为特殊用途的应用程序提供了许多其他数据类型。你可能会在机器学习项目中遇到这些问题，但我们将在本书中坚持使用这些常见的数据类型。

2.4.1 向量

向量是将 R 中相同数据类型的元素集合在一个序列中的方法。向量中的每个数据元素称为该向量的一个分量。向量是一种便捷的方法，可以将相同类型的数据元素收集在一起，并使它们保持特定的顺序。

我们可以使用 c() 函数来创建一个新的向量。例如，我们可以创建以下两个向量，一个包含姓名，另一个包含考试成绩：

```
> names <- c('Mike', 'Renee', 'Richard', 'Matthew', 'Christopher')

> scores <- c(85, 92, 95, 97, 96)
```

一旦我们在向量中存储了数据，就可以通过在向量名称后面的方括号中放置我们想要检索的元素编号来访问该向量的各个元素。这里有一个例子：

```
> names[1]
[1] "Mike"

> names[2]
[1] "Renee"

> scores[3]
[1] 95
```

提示：向量在 R 中的第一个元素是元素 1，因为 R 使用基于 1 的索引。这不同于 Python 和其他一些使用基于 0 的索引并将向量的第一个元素标记为元素 0 的编程语言。

R 中也有函数可以同时作用于整个向量。例如，可以使用 mean()、median()、min() 和 max() 函数分别查找数值向量的平均值、中值、最小值和最大值。类似地，sum() 函数将数值型向量中所有元素求和。

```
> mean(scores)
[1] 93

> median(scores)
[1] 95

> min(scores)
[1] 85

> max(scores)
[1] 97
```

```
> sum(scores)
[1] 465
```

向量的所有元素必须是相同的数据类型。如果试图创建具有不同数据类型的向量，R将强制它们都是相同的数据类型。这个过程称为强制。例如，如果我们试图创建一个包含字符串和数值的混合向量：

```
> mixed <- c('Mike', 85, 'Renee', 92, 'Richard', 95, 'Matthew', 97,
'Christopher', 96)
```

该命令似乎成功地创建了向量，但当我们检查该向量的内容时：

```
> mixed
[1] "Mike"       "85"      "Renee"    "92"      "Richard"    "95"      "Matthew"
[8] "97"         "Christopher"    "96"
```

我们发现 R 把所有的元素都转换成了字符串。我们可以将不同类型的向量组合成类似于电子表格的数据结构。在 R 中实现这一点的传统方法是通过一个称为数据框的数据结构。例如，我们可以将 names 和 scores 向量组合成一个名为 testResults 的数据框。

```
> testResults <- data.frame(names, scores)

> testResults
       names scores
1       Mike     85
2      Renee     92
3    Richard     95
4    Matthew     97
5 Christopher    96
```

你可以使用 $ 运算符访问存储在数据框中的向量。例如，如果要计算平均测试分数，可以使用以下代码：

```
> mean(testResults$scores)
[1] 93
```

在第 3 章中，我们将讨论 tidyverse 包如何使用一个称为 tibble 的数据框的增强版本。在本书的剩余部分，将使用 tibbles 作为我们的主要数据结构。

2.4.2　测试数据类型

当我们在 R 中使用对象时，可能想更多地了解它们的数据类型，要么直接询问对象的类型，要么通过编程测试它。R 语言包含了用于帮助完成这些任务的函数。

class() 函数返回对象的数据类型。例如，检查以下示例代码：

```
> x <- TRUE
> y <- 1
> z <- 'Mike Chapple'

> class(x)
[1] "logical"

> class(y)
[1] "numeric"
```

```
> class(z)
[1] "character"
```

请注意，当我们赋值 *x*、*y* 和 *z* 时，不需要显式地赋值数据类型。当执行赋值时，R 解释你提供的参数，并对正确的数据类型做出假设。在 2.4.3 节中，我们将讨论如何使用 R 中的 as.x() 函数显式地转换数据类型。

如果要在 R 中创建因子数据类型，可以使用 factor() 函数将字符串向量转换为因子。例如，以下代码创建字符向量测试该类，将其转换为因子然后重新测试该类：

```
> productCategories <- c('fruit', 'vegetable', 'fruit', 'fruit', 'dry
goods', 'dry goods', 'vegetable')

> class(productCategories)
[1] "character"

> productCategories <- factor(productCategories)

> class(productCategories)
[1] "factor"
```

我们还可以使用 length() 函数测试对象的长度。此函数返回该对象的元素数。如果对象是一个因子或向量，length() 函数返回该因子或向量中的元素个数。如果对象是单个数字、字符或逻辑元素，则 length() 函数返回值为 1。例如，请看以下代码：

```
> length(x)
[1] 1

> length(y)
[1] 1

> length(z)
[1] 1

> length(productCategories)
[1] 7
```

R 还包括一组"is"函数，用于测试对象是否属于特定的数据类型，如果是则返回真，如果不是则返回假。"is"函数包括以下内容：

- is.logical()
- is.numeric()
- is.integer()
- is.character()
- is.factor()

要使用这些函数，只需选择适当的一个，并将想要测试的对象作为参数传递。例如，使用本节前面创建的相同数据元素 *x*、*y* 和 *z* 检查以下结果：

```
> is.numeric(x)
[1] FALSE

> is.character(x)
[1] FALSE

> is.integer(x)
[1] FALSE
```

```
> is.logical(x)
[1] TRUE

> is.numeric(y)
[1] TRUE

> is.integer(y)
[1] FALSE

> is.character(z)
[1] TRUE
```

这些结果对你有意义吗？如果回顾一下创建这些变量的代码，x 是逻辑值 TRUE，因此只有 is.logical() 函数返回 TRUE，而其他测试函数返回 FALSE。

y 变量包含一个整数值，因此 is.integer() 函数返回 TRUE，而其他函数返回 FALSE。这里值得注意的是，is.numeric() 函数也返回 FALSE，考虑到该函数的名称，这似乎违反直觉。当我们使用以下代码创建 y 变量时：

```
> y <- 1
```

R 假设我们想要创建一个数值型变量，这是由数字组成的值的默认类型。如果我们想显式地创建一个整数，我们需要在创建过程中给数字添加 L 后缀。检查此代码：

```
> yint <- 1L

> is.integer(yint)
[1] TRUE

> is.numeric(yint)
[1] TRUE
```

这里我们看到了另一个明显的矛盾。is.numeric() 函数和 is.integer() 函数在本例中都返回 TRUE。这是 is.numeric() 函数的一个细微差别。如果有可能将对象中包含的数据转换为数值类，则返回 TRUE，而不是仅当测试的对象属于数值类时才返回 TRUE。我们可以用类函数验证 y 是数值型数据类型，而 yint 是整数。

```
> class(y)
[1] "numeric"

> class(yint)
[1] "integer"
```

或者，我们也可以使用 as.integer() 函数将最初创建的数值变量转换为整数值，我们将在 2.4.3 节中介绍该函数。

"is" 函数也用于向量对象，根据向量中包含的对象的数据类型返回值。例如，我们可以测试 2.4.1 节中创建的姓名和成绩向量。

```
> is.character(names)
[1] TRUE

> is.numeric(names)
[1] FALSE

> is.character(scores)
[1] FALSE
```

```
> is.numeric(scores)
[1] TRUE

> is.integer(scores)
[1] FALSE
```

2.4.3　转换数据类型

你可能会发现自己处于需要将数据从一种类型转换为另一种类型的情况下。R 提供"as"函数来执行这些转换。R 中一些更常用的"as"函数如下：

- as.logical()
- as.numeric()
- as.integer()
- as.character()
- as.factor()

这些函数都接受对象或向量作为参数，并试图将其从现有的数据类型转换为函数名称中包含的数据类型。当然，这种转换并不总是可能的。如果有一个数值为 1.5 的数据对象，R 可以很容易地将它转换成 "1.5" 字符串。然而，没有任何合理的方法将字符串 "apple" 转换为整数值。以下是一些工作中的"as"函数示例：

```
> as.numeric("1.5")
[1] 1.5

> as.integer("1.5")
[1] 1

> as.character(3.14159)
[1] "3.14159"

> as.integer("apple")
[1] NA
Warning message:
NAs introduced by coercion

> as.logical(1)
[1] TRUE

> as.logical(0)
[1] FALSE

> as.logical("true")
[1] TRUE

> as.logical("apple")
[1] NA
```

2.4.4　缺失值

许多数据集中会出现缺失值，因为数据未收集、未知或不相关。当出现缺失值时，将它们与空白值或零值区分开来非常重要。例如，如果我还不知道将在我的商店出售的商品的价格，则价格是缺失的。这绝对不是零，否则我会赠送产品！

R 使用特殊的常量值 NA 来表示数据集中缺失的值。你可以将 NA 值赋给任何其他类型的 R 数据元素。可以使用 R 中的 is.na() 函数来测试对象是否包含 NA 值。

正如 NA 值与零或空值不同，将其与 "NA" 字符串区分开来也很重要。我们曾经使用过一个在字段中包含两个字母的国家代码的数据集，当我们没有预料到这种情况发生时，我们对数据集中的一些记录缺少国家字段的值感到困惑。原来，数据集是从一个文本文件中导入的，该文件没有在国家代码周围使用引号，并且数据集中有几条记录覆盖了纳米比亚国家，你猜对了，该国的国家代码为"NA"。当文本文件被读入 R 时，将字符串 NA（不带引号）解释为缺失值，将其转换为常量 NA，而不是国家代码"NA"。

注意： 如果你熟悉结构化查询语言（SQL），将 R 中的 NA 值视为 SQL 中的 NULL 值可能会有所帮助。

2.5　练习

练习 1. 访问 R 语言开源项目的官方网站，为你的计算机下载并安装当前版本的 R。

练习 2. 访问 RStudio 官方网站，为你的计算机下载并安装 RStudio 的当前版本。

练习 3. 探索 RStudio 环境，创建一个名为 chicken.R 的文件，包含以下 R 脚本：

```
install.packages("tidyverse")

library(tidyverse)

ggplot(data=ChickWeight) +
  geom_smooth(mapping=aes(x=Time, y=weight, color=Diet))
```

执行代码。它应该生成一个鸡的体重图作为输出。

第 3 章

数据管理

在第 1 章中，我们讨论了机器学习背后的一些基本原理。在第 2 章中，介绍了 R 编程语言和 RStudio 开发环境。在本章中，我们将解释如何在建模之前使用 R 来管理数据。机器学习模型的质量只取决于用来构建它的数据。通常，这些数据不容易获得，或者格式错误，或者难以理解。因此，在构建模型之前，我们需要花费尽可能多的时间来收集所需要的数据，探索和理解所持有的数据，以便能用于所选的机器学习方法，这一点至关重要。通常，我们在机器学习上花费的时间中有 80% 都在数据管理中。

在本章结束时，你将学到以下内容：

- ◆ 什么是 tidyverse 以及如何使用它来管理 R 中的数据；
- ◆ 如何使用 R 收集数据以及收集数据时需要考虑的一些关键事项；
- ◆ 用 R 语言描述和可视化数据的不同方法；
- ◆ 如何清理、转换和减少数据，使其对机器学习过程更有用。

3.1 tidyverse

tidyverse 是 R 包的集合，旨在通过提供包之间交换数据的标准化格式来促进整个分析过程。它包括用于导入、操作、可视化和建模数据的包，这些包具有一系列可轻松跨不同 tidyverse 包工作的函数。

以下是构成 tidyverse 的主要包：

- readr，用于将各种文件格式的数据导入 R；
- tibble，用于以标准格式存储数据；
- dplyr，用于操作数据；
- ggplot2，用于数据可视化；
- tidyr，用于将数据转换为 "tidy" 形式；
- purrr，用于函数式编程；
- stringr，用于处理字符串；
- lubridate，用于处理日期和时间。

这些是我们将从 tidyverse 中使用的面向开发人员的包，这些包依赖于其他几十个基础包来完成它们的工作。幸运的是，你可以用一个命令轻松安装所有 tidyverse 包：

```
install.packages("tidyverse")
```

类似地，可以使用以下命令加载整个 tidyverse：

```
library(tidyverse)
```

在本书的后续部分，我们将使用几个 tidyverse 包和函数。当我们这样做时，我们将努力提供一个简短的解释，说明每个函数的作用以及如何使用它。请注意，本书不是关于 R 编程语言或 tidyverse 的教程，相反，它的目标是使用这些工具解释和演示机器学习概念。对于有兴趣深入学习 R 编程语言和 tidyverse 的读者，我们推荐阅读哈德利·威克姆（Hadley Wickham）和加勒特·格罗勒芒德（Garrett Grolemund）写作的《R 数据科学》。

3.2 数据收集

数据收集是识别和获取机器学习过程所需数据的过程。收集的数据类型或数量通常取决于机器学习问题和所选算法。对于有监督的机器学习问题，收集的数据不仅包括描述每个观察的属性或特征的变量，还包括作为观察的标签或结果的变量。无监督的机器学习问题不需要为输入数据的每个观测值分配一个标签。相反，无监督学习的主要目标是确定有趣的方法来分组数据，以便为其分配有意义的标签。

3.2.1 主要考虑因素

在我们收集数据时，有几件重要的事情需要考虑，以确保能成功收集到数据。这包括确保我们捕捉到正确类型的历史数据，这些数据是相关的，我们有足够的数据可以使用，确保我们在管理和使用数据时遵守道德。

1. 收集真值数据

对于有监督机器学习问题，我们使用具有结果标签或响应值的历史数据来训练我们的模型。这些标签或响应值的准确性对方法的成功至关重要。这是因为该数据是算法用作学习过程的基准。这些数据作为学习模式的真相来源。这就是为什么它经常被称为真值。真值可以基于先前事件的现有标签，例如银行客户是否拖欠贷款，或者可以要求由领域专家为其分配标签，例如电子邮件是否是垃圾邮件。无论标签是否已经存在或需要分配，都应该有一个计划来管理真值，并确保它确实是真相的来源。

2. 数据相关性

作为数据收集过程的一部分，确保收集的数据与学习目标相关非常重要。为描述观察而收集的变量应与解释标签或观测值的响应相关。例如，收集银行客户鞋码的数据与他们是否会拖欠贷款无关。相反，排除有关客户过去贷款的信息将对试图预测贷款结果的模型的有效性产生不利影响。

3. 数据量

成功训练模型所需的数据量取决于所选择的机器学习方法的类型。某些类型的算法在处理少量数据时表现良好，而有些算法需要大量数据才能提供有意义的结果。了解每种方法的优点和缺点为我们提供了所需的指导，以确定有多少数据足以完成学习任务。除了收集的数据量外，收集的数据的可变性也很重要。例如，如果我们打算使用收入作为预测贷款结果的一个预测指标，那么收集收入水平完全不同的客户的数据将是有益的。这样做可以使模型更好地确定收入水平如何影响贷款结果。

4. 道德问题

在数据收集过程中，有几个道德问题需要考虑。其中一些问题包括隐私、安全、知情同意权和偏见。作为获取新数据过程的一部分，制定流程和缓解步骤来解决这些问题非常重要。例如，如果用于训练模型的数据中存在偏差，那么模型也将在其预测中复制偏差。有偏见的预测被证明是非常有害的，尤其是在基于机器学习模型做出不利决定，影响代表性不是群体的情况下。有偏见的数据问题往往源于数据收集过程中固有的人为偏见，或者缺乏关于某些亚群的现有数据。

3.2.2 导入数据

readr 包是为机器学习而编写的几乎所有 R 代码中可能使用到的第一个 tidyverse 包，因为它允许你将数据从标准文件格式导入 R。readr 函数加载存储在磁盘或 URL 上的文件，并将其导入名为 tibble 的对 tidyverse 友好的数据结构中（稍后将详细介绍 tibble）。

1. 读取逗号分隔的文件

逗号分隔的文件是不同环境之间交换数据的最常见方式。这些文件也称为逗号分隔值（CSV）文件，它们以简单、标准化的格式存储数据，几乎可以从任何来源导入或导出。

从概念上讲，从电子表格或其他数据表创建逗号分隔值文件很简单。例如，假设我们有图 3.1 所示的电子表格数据，将它转换成 CSV 文件只需要用逗号替换分隔行的列，如图 3.2 所示。在 CSV 格式中，文件中的每一行代表电子表格中的一行。然而，有时文件也可能有一个包含变量名的可选标题行，我们的例子就是这种情况。

Name	Age	Gender	ZIP
Mary	27	F	11579
Tom	32	M	07753
Beth	43	F	46556

图 3.1　包含表格形式数据的简单电子表格

```
Name,Age,Gender,ZIP
Mary,27,F,11579
Tom,32,M,07753
Beth,43,F,46556
```

图 3.2　包含与图 3.1 中电子表格
相同数据的 CSV 文件

我们可以使用 readr 包中的 read_csv() 函数将 CSV 文件读入 R。此函数允许许多不同的参数，让我们来看几个最重要的参数，如下所示。

- file，read_csv() 的第一个参数，包含要读取的文件名。这可能是 R 当前工作目录中的文件名、存储在磁盘其他位置的文件的完整路径、通过 HTTP 或 HTTPS 协议读取的 URL，或者 FTP 或 FTPS 站点上的文件路径。

- col_names，指定 R 应在何处获取数据集中使用的变量的名称。col_names 的默认值为 TRUE，这表示 R 应该使用 CSV 文件第一行中出现的值作为变量名。如果 col_names 的值设置为 FALSE，R 将使用顺序编号的格式 X1、X2、X3 等生成自己的列名。或者，你可以提供自己列名的字符向量。

- col_types，指定列的数据类型。如果不包含此参数，R 将根据文件中的值猜测适当的数据类型。如果你希望自己指定列类型，最简单的方法是使用以下值提供一个字符串，其中一个字母对应于数据集中的每一列：
  - l 表示逻辑；
  - n 表示数值；
  - i 表示整数；
  - c 表示字符；
  - f 表示因子；
  - D 表示日期；
  - T 表示日期时间。

- skip，一个整数值，指示 read_csv() 在尝试读取数据之前应忽略文件顶部的指定行数。

这些只是从 CSV 文件读取数据时可能指定的许多选项中的一小部分。有关 read_csv() 函数的详细信息，请参阅帮助文件。

```
?read_csv
```

让我们看一个读取 CSV 文件的例子。我们将使用一个存储在 vehicles.csv 文件中的数据集，其中包含在密歇根州安娜堡"环保局的国家车辆和燃料排放实验室"收集的车辆燃料效率和排放测试数据。该数据集包含 1984 ～ 2018 年车辆的燃油经济性和排放信息。

提示：如果你想按照例子操作，本书中使用的所有数据文件都是可用的。本书的前言中包含了如何获取数据文件的信息。

要读取数据，首先需要使用 library(tidyverse) 命令加载 tidyverse 包。这将允许我们使用 read_csv() 函数。向该函数传递两个参数：第一个是文件名（file），第二个是表示列的数据类型的字符串（col_types）。通过设置 col_types="nnnfnffffnn"，我们告诉 read_csv() 函数，输入数据的前三列应读取为数值变量（n），第四列应读取为因子（f），第五列应读取为数值（n），以此类推。

```
> library(tidyverse)
> vehicles <- read_csv(file = 'vehicles.csv', col_types = "nnnfnfffffnn")
```

我们的数据集现在被导入一个名为 vehicles 的 tibble 中。我们可以使用 dplyr 包提供的 glimpse() 命令预览 vehicles 中的数据。

```
> glimpse(vehicles)

Observations: 36,979
Variables: 12
$ citympg            <dbl> 14, 14, 18, 21, 14, 18, 14, 18, 18, 20, 1...
$ cylinders          <dbl> 6, 8, 8, 6, 8, 8, 8, 4, 4, 4, 4, 4, 4, 4,...
$ displacement       <dbl> 4.1, 5.0, 5.7, 4.3, 4.1, 5.7, 4.1, 2.4, 2...
$ drive              <fct> 2-Wheel Drive, 2-Wheel Drive, 2-Wheel Dri...
$ highwaympg         <dbl> 19, 20, 26, 31, 19, 26, 19, 21, 24, 21, 2...
$ make               <fct> Buick, Buick, Buick, Cadillac, Cadillac, ...
$ model              <fct> Electra/Park Avenue, Electra/Park Avenue,...
$ class              <fct> Large Cars, Large Cars, Large Cars, Large...
$ year               <fct> 1984, 1984, 1984, 1984, 1984, 1984, 1984,...
$ transmissiontype   <fct> Automatic, Automatic, Automatic, Automati...
$ transmissionspeeds <dbl> 4, 4, 4, 4, 4, 4, 4, 3, 3, 3, 3, 3, 3, 3,...
$ co2emissions       <dbl> 555.4375, 555.4375, 484.7619, 424.1667, 5...
```

输出是数据的转置版本，它向我们显示数据中观察数或行数（36 979）、数据中变量数或列数（12）、变量名、数据类型以及每个变量中的数据样本。

---

tibble

在第 2 章和本章中，我们多次提到称为 tibble 的数据结构。那么，什么是 tibble 呢？tibble 是 R 数据框的现代版本，作为 tidyverse 的一部分实现。与数据框相比，tibble 对数据的性质做出的假设更少，处理起来也更加严格。例如，与数据框不同，tibble 从不改变输入数据的类型，从不改变变量的名称，也从不创建行的名称。因此，tibble 确保数据质量问题得到明确处理，从而产生更简洁、更具表现力的代码。tibble 还使处理大型数据集并将其输出到屏幕上变得更加容易，而不会使你的系统不堪重负。readr 包中的 read_csv() 函数将输入数据直接读入 tibble。这与基本的 R read.csv() 函数不同，后者将数据读入数据框。在本书的后续部分，我们依然使用 read_csv() 函数来导入数据。

---

2. 读取其他分隔文件

readr 包还为我们提供了读取除 CSV 以外的其他类型的分隔文件中存储数据的函数。例如，要读取如图 3.3 所示的制表符分隔（TSV）文件，可以使用 read_tsv() 函数。

readr 包确实提供了一个更通用的 read_delim() 函数，可以读取带有自定义分隔符的文件。用户只需通过设置 delim 参数来指定用于分隔文件中各列的字符。例如，要读取如图 3.4 所示的管道分隔文件，需要为 read_delim() 函数设置 delim="|"。

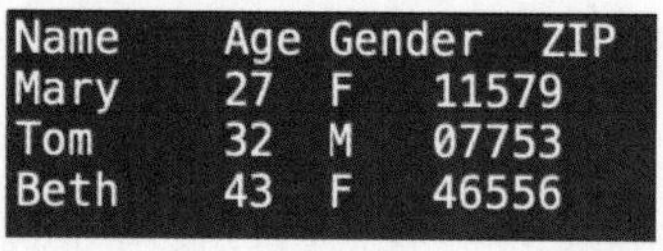

```
Name    Age Gender  ZIP
Mary    27  F       11579
Tom     32  M       07753
Beth    43  F       46556
```

图 3.3　包含与图 3.1 中电子表格
相同的数据的 TSV 文件

```
Name|Age|Gender|ZIP
Mary|27|F|11579
Tom|32|M|07753
Beth|43|F|46556
```

图 3.4　包含与图 3.1 中电子表格相同的
数据的管道分隔文件

3.3 数据探索

在我们获得数据之后，接下来要做的就是花一些时间确保我们理解它。这个过程称为数据探索。数据探索使我们能够回答以下问题。

- 数据中有多少行和列？
- 我们的数据中存在哪些数据类型？
- 数据中是否存在缺失、不一致或重复的值？
- 数据中是否存在异常值？

为了回答这些问题，我们经常需要使用统计汇总和可视化来描述数据的特征。

3.3.1 数据描述

作为数据探索过程的一部分，我们经常需要以其他人能够理解的方式来描述数据。在机器学习中，有几个术语用于描述数据的结构以及数据中值的性质（见图 3.5）。

图 3.5　说明样本和变量（自变量和因变量）的样本数据集

1. 样本

样本是一行数据，是数据集表示概念的独立例子，由一组属性或特征描述。数据集由几个样本组成。在本书中，我们有时将样本称为记录、示例或观察。

2. 变量

变量是一列数据，是样本的属性或特征。每个样本都由几个变量组成。在本书中，我们有时将特征称为列或变量。变量可以根据其所持有的数据类型进行分类。变量可以描述为离散变量或连续变量。

- 离散变量是以分类形式度量的属性。离散变量通常只有一组合理的可能值。例子包括服装尺寸（小、中、大）、顾客满意度（不满意、有点满意、很满意）等。

- 连续变量是一种通常以整数或实数形式度量的属性。连续变量在其上下限之间有无限多个可能值。例如温度、身高、体重、年龄等。

变量也可以根据其功能进行分类。在第 1 章中，我们讨论了监督学习，使用描述数据的属性（或变量）来预测数据中每个样本的标签。描述数据的变量被称为自变量，而表示标签的变量被称为因变量。自变量和因变量名字背后的思想来自于这样一个事实，即在监督学习中，因变量是基于自变量来预测的。换句话说，因变量"依赖"于自变量的值。对于分类问题，因变量也称为类，对于回归问题，则称为响应。

3. 维数

数据集的维数表示数据集中变量的数量。数据集的维数越高，关于数据的细节就越多，但计算复杂度和资源消耗也就越高。稍后，我们将讨论一些降低数据集维数的方法，以使其更容易用于机器学习。

4. 稀疏性和密度

稀疏性和密度描述数据集中变量的数据存在形式。例如，如果数据集中有 20% 的值丢失或未定义，则称该数据集为 20% 稀疏。密度是稀疏性的补充，因此一个 20% 稀疏的数据集也可以说是 80% 稠密。

5. 分辨率

分辨率描述数据中的粒度或详细程度。数据越详细，分辨率就越精细（或更高）；数据越不详细，分辨率就越粗糙（或更低）。例如，个人客户购买的销售点零售数据具有高分辨率。另一方面，在州或地区级别汇总的销售数据分辨率较低。适当的分辨率方案通常取决于业务问题和机器学习任务。如果数据分辨率太精细，重要的模式可能会被噪声遮挡，但如果分辨率太粗糙，重要的模式可能会消失。

6. 描述性统计

描述性统计或汇总统计在数据探索和理解中很有用。它们涉及使用统计方法来描述变量的特征。例如，变量频率告诉我们该值出现的频率，而变量众数告诉我们该变量哪个值出现的频率最高。频率和众数通常用于描述分类数据。对于连续数据，通常使用均值和中值等度量来描述数据的属性。均值和中值都提供了对变量"典型"值的描述。

均值和中值

  n 个值的算术均值（或平均值）是这些值的总和除以 n。例如，给定一组值 1、5、7、9 和 23，均值为 $\dfrac{1+5+7+9+23}{5}=9$。*同一组值的中值是位于排序后的值列表中点的数字，在本例中为 7。一组值的中值有时比均值更受青睐，因为它不受极大或极小值的影响。例如，在评估家庭收入或总资产等因经济状况不同而有很大差异的统计数据时，均值可能会因极少数极高或极低的值而出现偏差。因此，中值通常被用作描述"典型"家庭收入或总资产的更好方法。*

在 R 中，我们可以使用 summary() 函数获取数据集的汇总统计信息。为了获得 vehicles 数据集的汇总统计信息，我们将数据集的名称传递给 summary() 函数。

```
> summary(vehicles)

    citympg          cylinders        displacement
 Min.   : 6.00    Min.   : 2.000    Min.   :0.600
 1st Qu.:15.00    1st Qu.: 4.000    1st Qu.:2.200
 Median :17.00    Median : 6.000    Median :3.000
 Mean   :17.53    Mean   : 5.776    Mean   :3.346
 3rd Qu.:20.00    3rd Qu.: 6.000    3rd Qu.:4.300
 Max.   :57.00    Max.   :16.000    Max.   :8.400
 NA's   :6                          NA's   :9

                drive           highwaympg              make
 2-Wheel Drive     :  491    Min.   : 9.00    Chevrolet: 3750
 Rear-Wheel Drive  :13194    1st Qu.:20.00    Ford     : 3044
 All-Wheel Drive   : 8871    Median :24.00    Dodge    : 2461
 Front-Wheel Drive :13074    Mean   :23.77    GMC      : 2414
 4-Wheel Drive     : 1349    3rd Qu.:27.00    Toyota   : 1840
                             Max.   :61.00    BMW      : 1774
                             NA's   :8        (Other)  :21696
                model                   class             year
 F150 Pickup 2WD   :  213    Compact Cars       :7918    1985   : 1699
 F150 Pickup 4WD   :  192    Pickup             :5763    1987   : 1247
 Truck 2WD         :  187    Midsize Cars       :5226    1986   : 1209
 Jetta             :  173    Sport Utility      :5156    2015   : 1203
 Mustang           :  172    Subcompact Cars    :4523    2017   : 1201
 Ranger Pickup 2WD :  164    Special Purpose Vehicle:2378 2016  : 1172
 (Other)           :35878    (Other)            :6015    (Other):29248
 transmissiontype   transmissionspeeds  co2emissions
 Automatic:24910    Min.   : 1.000    Min.   :  29.0
 Manual   :12069    1st Qu.: 4.000    1st Qu.: 400.0
                    Median : 5.000    Median : 467.7
                    Mean   : 4.954    Mean   : 476.6
                    3rd Qu.: 6.000    3rd Qu.: 555.4
                    Max.   :10.000    Max.   :1269.6
```

  结果显示了描述性统计的两种不同格式：一种格式用于分类变量，另一种用于连续变量。例如，分类变量（如 drive 和 make）的汇总统计显示了变量值以及每个值的频率。对于 drive 变量，我们看到有 491 个两驱类型的样本和 1349 个四驱类型的样本。请注意，对于某些变量，汇总仅显示 6 个变量值，并将其他所有内容分组到"其他"中。列出的 6 个值是频率最高的 6 个。稍后，我们将了解如何列出一个变量的所有值以及相关的频率。

  summary() 函数使用的第二种格式适用于连续变量。例如，我们看到 citympg 的统计汇总显示了均值、中值、最小值、最大值以及第一和第三个四分位值。从结果中，可以看到城市燃油效率最差的车辆达到每加仑行驶 6 英里（最低）[注：1 加仑（英）≈ 4.546 升，1 英里≈ 1.61 千米]，而效率最高的车辆每加仑行驶 57 英里（最高）。"典型"车辆的城市燃油效率等级为每加仑 17 ～ 17.5 英里（中值和均值）。第一个和第三个四分位数给出的值让我们了解了不同车辆的城市燃油效率值有多大差异。第 5 章将更详细地讨论这意味着什么。另外请注意，对于 citympg、displacement 和 highwaympg 变量，描述性统计信息列出了变量的缺失值（NA）的数量。在本章后面将讨论如何处理这些缺失的值，作为我们讨论数据准备的一部分。

  在前面的示例中，通过将数据集传递给 summary() 函数来显示整个数据集的汇总统计信息。有时，我们只想查看数据中选定变量的统计汇总。实现这一点的一种方法是使用 dplyr 包中的 select 命令。回想一下，dplyr 是 tidyverse 中用于数据探索和操作的包。它提供了 5 个主要命令（也称为动词）。

- select，用于选择列或变量。
- filter，用于选择行或样本。
- arrange，用于排序行。
- mutate，用于修改变量。
- summarize，用于汇总行。

使用 select 命令，将 vehicles 数据限制为我们想要的变量。假设打算只看 class 变量，将两个参数传递给 select。第一个是输入数据集，即 vehicles。第二个是我们选择的一个或多个变量的名称，即 class。

```
> library(tidyverse)
> select(vehicles, class)

# A tibble: 36,979 x 1
   class
   <fct>
1  Large Cars
2  Large Cars
3  Large Cars
4  Large Cars
5  Large Cars
6  Large Cars
7  Large Cars
8  Pickup
9  Pickup
10 Pickup
# ... with 36,969 more rows
```

我们的数据现在仅限于 class 变量。注意，我们的输出是一个 36 979 行和 1 列的 tibble。第一列是 class 变量。为了在输出中包含 cylinders 变量，我们也将其包含在传递给 select 的变量名称中。

```
> select(vehicles, class, cylinders)

# A tibble: 36,979 x 2
   class        cylinders
   <fct>            <dbl>
1  Large Cars           6
2  Large Cars           8
3  Large Cars           8
4  Large Cars           6
5  Large Cars           8
6  Large Cars           8
7  Large Cars           8
8  Pickup               4
9  Pickup               4
10 Pickup               4
# ... with 36,969 more rows
```

我们的输出现在是一个有两列的 tibble。为了获得这两列的描述性统计数据，我们将 select(usedcars,class,cylinders) 命令作为 summary() 函数的输入。这是使用 select 命令的输出作为 summary() 函数的输入。

```
> summary(select(vehicles, class, cylinders))
```

```
                        class         cylinders
Compact Cars            :7918   Min.    : 2.000
Pickup                  :5763   1st Qu.: 4.000
Midsize Cars            :5226   Median : 6.000
Sport Utility           :5156   Mean   : 5.776
Subcompact Cars         :4523   3rd Qu.: 6.000
Special Purpose Vehicle :2378   Max.   :16.000
(Other)                 :6015
```

我们现在有两列的描述性统计数据：class 和 cylinders。前面我们提到对于分类变量，summary() 函数只显示前 6 个变量。这就是我们看到的 class 变量。为了得到 class 变量的值和计数的完整列表，我们使用了一个不同的函数 table() 函数。与 summary() 函数一样，我们也可以将 select 命令的输出作为输入传递给 table() 函数。

```
> table(select(vehicles, class))
```

```
       Large Cars              Pickup Special Purpose Vehicle
             1880                5763                    2378
             Vans        Compact Cars            Midsize Cars
             1891                7918                    5226
  Subcompact Cars         Two Seaters                 Minivan
             4523                1858                     386
    Sport Utility
             5156
```

现在我们有了 class 变量的所有 10 个值及其相关计数。除了每个变量值的计数值，还可以得到每个值的比例分布。为此，我们将 table() 函数的输出作为输入传递给另一个函数——prop.table()。

```
> prop.table(table(select(vehicles, class)))
```

```
              Large Cars                  Pickup
              0.05083967              0.15584521
Special Purpose Vehicle                    Vans
              0.06430677              0.05113713
            Compact Cars            Midsize Cars
              0.21412153              0.14132345
         Subcompact Cars             Two Seaters
              0.12231266              0.05024473
                 Minivan           Sport Utility
              0.01043836              0.13943049
```

输出告诉我们，数据集中 5% 的车辆被归类为大型车，15.58% 的车辆被归类为皮卡车，以此类推。通过这些比例，我们可以更好地了解 class 变量分布。

到目前为止，我们使用的将一个命令或函数的输出作为输入传递给另一个命令或函数的方法称为嵌套。通过这种方法，我们确保将子函数包装在父函数的括号内。在前面的例子中，我们将 select 命令嵌套在 table() 函数中，然后将其嵌套在 prop.table() 函数中。可以想象，如果我们必须执行大量的操作，其中每个连续函数都依赖前一个函数的输出作为其输入，那么我们的代码很快就会变得难以阅读。因此，我们有时使用管道来控制代码的逻辑流程。管道写为 %>%。它们由 magrittr 包提供，该包作为 tidyverse 的一部分加载。例如，列出 vehicles 数据集中 class 变量的所有值和比例分布的代码可以编写如下：

```
> library(tidyverse)
> vehicles %>%
  select(class) %>%
  table() %>%
  prop.table()
.

             Large Cars              Pickup
             0.05083967          0.15584521
Special Purpose Vehicle                Vans
             0.06430677          0.05113713
           Compact Cars        Midsize Cars
             0.21412153          0.14132345
        Subcompact Cars         Two Seaters
             0.12231266          0.05024473
                Minivan       Sport Utility
             0.01043836          0.13943049
```

　　管道允许我们将一个表达式的输出作为输入传递给另一个表达式。在本例中，我们使用管道将 vehicles 数据作为输入转发到 select。然后我们使用另一个管道将 select 的输出作为输入传递给 table() 函数。最后，我们将 table() 函数的输出传递给 prop.table() 函数。管道的强大之处在于，它允许我们编写简单、可读和高效的代码。接下来，我们将尽可能使用管道来组织代码示例的逻辑。

　　我们已经展示了如何通过使用 select 命令来限制或选择要处理的变量。有时，我们不想限制变量，而是想限制我们正在处理的观测值或行。这是使用 dplyr 包中的另一个命令（即 filter 命令）完成的。filter 命令允许我们为要保留的行指定逻辑条件。例如，假设我们只想看到两轮驱动车辆的二氧化碳排放量的描述性统计数据。我们的条件是，要保留一行，drive 变量必须等于 2-Wheel drive。内容如下：

```
> vehicles %>%
  filter(drive == "2-Wheel Drive") %>%
  select(co2emissions) %>%
  summary()

  co2emissions
 Min.   :328.4
 1st Qu.:467.7
 Median :555.4
 Mean   :564.6
 3rd Qu.:683.6
 Max.   :987.4
```

　　现在，我们可以将两轮驱动车辆的描述性统计数据与整个数据集的描述性统计数据进行比较。

3.3.2　数据可视化

　　在 3.3.1 节中，我们讨论了如何使用数据汇总来描述数据，以便更好地理解数据。在本节中，我们将数据可视化作为数据探索的一个重要组成部分，通过提供一种简洁且易于理解的方式描述数据。

通常，即使在使用了复杂的统计技术之后，某些模式也只有在用可视化表示时才能被理解。就像流行的说法"一张图片胜过千言万语"一样，可视化是询问和回答数据问题的很好的工具。根据问题类型，我们使用的数据可视化类型有 4 个关键目标——比较、关系、分布和组成。

1. 比较

比较可视化用于说明在给定时间点或一段时间内两个或多个项目之间的差异。一个常用的比较图是箱式图。箱式图通常用于将连续变量的分布与分类变量的值进行比较。它可视化了 5 个汇总统计数据（最小值、第一个四分位数、中位数、第三个四分位数和最大值）以及所有独立的外围点。箱式图帮助我们回答如下一些问题。

- 变量是否具有显著性？
- 子组之间的数据位置是否有差异？
- 各子组之间的数据差异是否不同？
- 数据中是否有异常值？

正如我们前面提到的，tidyverse 为我们提供了一个强大而灵活的可视化数据包，称为 ggplot2。ggplot2 提供的函数遵循一个原则和一致的语法，称为图形语法。我们将在使用该包创建可视化来帮助我们更好地理解数据时解释一些相关概念，而不是详细讲解该包背后的语法和理论。对于有兴趣深入理解 ggplot2 和图形语法的读者，可以参考哈德利·威克姆（Hadley Wickham）的《ggplot2：数据分析与图形艺术》和利兰·威尔金森（Leland Wilkinson）的《图形语法》。

使用 ggplot2，我们可以从 vehicles 数据集中创建一个箱式图，比较不同车辆类别的二氧化碳排放分布。

```
> vehicles %>%
  ggplot() +
  geom_boxplot(mapping = aes(x = class, y = co2emissions), fill = "red") +
  labs(title = "Boxplot of C02 Emissions by Vehicle Class", x = "Class", y =
"C02 Emissions")
```

我们的代码做的第一件事是将数据集（vehicles）传递给 ggplot() 函数。这将初始化绘图过程。把它想象成一张空画布，下一组命令只是在画布上添加层。注意使用"+"操作符添加连续层。第一层称为几何图形，它指定了要创建的可视化类型。在本例中，我们使用 geom_boxplot() 几何图形创建一个箱式图。在几何图形中，我们使用 aes() 函数指定可视化的美学。美学指定几何图形的大小、颜色、位置和其他视觉参数。对于美学，我们指定了两件事。首先是审美要素与数据的关系。这是通过设置 mapping=aes(x=class,y=co2emissions) 来实现的。这表明可视化的 x 轴将是 class 变量，y 轴将是 co2emissions 变量。我们为美观而指定的第二件事是框的颜色（fill="red"）。在几何图形层之后，使用 labs() 函数为绘图标题和轴标签添加一个图层，结果如图 3.6 所示。

由图可知，平均而言，微型汽车（Subcompact Cars）、紧凑型汽车（Compact Cars）和中型汽车（Midsize Cars）的二氧化碳排放量最低，而货车（Vans）、皮卡车（Pickups）

和专用汽车 (Special Purpose Vehicle) 的二氧化碳排放量最高。这是意料之中的。

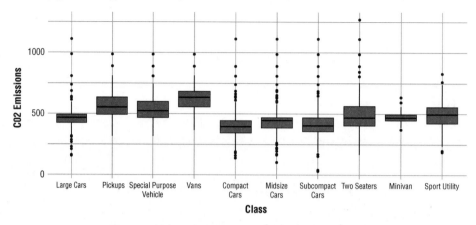

图 3.6　按车辆类别划分的二氧化碳排放量箱式图

2. 关系

关系可视化用于说明两个或多个变量之间的相关性。这些都是典型的连续变量。换句话说，它们显示了一个变量如何随着另一个变量的变化而变化。散点图是最常用的关系可视化方法之一。散点图帮助我们回答如下一些问题。

- 变量是否具有显著性？
- 变量是如何相互作用的？
- 数据中有异常值吗？

ggplot 包提供 geom_point() 几何图形，用于创建散点图。与箱式图类似，将数据传递给 ggplot()，设置美学参数，并在图表中添加标题和轴标签，参见图 3.7。

```
> vehicles %>%
  ggplot() +
  geom_point(mapping = aes(x = citympg, y = co2emissions), color = "blue",
size = 2) +
  labs(title = "Scatterplot of CO2 Emissions vs. City Miles per Gallon",
      x = "City MPG", y = "CO2 Emissions")

Warning message:
Removed 6 rows containing missing values (geom_point.)
```

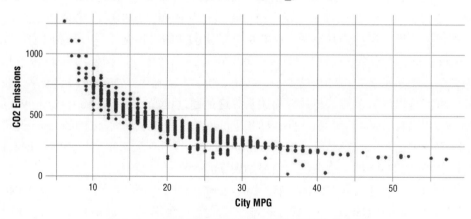

图 3.7　二氧化碳排放量与城市燃气里程的散点图

不要被警告信息吓到。它只是告诉我们，citympg 变量含有缺失值，相应的样本被剔除在图表之外。图表结果显示，随着城市燃气里程的增加，二氧化碳排放量减少。这意味着燃油效率等级更高的车辆排放的二氧化碳更少。这也是意料之中的。

3. 分布

分布可视化显示变量的统计分布。最常用的分布可视化方法之一是直方图。使用直方图可以显示特定变量的数据分布和偏度（请参阅第 5 章有关偏态分布的讨论）。直方图帮助我们回答如下一些问题。

- 数据来源于什么样的总体分布？
- 数据位于何处？
- 数据有多分散？
- 数据是对称的还是有偏度的？
- 数据中是否存在异常值？

ggplot 包中的 geom_histogram() 几何图形允许我们在 R 中创建直方图。对于直方图，我们不设置 y 轴的值，因为图表使用变量值的频率作为 y 轴值。我们为直方图的 x 轴指定要使用的分组（分组 =30），参见图 3.8。

```
> vehicles %>%
  ggplot() +
  geom_histogram(mapping = aes(x = co2emissions), bins = 30, fill =
"yellow", color = "black") +
  labs(title = "Histogram of CO2 Emissions", x = "CO2 Emissions", y =
"Frequency")
```

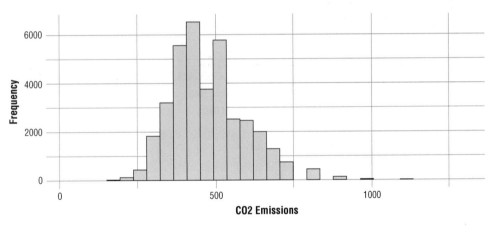

图 3.8　二氧化碳排放直方图

图表显示，大多数二氧化碳排放值集中在每英里 250 ～ 750 克之间。这还表明我们在低端和高端都有一些异常值。

4. 组合

组合可视化显示数据的组成。堆叠条形图和饼图是两种最常用的组合可视化。使用堆叠条形图，可以显示总值是如何划分为多个部分的，或者突出显示每个部分相对于总值的重要性。堆叠条形图可帮助我们回答如下一些问题。

- 子组内的分布如何变化？
- 成分随时间的相对变化是怎样的？
- 一个子组占总数的多少？

为了使用 ggplot 创建堆叠条形图，我们使用 geom_bar() 几何图形。为了说明这是如何工作的，我们创建了一个显示每年 drive 类型构成变化的可视化。我们将 x 轴设置为年，并通过设置 fill = drive 来显示 drive 类型构成。类似于直方图，我们不设置 y 轴的值。为了便于阅读，我们使用 coord_flip() 命令来翻转图表的坐标轴，以便在 y 轴上绘制年份，在 x 轴上绘制汽车数量，参见图 3.9。

```
> vehicles %>%
  ggplot() +
  geom_bar(mapping = aes(x =year, fill = drive), color = "black") +
  labs(title = "Stacked Bar Chart of Drive Type Composition by Year",
       x = "Model Year", y = "Number of Cars") +
  coord_flip()
```

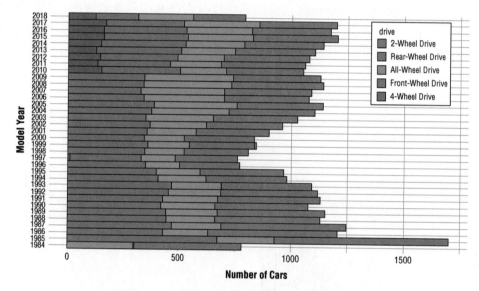

图 3.9　按年份划分的驱动类型组成的堆叠条形图

结果显示，除了 1997 年，似乎没有 4 轮驱动车辆在 2010 年之前进行过测试。我们还看到，2 轮驱动车辆仅在 1984 年和 1999 年进行了测试。这两项观察似乎表明，在受影响的年份，车辆驾驶类型的分类方式可能存在差异。例如，可以想象，除了 1997 年和 2010 ～ 2018 年，所有 4 轮驱动车辆每年都被归类为全轮驱动车辆。同样的逻辑适用于 2 轮驱动车辆的分类，即后轮驱动或前轮驱动。

3.4　数据准备

在模型构建过程之前，需要确保数据适合我们打算使用的机器学习方法，这一步称为数据准备。数据准备涉及解决数据质量问题，如数据缺失、噪声数据、异常数据和类别不平衡。它还包括减少数据或修改数据结构，使其更容易处理。

3.4.1 数据清洗

在计算中，"垃圾输入，垃圾输出"用来表达这样一种观点，即不正确或质量差的输入必然会导致不正确或质量差的输出。这个概念在机器学习中至关重要。如果在训练模型之前，前端没有采取适当的措施来正确处理数据质量问题，那么模型输出将是不可靠的、误导性的或者是完全错误的。

1. 缺失值

理想的数据集是没有缺失值并且没有偏离预期值的数据集。这样的数据集几乎不存在。实际上，大多数数据集都有数据质量问题，需要在用于机器学习之前进行处理。最常遇到的数据质量问题之一是数据缺失。数据缺失有几个原因，包括数据收集方法的变化、人为错误和偏差、各种数据集的组合等。尝试理解缺失值是否有原因或模式很重要，例如，特定人群可能不会回答调查中的某些问题，理解这一点对机器学习过程很有用。缺失的值也可能有意义，例如，缺失医学检查可能表明特定的预后。

有几种方法可以处理丢失的数据，一种方法是简单地删除具有缺失值变量的所有样本。这是一种破坏性的方法，导致在机器学习过程中有用的、有价值的信息和模式丢失。因此，只有在删除受影响样本的影响相对较小，或者处理缺失数据的所有其他方法都已用尽或不可行时，才可以使用这种方法。

处理缺失数据的第二种方法是使用指示符值，例如 N/A、"unknown"或 -1 来表示缺失值。当处理无序的分类变量时，这种方法通常是可行的。但是，如果用于连续变量，可能会被误认为是真实数据，并可能导致对数据的错误假设。例如，有一个包含 6 个学生年龄的数据集。假设 5 个年龄值中有一个缺失，即值为 5、8、9、14、NA 和 19。排除缺失值，学生的平均年龄为 $\frac{5+8+9+14+19}{5}=11$。然而，如果我们用 -1 作为指示值表示缺失值，那么学生年龄的均值就会变成 $\frac{5+8+9+14-1+19}{6}=9$。

处理缺失数据的另一种方法称为插补。插补是使用最有可能的替代值，使用系统的方法来填充缺失的数据。有几种方法来插补缺失值，下面讨论其中的几个。

随机插补

顾名思义，随机插补就是用随机选取的观测值代替缺失值。这是一种简单的插补方法，但是这种方法最大的缺点是，在选择替代值时，忽略了数据中有用的信息或模式。

基于匹配的插补

基于匹配的插补是一种使用具有非缺失值的类似样本来替代缺失值的方法。基于匹配的插补通常有两种主要方法，它们根据非缺失数据的样本来自何处而有所不同。

第一种基于匹配的插补称为热卡插补。在这种方法中，类似样本与缺失数据的样本属于同一个数据集。例如，考虑前面讨论过的学生年龄数据集。假设在数据集中也有每个学生的性别信息。如果我们意识到数据集中只有两个男生，其中一个缺失年龄，那么使用热卡插补，我们将用观察到的一个男生的年龄来代替缺失年龄的男生年龄。

第二种基于匹配的插补称为冷卡插补。使用这种方法，我们使用一个单独的数据集来获取替代值。使用用来说明热卡方法的同一个例子，使用冷卡插补，我们从第二个数据集中识别一个具有非缺失年龄值的类似男学生，并使用他们的年龄作为第一个数据集中缺失年龄的替代。请注意，在这里使用的匹配（年龄）非常简单。一个好的基于匹配的方法要求我们找到两个样本之间的相似之处，以便创建匹配，越多越好。

基于分布的插补

在基于分布的插补方法中，缺失变量值的替代值是根据变量观测值的概率分布来选择的。这种方法通常用于分类值，其中变量的众数被用作缺失值的替代。回想一下，变量的众数是频率最高的值，这意味着它是最频繁出现的。

预测插补

预测插补是使用预测模型（回归或分类）来预测缺失值。该方法将缺失值的变量视为因变量（类或响应），将其他变量视为自变量。在实际开始建模过程之前，作为数据准备阶段的一部分，基本上是在训练一个模型来解决缺失值，这涉及大量的预测插补开销。因此，只有在绝对必要的情况下才应该使用预测插补法。通常，这里讨论的另一种赋值方法将被证明足以解决数据集中缺失的值。

均值或中值插补

对于连续变量，最常用的处理缺失值的方法是均值或中值插补法。顾名思义，该方法使用观测值的均值或中值来替代缺失值。为了说明均值和中值插补是如何工作的，我们将参考 vehicles 数据集。回想一下，数据集的描述性统计显示，数据集中的 3 个变量——citympg、displacement 和 highwaympg 有缺失值。作为复习，让我们再来看看这些变量的描述性统计数据。

```
> vehicles %>%
    select(citympg, displacement, highwaympg) %>%
    summary()

    citympg         displacement      highwaympg
 Min.    : 6.00   Min.    :0.600   Min.    : 9.00
 1st Qu. :15.00   1st Qu.:2.200   1st Qu.:20.00
 Median :17.00    Median :3.000    Median :24.00
 Mean    :17.53   Mean    :3.346   Mean    :23.77
 3rd Qu. :20.00   3rd Qu.:4.300   3rd Qu.:27.00
 Max.    :57.00   Max.    :8.400   Max.    :61.00
 NA's    :6       NA's    :9       NA's    :8
```

结果表明，citympg 有 6 个缺失值，displacement 有 9 个缺失值，highwaympg 有 8 个缺失值。每个变量的中值和均值没有显著差异，因此可以使用任何一种方法进行插补。为了便于说明，我们将对变量 citympg 和 highwaympg 使用中值插补，并对变量 displacement 使用均值插补。在 R 中，为了使用中值插补方法来解决变量 citympg 的缺失值，使用 dplyr 包中的 mutate 以及 stats 包中的 median() 函数和 R 函数中的 ifelse()。

```
> vehicles <- vehicles %>%
   mutate(citympg = ifelse(is.na(citympg), median(citympg, na.rm = TRUE),
citympg)) %>%
```

```
mutate(highwaympg = ifelse(is.na(highwaympg), median(highwaympg, na.rm
= TRUE), highwaympg))
```

让我们来分解代码。第一行声明我们将对 vehicles 数据集执行一系列操作，并且这些操作产生的结果数据集应该覆盖原始的 vehicles 数据集。第二行使用 mutate 来指定我们打算根据等号（=）后的代码输出修改 citympg 变量值。ifelse() 函数的作用是：执行逻辑测试，并根据测试结果返回一个值。语法为：ifelse(test,yes,no)。这表示如果测试结果为真，则返回 yes 值，否则返回 no 值。例如，is.na(citympg) 用于评估 citympg 的值是否在 vehicles 数据集的每个样本中缺失"（NA）"。如果该值缺失，则返回观测值的中值。但是，如果该值没有缺失，则返回 citympg 值。这样做的效果是只将缺失值更改为观测值的中值。注意，median() 函数包含参数 na.rm = TRUE，这告诉函数在计算中值时忽略缺失值。虽然对中值没那么有用，但在计算一组值的均值时忽略缺失值会更有意义。在代码的第三行中，应用相同的中值插补方法来解决变量 highwaympg 的缺失值。

对于 displacement 变量，用均值插补代替中值插补。为此，只需将 median() 函数换成 mean() 函数。

```
> vehicles <- vehicles %>%
  mutate(displacement = ifelse(
    is.na(displacement),
    mean(displacement, na.rm = TRUE),
    displacement
  ))
```

现在，让我们再来看看描述性统计数据，以确保数据集中不再有缺失值。

```
> vehicles %>%
  select(citympg, displacement, highwaympg) %>%
  summary()

    citympg          displacement       highwaympg
 Min.   : 6.00    Min.   :0.600    Min.   : 9.00
 1st Qu.:15.00    1st Qu.:2.200    1st Qu.:20.00
 Median :17.00    Median :3.000    Median :24.00
 Mean   :17.53    Mean   :3.346    Mean   :23.77
 3rd Qu.:20.00    3rd Qu.:4.300    3rd Qu.:27.00
 Max.   :57.00    Max.   :8.400    Max.   :61.00
```

结果表明，数据集中不再有缺失值。我们也注意到，描述性统计保持不变，这是一个很好的结果。这意味着插补方法对数据集的属性没有明显的影响。虽然这是一件好事，但并不总是插补结果。通常，根据缺失值的数量和所选择的插入方法，在输入缺失值之后，描述性统计数据会略有变化，我们的目标应该是使这些变化尽可能小。

2. 噪声

噪声是测量误差的随机分量。它经常是由收集和处理数据的工具引入的。噪声几乎总是存在于数据中，有时很难去除，所以一个稳健的机器学习算法能够处理数据中的一些噪声是非常重要的。如果噪声对所选的机器学习方法造成了问题，不要试图去除它，目标应该是将其影响最小化。将数据中的噪声最小化的过程称为平滑，常见的平滑法有移动窗口均值平滑法、移动窗口边界平滑法、聚类平滑法和回归平滑法。

移动窗口均值平滑法

用移动窗口均值平滑法进行平滑处理包括将数据排序和分组到指定数量的窗口中，并用窗口均值替换窗口内的每个值。要使用的窗口数量由用户决定。需要注意的是，窗口数量越多，噪声的降低就越小；窗口数量越少，噪声的降低就越大。为了说明移动窗口均值平滑方法是如何工作的，考虑一个有 12 个值的数据集 {4，8，9，15，21，22，24，25，26，28，29，33}，这些值按升序排序。假设我们选择将数据分配到三个窗口中，那么每个窗口中的值将为 {4，8，9，15}、{21，22，24，25} 和 {26，28，29，33}。窗口中值的均值分别为 9、23 和 29。因此，用均值替换每个窗口的值，这样数据集就有以下 12 个值：{9，9，9，9，23，23，23，23，29，29，29，29}。

移动窗口边界平滑法

另一种与移动窗口均值平滑法密切相关的替代方法是移动窗口边界平滑法。这种方法不是按均值替换每个窗口中的值，而是根据邻近程度用窗口边界中的任意一个来替换这些值。窗口边界是每个窗口中最小和最大的数字。为了说明其工作原理，让我们考虑相同的 12 个值的数据集，按升序排序：{4，8，9，15，21，22，24，25，26，28，29，33}。再次使用 3 个窗口，窗口是 {4，8，9，15}、{21，22，24，25} 和 {26，28，29，33}。对于第一个窗口，边界是 4 和 15。为了平滑这个窗口中的值，需要评估原始集合中的每个值与窗口边界的距离，并用最接近的边界值替换每个值。第一个值是 4，它恰好是下界，所以我们把它保留为 4。下一个值是 8，距离下界为 8-4=4，距离上界为 15-8=7。因为 8 距离下界比距离上界更近，所以用下界 4 代替它。集合中的下一个值是 9，距离下界为 9-4=5，距离上界为 15-9=6。因为 9 距离下界比距离上界更近，所以我们也用下界 4 来替代它。集合中的最后一个值是 15，这是上界，所以保持原样。平滑窗口值现在将为 {4，4，4，15}。将同样方法应用于其他两个窗口，平滑数据集将是 {4，4，4，15，21，21，25，25，26，26，26，33}。

聚类平滑法

另一种平滑的方法是使用一种称为聚类的无监督机器学习方法，在第 12 章更详细地讨论聚类。通过聚类平滑法，数据集中的每个样本都被分配到用户定义的任意数量的聚类中的一个。然后计算每个类的均值，并作为分配给该类的每个样本的替代品。例如，在图 3.10 中有 14 个样本具有两个变量（变量 A 和变量 B），被分割成 3 个单独的类（红色、蓝色和黄色虚线）。每个类的均值（或中心）由黑色菱形（C1、C2 和 C3）表示。为了聚类平滑数据集，用聚类中心的值替换原始样本的值。

回归平滑法

通过回归进行平滑处理涉及使用被称为线性回归的有监督机器学习方法来平滑变量值。第 4 章将更详细地讨论线性回归。回归平滑背后的思想是使用拟合的回归线作为原始数据的替代品。为了说明这是如何工作的，考虑一个 14 个样本的数据集，由自变量 x_i 和因变量 y_i 组成。每个样本都用坐标 x_i, y_i 表示（见图 3.11 中的黄色圆圈）。通过回归平滑数据，使用拟合的线性回归线（蓝线）上的点代替原始数据。例如，x_1, y_1 的值在平滑后变成了 x_1, y_1'。

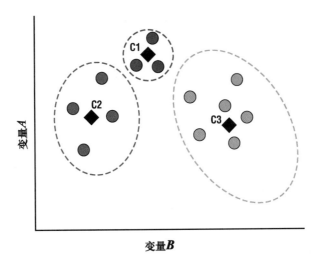

图 3.10　用聚类平滑法将 14 个样本分割成 3 个单独的类

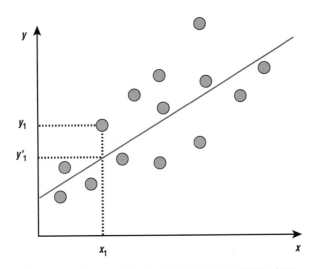

图 3.11　用 x_i, y_i 表示的 14 个样本回归平滑示意图

3. 异常值

异常值是数据集中与其他观测值显著不同的数据点。异常值要么表现为具有不同于大多数其他样本变量的样本，要么表现为与该变量典型值相比不寻常的变量值。与噪声不同，异常值有时可能是合法的数据。因此，一旦确定了它们，我们就应该花些时间来理解为什么它们存在于数据中，以及它们是否有用。通常，判断一个异常值是否有用取决于学习目标。

在某些情况下，异常值只是坏数据。如果是这样，那么应该使用我们前面讨论过的处理缺失数据的赋值方法来移除或替换异常值。异常值也可能是合法的数据，这对机器学习过程可能是有趣和有用的。如果是这样，那么应该保留异常数据。然而，一些机器学习方法，如线性回归（见第 4 章），对异常值特别敏感。因此，如果必须保留异常数据，那么像决策树（见第 8 章）这样能够以一种稳健的方式处理异常数据的方法可能更合适。在第

4 章和第 5 章中将介绍几种识别和处理异常值的方法。

4. 类别不平衡

机器学习算法从样本中学习。正如在第 1 章中所讨论的，这些样本被称为训练数据。对于分类问题，机器学习算法的目标是在有标记的训练数据中识别模式，帮助它正确地将标签（或类）分配给新的无标记数据。算法得到的训练样本越多，它对发现的模式就越有信心，在为新数据分配标签时也做得越好。

让我们考虑一个常见的分类问题：信用卡交易的欺诈检测。这种分类问题被称为二元分类问题，因为只有两个类别标签（欺诈或非欺诈）。本书处理的所有分类问题都是二元分类问题。为了训练模型来解决这种类型的问题，需要为模型提供以前的信用卡交易样本以供学习。每个样本将包括几个描述交易的变量，以及一个交易是否被归类为欺诈的标签。该模型看到的欺诈性交易的样本越多，就越能更好地识别与欺诈相对应的模式。相反，非欺诈性交易的样本越多，它在学习与非欺诈性交易对应的模式方面也就变得越好。

对于分类问题，每个类的样本所占的比例称为类分布。理想情况下，我们希望训练数据的类分布是均匀的或平衡的，这样学习算法才有均等的机会学习对应于每个类的模式。然而，对于一些问题，例如欺诈检测的例子，情况并非如此。绝大多数的信用卡交易都不是欺诈。因此，训练数据的类分布不会是平衡的，它会偏向于非欺诈的例子，这就是所谓的类别不平衡。

在一些二元分类问题中，类别不平衡不仅是普遍的，而且是意料之中的。其中一些问题包括垃圾邮件检测、入侵检测、用户流失预测、贷款违约预测等。对于这些问题，很大一部分观察到的样本属于一类。样本多的类称为多数类，样本少的类称为少数类。

在机器学习中，有几个与类别不平衡相关的问题，其中一个问题与学习过程有效性有关。由于类别不平衡的本质问题，大多数情况下少数类是我们感兴趣的类。这是因为少数类通常代表着一个罕见但重要的事件，需要被识别出来。然而，由于少数类的例子较少，对于一个模型来说，有效地学习与少数类相对应的模式，并将它们与多数类相关联的模式区分开来就更具挑战性。

针对不平衡数据进行学习的第二个问题是，它可能会导致看似乐观的预测准确性。让我们考虑一个问题，其中 99.9% 的观察和未来的例子属于大多数类。在没有任何机器学习的情况下，可以简单地预测所有未来样本都属于大多数类，并达到 99.9% 的预测准确性，这就是所谓的准确性悖论。这里的预测准确性只是反映数据集的潜在类分布。

有几种方法来处理类别不平衡的机器学习。

- **收集更多的数据**：为了尽量减少多数类别和少数类别分配的不平衡，我们可以尝试收集更多少数类别的样本。
- **改变性能指标**：因为不平衡数据会误导预测准确性，所以在评估根据不平衡数据训练的模型时，应该使用其他性能指标。常用的测量方法包括精度、召回率、kappa 和 ROC 曲线。第 9 章将详细讨论这些方法。
- **尝试不同的算法**：某些机器学习算法对类别不平衡特别敏感，而其他的则不是。在训练模型解决类别不平衡问题时，应该考虑决策树和随机森林等模型，这些模型能够很好地处理类别不平衡问题。

- **重抽样**：处理类别不平衡的一种常用方法是利用抽样改变训练数据的类别分布。有两种常见的方法可以做到这一点。第一种方法是从大多数类中选择较少的样本作为训练数据，这就是所谓的抽样不足。第二种方法涉及为训练数据创建更多的少数类副本，这就是所谓的过度抽样。创建的副本可以是现有数据的副本，也可以是从现有的少数样本派生出来的合成样本。合成少数过抽样技术（SMOTE）是一种最常用的生成合成样本的算法。第 5 章将讨论如何使用 SMOTE 来处理类别不平衡问题。

3.4.2 数据转换

作为数据准备过程的一部分，常常需要修改或变换数据的结构或特征来满足特定需求的机器学习方法，以提高我们对数据的理解能力，或提高机器学习过程的效率。在本节中将讨论几种帮助我们完成这些任务的方法。

1. 标准化

标准化或规范化的目标是确保整个值集具有特定的属性。通常，这涉及将数据缩放到一个小的或指定的范围内。4 种常用的标准化方法包括小数定标、z 分数标准化、最小 - 最大标准化和对数变换。

小数定标

小数定标作为一种标准化方法，涉及在一组值上移动小数点的位置，使其最大绝对值小于或等于 1。让我们考虑一个具有 5 个值的数据集：{12 000, 24 000, 30 000, 40 000, 98 000}。为了使用小数定标对数据集进行标准化，需要将每个原始值 v 除以 10 的倍数，使数据集的最大绝对值小于或等于 1。数学表示式为：

$$v' = \frac{v}{10^j} \tag{3.1}$$

其中，j 是最小的整数，使得（$|V|$）$\leqslant 1$ 最大化。对于我们的示例数据集，因为最大值是 98 000，所以设置 $j=5$。因此，通过小数定标来标准化第一个值，计算为 $\frac{12\ 000}{10^5} = 0.12$。对其余 4 个值使用相同的方法，标准化数据集将是 {0.120, 0.240, 0.300, 0.400, 0.980}。

为了说明在 R 中如何通过小数定标进行标准化，让我们尝试标准化 vehicles 数据集中的变量 co2emissions。在此之前，再看一下该变量的描述性统计数据。

```
> vehicles %>%
  select(co2emissions) %>%
  summary()

 co2emissions
 Min.   :  29.0
 1st Qu.: 400.0
 Median : 467.7
 Mean   : 476.6
 3rd Qu.: 555.4
 Max.   :1269.6
```

结果表明：最小值为 29，最大值为 1269.6。考虑公式（3.1），使得 max（$|V|$）$\leqslant 1\ j$

的最小整数值为4。换句话说，4是数字1269.6小数点前的位数。使用mutate，根据公式（3.1）创建了一个co2emissions的新标准化版本，称为co2emissions_d。

```
> vehicles %>%
  select(co2emissions) %>%
  mutate(co2emissions_d = co2emissions / (10^4)) %>%
  summary()

  co2emissions        co2emissions_d
 Min.   :  29.0     Min.   :0.00290
 1st Qu.: 400.0     1st Qu.:0.04000
 Median : 467.7     Median :0.04677
 Mean   : 476.6     Mean   :0.04766
 3rd Qu.: 555.4     3rd Qu.:0.05554
 Max.   :1269.6     Max.   :0.12696
```

描述性统计提供了co2emissions（小数定标标准化之前）和co2emissions_d（小数定标标准化之后）变量的统计汇总。

z 分数标准化

第二种标准化方法称为 z 分数，或者说零均值标准化。它得名于这样一个事实：该方法产生的标准化的均值为 0，标准差为 1。给定变量 F 的值 v，对变量 v' 的标准化计算如下：

$$v' = \frac{v - \overline{F}}{\sigma_F} \tag{3.2}$$

其中 $\overline{F}$ 和 σ_F 分别是变量 F 的均值和标准差。使用小数定标讨论中同样的示例，我们使用 z 分数标准化来转换此前五值数据集的值。首先，需要计算这些值的均值和标准差。使用计算器，我们看到这些值分别是 40 800 和 33 544。然后使用公式（3.2）计算标准化值。基于此，为了数据集中的第一个值进行标准化，计算 $\frac{12\,000 - 40\,800}{33\,544} = -0.859$。对其余 4 个值使用相同的方法，标准化数据集现在将变成 {−0.859，−0.501，−0.322，−0.0238，1.705}。

为了说明在 R 中如何实现 z 分数标准化，再次使用 vehicles 数据集中的变量 co2emissions。这次使用前面介绍的 mean() 函数以及帮助我们计算变量的标准差的 sd() 函数。

```
> vehicles %>%
  select(co2emissions) %>%
  mutate(co2emissions_z = (co2emissions - mean(co2emissions)) /
sd(co2emissions)) %>%
  summary()

  co2emissions      co2emissions_z
 Min.   :  29.0    Min.   :-3.79952
 1st Qu.: 400.0    1st Qu.:-0.64988
 Median : 467.7    Median :-0.07483
 Mean   : 476.6    Mean   : 0.00000
 3rd Qu.: 555.4    3rd Qu.: 0.66972
 Max.   :1269.6    Max.   : 6.73242
```

从描述性统计中，可以看到变量 co2emissions 的标准化（co2emissions_z）从 −3.799 52 变为 6.732 42。注意，转换后均值为 0。

提示：值得注意的是，可以用 R 基础函数 scale()，而不是像在示例中那样指定 z 分数标准化公式。

最小－最大标准化

通过最小-最大标准化，将原始数据从测量单位转换到由用户指定的下界和上界定义的新区间。通常，新的边界值是 0 和 1。数学上，该变换表示为：

$$v' = \frac{v - \min_F}{\max_F - \min_F} \times (\text{upper} - \text{lower}) + \text{lower} \qquad (3.3)$$

其中，v 为变量 F 的原始值，$\min_F$ 为 F 的最小值，$\max_F$ 为 F 的最大值，lower 是用户定义的标准化下界，upper 是用户定义的上界。应用于 {12 000，24 000，30 000，40 000，98 000} 的五值数据集，假设使用 0 和 1 作为转换后值的上下边界，第一个值将成为 $\frac{12\,000 - 12\,000}{98\,000 - 12\,000} \times (1 - 0) + 0 = 0$。对其余 4 个值使用相同的方法，标准化数据集将是 {0.000，0.140，0.209，0.326，1.000}。

为了说明 R 中如何进行最小－最大标准化，再次使用 vehicles 数据集中的 co2emissions 变量，使用 0 和 1 作为上下界。

```
> vehicles %>%
  select(co2emissions) %>%
  mutate(co2emissions_n =
         ((co2emissions - min(co2emissions))
          / (max(co2emissions) - min(co2emissions))) * (1 - 0) + 0
        ) %>% summary()
 co2emissions    co2emissions_n
 Min.   :  29.0   Min.   :0.0000
 1st Qu.: 400.0   1st Qu.:0.2991
 Median : 467.7   Median :0.3537
 Mean   : 476.6   Mean   :0.3608
 3rd Qu.: 555.4   3rd Qu.:0.4244
 Max.   :1269.6   Max.   :1.0000
```

描述性统计表明，变量（co2emissions_n）最小－最大标准化值现在介于 0 和 1 之间。

对数变换

如果数据分布大致对称，到目前为止讨论的标准化方法通常是适合的。而对于偏态分布和值范围超过几个数量级的数据，对数变换通常更合适。通过对数变换可以将原始数据值替换为对数，比如：

$$v' = \log(v) \qquad (3.4)$$

其中，v 是变量的原始值，v' 是标准化后的值。用于对数变换的对数可以是自然对数、以 10 为底的对数和以 2 为底的对数，这通常并不重要。但是，重要的是要注意，对数变换只对正数有效，对五值数据集 {12 000，24 000，30 000，40 000，98 000} 进行对数变换，得到 {4.079，4.380，4.477，4.602，4.991}。

为了说明如何在 R 中进行对数变换，再次参考 vehicles 数据集中的变量（co2emissions）。

```
> vehicles %>%
  select(co2emissions) %>%
  mutate(co2emissions_b = log10(co2emissions)) %>%
  summary()

 co2emissions    co2emissions_b
 Min.   :  29.0   Min.   :1.462
 1st Qu.: 400.0   1st Qu.:2.602
```

```
Median : 467.7    Median :2.670
Mean   : 476.6    Mean   :2.665
3rd Qu.: 555.4    3rd Qu.:2.745
Max.   :1269.6    Max.   :3.104
```

2. 离散化

离散化涉及把连续变量当作分类处理。这通常是作为使用数据集训练模型的前一步。这是因为一些算法要求独立数据是二分类的，或者具有有限数量的不同值。离散化的过程可以用我们前面讨论过的分类方法来完成：移动窗口均值平滑和移动窗口边界平滑。例如，基于两种方法中任意一种选择窗口数量，有效地减少连续变量的不同值的数量。除了窗口外，还可以将连续变量离散成二分类，方法是根据它们与参考截断值的比较情况对它们进行编码，这就是所谓的二分法。例如，给定值 {4，8，9，15，21，22，24，25，26，28，29，33}，将 20 以下的所有值编码为 0，将 20 以上的所有值编码为 1，从而得到 {0，0，0，0，1，1，1，1，1，1，1，1}。

3. 虚拟编码

虚拟编码涉及使用二分法（二进制）数值来表示分类变量。虚拟编码通常用于要求自变量是数值型的算法（如回归和 k 近邻），并作为表示缺失数据的方法。为了解释虚拟编码如何工作的，参考 vehicles 数据集的 drive 变量。假设这个变量只有 3 个值，编码如下：

Drive	Code
Front-Wheel Drive	1
Rear-Wheel Drive	2
All-Wheel Drive	3

使用编码为 0 或 1 的二分类值，将变量值表示为：

Drive	Front-Wheel Drive	Rear-Wheel Drive	All-Wheel Drive
Front-Wheel Drive	1	0	0
Rear-Wheel Drive	0	1	0
All-Wheel Drive	0	0	1

这种表示数据的方式称为全虚拟编码，有时也被称为独热编码。注意，现在有了 n 个变量，而不是一个原始变量，其中 n 代表原始变量的类别数。经过仔细观察，我们注意到这种方法有一些冗余。例如，既不是前轮驱动也不是后轮驱动的车辆是全轮驱动的。因此，不需要显式地为全轮驱动编码，可以将相同的数据表示为：

Drive	Front-Wheel Drive	Rear-Wheel Drive
Front-Wheel Drive	1	0
Rear-Wheel Drive	0	1
All-Wheel Drive	0	0

这种方法意味着只需要 $n-1$ 个变量就可以将 n 类别的变量虚拟编码。在这个例子中，全轮驱动选择无显式编码，被称为基准。我们也可以选择排除前轮驱动或后轮驱动，使用哪个值作为基准通常是任意的，或者取决于用户试图回答的问题。例如，如果想评估从四轮驱动汽车到两轮驱动汽车对二氧化碳排放的影响，那么训练回归模型时使用全轮驱动作为基准是有意义的。在这个场景中，回归模型系数提供了从四轮驱动汽车到两轮驱动汽车排放的边际变化的有用洞察。如果这在这个阶段不太合理也没关系。第 4 章和第 5 章将更详细地讨论回归、模型系数和基准的使用。

使用 dummies 包在 R 中进行虚拟编码，这个包提供函数 dummy.data.frame() 来完成这个任务。为了说明如何在 R 中进行虚拟编码，再次使用 vehicles 数据集并尝试对 drive 变量进行虚拟编码，以获得与前面段落中的概念例子类似的结果。请注意，drive 变量当前有 3 个以上的值。

```
> vehicles %>%
  select(drive) %>%
  summary()

          drive
 2-Wheel Drive   :  491
 Rear-Wheel Drive :13194
 All-Wheel Drive  : 8871
 Front-Wheel Drive:13074
 4-Wheel Drive    : 1349
```

为了简化说明，将两轮驱动汽车重新编码到前轮驱动和四轮驱动汽车重新编码到全轮驱动，没有覆盖原始数据集，而是创建 vechiles 数据集的副本，将其称为 vehicles2。还创建了一个变量 drive 的副本，称为 drive2。使用 dplyr 包（作为 tidyverse 包的一部分加载）中的 recode() 函数从 drive 中对 drive2 的值进行编码。

```
> library(tidyverse)
> vehicles2 <- vehicles %>%
  mutate(drive2 = recode(drive, "2-Wheel Drive" = "Front-Wheel Drive")) %>%
  mutate(drive2 = recode(drive2, "4-Wheel Drive" = "All-Wheel Drive")) %>%
  select(drive, drive2)
```

数据集副本（vehicles2）的描述性统计显示，现在只有变量 drive2 的 3 个值。

```
> head(vehicles2)

# A tibble: 6 x 2
  drive            drive2
  <fct>            <fct>
1 2-Wheel Drive    Front-Wheel Drive
2 2-Wheel Drive    Front-Wheel Drive
3 2-Wheel Drive    Front-Wheel Drive
4 Rear-Wheel Drive Rear-Wheel Drive
5 Rear-Wheel Drive Rear-Wheel Drive
6 Rear-Wheel Drive Rear-Wheel Drive

> summary(vehicles2)

          drive                        drive2
 2-Wheel Drive   :  491      Front-Wheel Drive:13565
 Rear-Wheel Drive :13194     Rear-Wheel Drive :13194
 All-Wheel Drive  : 8871     All-Wheel Drive  :10220
```

```
Front-Wheel Drive:13074
4-Wheel Drive    : 1349
```

现在已经准备好为 drive2 变量进行虚拟编码。然而在此之前从 dummy.data.frame() 函数提供的文档中了解到，这个函数的输入数据集必须是数据框。使用 R 的基础函数 data.frame()，使之成为一个数据框。

```
vehicles2 <- data.frame(vehicles2)
```

然后，使用 dummy.data.frame() 函数对 drive2 变量进行虚拟编码。向函数传递 3 个参数，第一个（data）是输入数据集，第二个参数（names）是打算虚拟代码的变量列名，第三个参数（sep）用于创建新列名的变量名称和变量值之间的字符。

```
> library(dummies)
> vehicles2 <- dummy.data.frame(data = vehicles2, names = "drive2", sep
= "_")
```

数据集预览显示，drive2 变量现在被虚拟编码为 3 个新变量。

```
> head(vehicles2)

            drive drive2_Front-Wheel Drive drive2_Rear-Wheel Drive drive2_All-Wheel Drive
1    2-Wheel Drive                        1                       0                      0
2    2-Wheel Drive                        1                       0                      0
3    2-Wheel Drive                        1                       0                      0
4 Rear-Wheel Drive                        0                       1                      0
5 Rear-Wheel Drive                        0                       1                      0
6 Rear-Wheel Drive                        0                       1                      0
```

3.4.3　减少数据

在模型构建过程之前，有时会发现数据太大或太复杂，无法以当前的形式使用。因此，在继续机器学习过程之前，有时不得不减少样本的数量、变量的数量，或者两者都减少。下面将讨论一些最流行的数据减少方法。

1. 抽样

对于一个观察数据集，抽样是选择数据集中行的子集作为整个数据集的代理过程。在统计学上，原始数据集被称为总体，而选定的子集被称为样本。在监督机器学习中，抽样通常被用作生成训练和测试数据集的手段。有两种常见的方法可以做到这一点：简单随机抽样和分层随机抽样。

简单随机抽样

简单的随机抽样过程包括从一组无序的 N 个样本集合中随机选择 n 个样本，其中 n 是样本大小，N 是总体大小。简单随机抽样有两种主要方法：第一种方法假设无论何时从总体中选择了样本，都不能再次选择该样本，这就是所谓的无放回的随机抽样。为了帮助说明这种方法是如何工作的，考虑一个装有 100 个彩色玻璃球的袋子，随机选择 20 个玻璃球作为一个样本。为了做到这一点，从袋子里取 20 次，每次随机选择一个玻璃球并记录球的颜色，然后把它放入第二个袋子中。重复选择玻璃球的总数代表了样本。用这种方法，第一次从袋子取出玻璃球的概率是 $\frac{1}{100}$。然而，第二次从袋子取出特定玻璃球的概率是 $\frac{1}{99}$，因为已经把第一次选择的玻璃球放入了第二个袋子。对于后续的重复，选择特定玻璃球的概率为 $\frac{1}{98}$，$\frac{1}{97}$，$\frac{1}{96}$，…特定玻璃球选择概率随着后续重复的增加而增加。

第二种简单随机抽样方法假设在抽样过程中可以多次选择一个样本，这被称为有放回的随机抽样。使用前面例子中 100 个彩色玻璃球来说明该方法是如何工作的，就像以前一样，从袋子取出 20 个玻璃球来构建样本。这里有一个明显的区别，即在随机选取玻璃球并记录颜色后，将玻璃球放回袋子中（而不是将其放入第二个袋子中）。使用这种方法，因为将选择的玻璃球返回到原始袋子中，所以在所有重复中选择特定玻璃球的概率保持相同（$\frac{1}{100}$）。这种抽样方法也被称为 bootstrapping，这是一种用于评估模型预测性能的流行方法的基础。第 9 章将对此进行更详细的讨论。

为了在 R 中简单随机抽样，使用 R 基础函数中的 sample() 函数。假设生成一个 $1 \sim 100$ 之间的 20 个样本。为此，将 3 个参数传递给 sample() 函数：第一个参数是可供选择的总体数。我们设定的总体数是 100。第二个参数是要选择的样本数。我们设为 20，这是样本量。最后一个参数指抽样是否应进行有放回抽样。我们将参数设置为 replace=FALSE，表示进行无放回的简单随机抽样。

```
> set.seed(1234)
> sample(100, 20, replace = FALSE)

 [1] 28 80 22  9  5 38 16  4 86 90 70 79 78 14 56 62 93 84 21 40
```

注意，在 sample() 函数之前调用了另一个 R 基础函数——set.seed(1234)。该函数为 R 中的随机数生成引擎设置种子。通过将种子设置为 1234，保证每当运行随机抽样代码时，都会得到相同的随机数集。在本例中，种子数（在本例中为 1234）是任意的，可以是任何整数值。重要的是，无论何时使用这个种子，都会生成相同的随机数。不同的种子会产生不同的随机数集。在本书的后续部分，运行代码依赖于随机数生成时，将广泛使用 set.seed() 函数，这将使得读者可以复现本书的结果。

现在我们已经了解了如何在 R 中进行无放回的简单随机抽样，将 sample() 函数中的 replace 参数设置为 TRUE，可以轻松地进行有放回的简单随机抽样。

```
> set.seed(1234)
> sample(100, 20, replace = TRUE)

 [1] 28 80 22  9  5 38 16  4 98 86 90 70 79 78 14 56 62  4  4 21
```

注意，这一次样本中有一些副本。例如，数字 4 出现了 3 次。

正如我们前面提到的，在机器学习中抽样经常用于在建模过程之前将原始数据分割为训练集和测试集。为此，使用无放回简单随机抽样技术来生成所谓样本集向量。这只是一个整数值列表，表示原始数据集中的行号。以 vehicles 数据集为例，它由 36 979 个样本组成。这是样本数，假设打算分割数据，使 75% 的数据用于训练集，25% 用于测试集。为此，首先需要生成一个由 27 734（0.75×36 979）个数字表示原始数据行的样本向量集，使用它作为训练集。使用 sample() 函数，可以按如下方式执行：

```
> set.seed(1234)
> sample_set <- sample(36979, 27734, replace = FALSE)
```

从 RStudio 的 global environment 窗口中看到，sample_set 对象现在有 27 734 个。在本例中，明确指定总体数和样本数。除了这样做，还可以使用 nrow() 函数获取 vehicles 数据集的行数，并将其设为 sample() 函数中的总体数。使用同样的方法，样本量将被指定为 nrow(vehicles)*0.75

```
> set.seed(1234)
> sample_set <- sample(nrow(vehicles), nrow(vehicles) * 0.75, replace =
FALSE)
```

现在，可以选择样本集向量中表示的 vehicles 数据集中行作为训练集，指定为 vehicles[sample_set,]。

```
> vehicles_train <- vehicles[sample_set, ]
> vehicles_train

# A tibble: 27,734 x 12
   citympg cylinders displacement drive highwaympg make   model class
     <dbl>     <dbl>        <dbl> <fct>      <dbl> <fct>  <fct> <fct>
1       23         4          1.9 Fron...       31 Satu... SW    Comp...
2       14         8          4.2 All-...       23 Audi   R8    Two ...
3       15         8          5.3 4-Wh...       22 GMC    Yuko... Spor...
4       25         4          1.9 Fron...       36 Satu... SC    Subc...
5       17         6          2.5 Fron...       26 Ford   Cont... Comp...
6       17         6          3.8 Fron...       27 Chev... Mont... Mids...
7       20         4          2   Fron...       22 Plym... Colt... Comp...
8       10         8          5.2 All-...       15 Dodge  W100... Pick...
9       22         4          1.6 Rear...       26 Suzu... Vita... Spor...
10      17         6          4   Rear...       22 Niss... Fron... Pick...
# ... with 27,724 more rows, and 4 more variables: year <fct>,
#   transmissiontype <fct>, transmissionspeeds <dbl>,
#   co2emissions <dbl>
```

要选择未在样本集向量中表示的 vehicles 数据集中的行，将其指定为 vehicles[-sample_set,]。这些样本构成测试集。

```
> vehicles_test <- vehicles[-sample_set, ]
> vehicles_test

# A tibble: 9,245 x 12
   citympg cylinders displacement drive highwaympg make   model class
     <dbl>     <dbl>        <dbl> <fct>      <dbl> <fct>  <fct>  <fct>
1       14         8          4.1 Rear...       19 Cadi... Brou... Larg...
2       18         8          5.7 Rear...       26 Cadi... Brou... Larg...
3       19         4          2.6 2-Wh...       20 Mits... Truc... Pick...
4       18         4          2   2-Wh...       20 Mazda  B200... Pick...
5       23         4          2.2 2-Wh...       24 Isuzu  Pick... Pick...
6       18         4          2   2-Wh...       24 GMC    S15 ... Pick...
7       21         4          2   2-Wh...       29 Chev... S10 ... Pick...
8       19         4          2   2-Wh...       25 Chev... S10 ... Pick...
9       26         4          2.2 2-Wh...       31 Chev... S10 ... Pick...
10      21         4          2.2 2-Wh...       28 Dodge  Ramp... Pick...
# ... with 9,235 more rows, and 4 more variables: year <fct>,
```

```
#   transmissiontype <fct>, transmissionspeeds <dbl>,
#   co2emissions <dbl>
```

现在有两个新对象来表示训练集和测试集——一个名为 vehicles_train 的 27 734 样本数据集和一个名为 vehicles_test 的 9245 样本数据集。

分层随机抽样

分层随机抽样是简单随机抽样方法的一种改进，它确保样本中变量值的分布与总体中相同变量值的分布相匹配。为了实现这一点，原始数据中的样本（总体）划分为同质子群，称为层。然后在每个层中随机抽取样本，层内样本的成员关系基于其与层内其他样本的共享属性。例如，使用颜色进行分层，蓝色层中的所有样本都有蓝色的颜色属性。

为了说明分层随机抽样是如何工作的，再次考虑前面的例子——一个装有 100 个彩色玻璃球的袋子。这次，假设在 100 个玻璃球中，50 个是蓝色的，30 个是红色的，20 个是黄色的。为了从原来袋子中抽取 20 个按颜色分层的玻璃球样本，首先需要将玻璃球按颜色分成三层，然后从每层中随机抽取样本。由于 20 是总体的 $\frac{1}{5}$，还需要对每一层中抽样 $\frac{1}{5}$ 的玻璃球。这意味着对于蓝色层，抽取 $\frac{1}{5} \times 50 = 10$ 个玻璃球样本。对于红色层，抽取 $\frac{1}{5} \times 30 = 6$ 个玻璃球样本。对于黄色层，抽取 $\frac{1}{5} \times 20 = 4$ 个玻璃球样本。总共有 20 个玻璃球和总体颜色相同。

有几个 R 包提供分层随机抽样函数。其中一个包就是 caTools 包。在这个包中有一个名为 sample.split() 的函数，它允许从数据集生成分层的随机样本。为了说明函数是如何工作的，将使用分层的变量 drive 从 vehicles 数据集生成分层的随机样本。在开始之前，请注意一下 vehicles 数据集中 drive 变量值的比例分布。

```
> vehicles %>%
  select(drive) %>%
  table() %>%
  prop.table()
.
   2-Wheel Drive   Rear-Wheel Drive   All-Wheel Drive
      0.01327781         0.35679710        0.23989291
Front-Wheel Drive     4-Wheel Drive
      0.35355202         0.03648016
```

现在，假设打算选择 1% 的数据作为样本。使用简单随机抽样方法，drive 变量的比例分布如下：

```
> set.seed(1234)
> sample_set <- sample(nrow(vehicles), nrow(vehicles) * 0.01, replace =
FALSE)
> vehicles_simple <- vehicles[sample_set, ]
> vehicles_simple %>%
  select(drive) %>%
  table() %>%
  prop.table()
.
   2-Wheel Drive   Rear-Wheel Drive   All-Wheel Drive
     0.008130081        0.344173442       0.260162602
Front-Wheel Drive     4-Wheel Drive
     0.349593496        0.037940379
```

注意，虽然比例分布接近原始数据集的分布，但它们并不完全相同。例如，在原始数据集中，两轮驱动汽车的分布为 1.3%，但在样本数据集中的分布为 0.8%。为了保证样本中 drive 值的分布尽可能接近原始数据集的分布，需要使用 drive 变量对数据集进行分层，并从每一层随机抽取样本。这就是从 caTools 包中引入 sample.split() 函数的原因。将两个参数传递给函数：第一个是打算用于分层的变量，在例子中为 vehicles$drive；第二个参数指定应该使用多少原始数据来创建样本（SplitRatio）。因为我们打算使用样本数据的 1%，所以将这个值设置为 0.01。

```
> library(caTools)
> set.seed(1234)
> sample_set <- sample.split(vehicles$drive, SplitRatio = 0.01)
```

与 sample() 函数类似，sample.split() 函数返回一个样本集向量。但是，这个向量没有列出要选择的行号。相反，向量是与原始数据大小相同的逻辑向量，其中元素（表示样本）被选中，设置为 TRUE，其他元素不被选中，设置为 FALSE。因此，使用 subset() 函数为样本选择对应于 TRUE 的行。

```
> vehicles_stratified <- subset(vehicles, sample_set == TRUE)
```

现在，让我们看看在样本中变量 drive 的比例分布。

```
> vehicles_stratified %>%
    select(drive) %>%
    table() %>%
    prop.table()

   2-Wheel Drive     Rear-Wheel Drive     All-Wheel Drive
      0.01351351           0.35675676          0.24054054
  Front-Wheel Drive       4-Wheel Drive
      0.35405405           0.03513514
```

我们可以看到，drive 变量值的比例分布现在更接近原始数据集的比例分布。这是分层随机抽样的值。在实践中，分层随机抽样通常用于创建测试数据集，用于评估高度不平衡数据上的分类模型。在这种情况下，重要的是测试数据要密切模拟观察数据中存在的类别不平衡。

2. 降维

顾名思义，降维就是在训练模型之前减少数据集的变量数（维数）。降维是机器学习过程中的重要一步，因为它有助于减少处理数据所需的时间和存储，提高数据的可视化和模型的可解释性，并有助于避免维数灾难。降维主要有两种方法：特征选择和特征提取。

维数灾难

维数灾难是机器学习中的一种现象，它描述了当用于构建模型的变量（维数）数量增加，而样本数量没有足够地相应增加时，模型的性能最终会下降。

特征选择

特征选择（或可变子集选择）背后的思想是识别最小变量集，使模型的性能与根据所有变量训练的模型获得的性能相接近。特征选择的假设是，一些自变量要么是冗余的，要么是不相关的，可以在不影响模型性能的情况下将其删除。对于本书后续介绍的大多数机器学习方法，我们将在一定程度上进行特征选择，作为数据准备的一部分。

特征提取

特征提取也称为特征投影，是利用数学函数将高维数据转换为低维数据。在特征选择中，最终的变量集是原始变量的子集，而特征提取过程产生的最终变量集与原始变量集完全不同。这些新变量被用来代替原始变量。虽然特征提取是一种有效的降维方法，但它确实存在一个明显的缺点：新创建的变量不容易解释，对用户来说可能没有多大意义。两种最流行的特征提取技术是主成分分析（PCA）和非负矩阵分解（NMF）。这两种方法如何工作的机制超出了本书的范围。如果读者对更详细的解释感兴趣，建议阅读特雷弗·哈斯蒂（Trevor Hastie）等人的《统计学习要素》一书。

3.5 练习

练习 1．对于 vehicles 数据集中的所有手动变速器车辆，列出 drive、make、model 和 class 变量的描述性统计。

练习 2．使用最小 – 最大标准化方法，对 vehicles 数据集中的 co2emissions 变量进行标准化，使其介于 1 和 10 之间。显示原始变量和标准化变量的描述性统计信息。

练习 3．在 vehicles 数据集中，使用 500 克 / 英里或以上的排放水平的最大值和低于这一值的排放水平最小值将 co2emissions 变量离散化。使用分层的离散变量，生成数据集 2% 的分层随机样本。显示原始总体和样本的离散变量的比例分布。

第二部分　回归

第 4 章

线性回归

本书前 3 章介绍了机器学习背后的基本思想、本书中使用的统计建模工具（R 和 RStudio），以及如何为机器学习过程管理数据。本章将介绍本书中涉及的第一种监督机器学习方法。这种方法用于在我们想要回答以下问题时生成数字预测，例如潜在客户基于广告支出的类型和产生的收入金额、基于天气在特定日期可能租赁的自行车数量，或者基于其他特征的特定患者的血压。这种方法被称为回归。

回归技术是一类机器学习算法，通过量化数值之间关系的大小和强度来预测数值响应。这一章将介绍线性回归作为一种监督学习方法，试图使用观察数据来拟合线性预测函数，以估计未观察到的数据。

在本章结束时，你将学到以下内容：

- ◆ 简单和多元线性回归背后的基本统计原理；
- ◆ 如何使用 R 拟合简单线性回归模型；
- ◆ 如何评估、解释和应用简单线性回归模型的结果；
- ◆ 如何将问题陈述扩展到包含多个预测变量，并使用 R 拟合多元线性回归模型；
- ◆ 如何评估、解释、改进和应用多元线性回归模型的结果；
- ◆ 简单线性回归和多元线性回归的优缺点。

4.1 自行车租赁与回归

在本章探讨线性回归时，将使用一个真实的例子来支持我们的研究。数据来自华盛顿共享自行车租赁项目。所使用的数据集将作为本书附带的电子资源提供给你（有关访问电子资源的更多信息，请参见前言），它包括 2011 年和 2012 年每日的自行车租赁信息。

想象一下，我们被华盛顿市长办公室雇佣来帮助他们解决日益严重的交通拥堵问题。该市推出了一项低成本的自行车共享计划，试图减少道路上的汽车数量。然而，在一些早期的成功之后，该市开始收到越来越多的投诉，称某些日子自行车短缺，而其他日子自行车供应过剩。为了解决这个问题，该市决定与一家全国性自行车租赁公司合作，管理该市的自行车供应。作为合作协议的一部分，市政府将需要向自行车租赁公司提供整个城市的每日需求估计。自该项目启动以来，该市已收集了每日租赁自行车数量的信息，以及相应的天气和季节数据。

数据集包括几个与天气相关的变量供我们分析。

- temperature 是以华氏度为单位的每日平均气温。
- humidity 是日平均湿度，用 0.0 ～ 1.0 的十进制数表示。
- windspeed 是日平均风速，单位为英里 / 时。
- realfeel 是从温度、湿度、云量和其他天气因素得出的测量值，用于描述人在户外感知到的温度。它以华氏度为单位。
- weather 是一个分类变量，用于描述天气状况，使用以下等级：
  - 1：晴朗或部分多云；
  - 2：轻度降水；
  - 3：强降水。

除了这些天气信息，还有一些描述每天特征的变量。包括以下内容。

- date 是每个样本中描述的日历日，包括日、月和年。
- season 记录的是日历季节，表示如下：
  - 1：冬季；
  - 2：春季；
  - 3：夏季；
  - 4：秋季。
- weekday 记录的是星期几，表示为 0（星期日）到 6（星期六）之间的整数。
- holiday 是一个二元变量，如果当天是假日，其值为 1，否则为 0。

最后，数据集包含一个名为 rentals 的变量，描述了在给定的一天内发生自行车租赁交易的数量。作为市长的顾问，我们的任务是使用这些观察到的数据开发一个模型，根据所提供的一些或所有其他变量来预测整个城市对自行车租赁的日常需求。这将有助于潜在合作伙伴预测某一天的自行车需求，使他们既能预测收入，又能确保街上有足够的自行车来满足人们的需求。

鉴于问题和提供的数据，需要回答以下一些问题。

- 自行车租赁数量和其他变量之间有关系吗？
- 如果有关系，关系有多强？
- 关系是线性的吗？
- 如果这种关系是线性的，我们能在多大程度上量化变量对自行车租赁数量的影响？
- 给定每个相关变量的预测值，可以多准确地预测自行车租赁数量？

到本章结束时，将使用线性回归和相关技术回答这些问题。

4.2 变量之间的关系

为了回答 4.1 节中提出的有关自行车租赁的问题，需要了解数据以及每个变量如何相互关联。我们陈述的业务问题是能够有效地预测某一天整个城市自行车租赁的数量。要做到这一点，必须了解是什么原因导致租赁数量增加或减少。因此，我们应该首先评估和量化租赁数量和数据集中其他变量之间的关系。

4.2.1 相关性

相关性是一个统计术语，用于描述和量化两个变量之间关系。它给出变量之间关系的数值，称为相关系数（correlation coefficient）。有几种方法可以度量相关性，然而，对于线性关系，皮尔逊相关系数是最常用的。

数学上，两个随机变量 x 和 y 之间的皮尔逊相关系数（ρ）表示如下：

$$\rho_{x,y} = \frac{\mathrm{Cov}(x, y)}{\sigma_x \sigma_y} \tag{4.1}$$

其中 $\mathrm{Cov}(x, y)$ 是 x 和 y 的协方差；σ_x 是 x 的标准差；σ_y 是 y 的标准差。皮尔逊相关系数的取值范围为 -1 ～ 1，绝对值越大表示变量之间的关系越强，绝对值越小表示变量之间的关系越弱。负系数意味着两个变量呈反比关系，换句话说，当一个变量增加时，另一个变量减少。相反，正系数意味着当一个变量的增加时，另一个也会增加。在解释两个变量之间的皮尔逊相关系数的强度时，常见的经验法则是将 0 ～ 0.3 的绝对系数值视为不存在或弱关系，0.3 ～ 0.5 为中等，0.5 以上为强。

统计复习

所有那些关于协方差和标准差的说法让你头晕目眩了吗？如果你已经有一段时间没上统计学课了，这里有一个关于这些术语的简短复习。

变量的标准差是对存在的可变性的度量。用与变量本身相同的单位来度量，并告诉我们变量的样本是如何从均值展开的。如果标准差很低，数据点往往接近均值，而标准差高则告诉我们期望数据点相对远离均值。变量的标准差通常用小写希腊字母 sigma(σ) 表示，变量名称用下标表示。因此将变量 x 的标准差记为 σ_x。

两个变量之间的协方差度量它们的联合可变性。这是衡量这两个变量之间的关系强度，或者一个变量可能会因另一个变量的变化而发生多大的变化。协方差取值范围为 $-\infty \sim \infty$，如果变量的测量单位发生变化，协方差也会发生变化。用符号 $\mathrm{Cov}(x, y)$ 表示两个变量 x 和 y 的协方差。

两个变量之间的相关性是协方差的标准化版本。它还描述了两个变量之间的关系，但相关性被缩放到 -1 ～ 1 的范围内。由于标准化，相关值不会随着测量单位的变化而变化。有几种不同的方法来度量相关性，但我们将使用皮尔逊相关系数，它是用小写希腊字母 rho（ρ）来描述的。因此，两个变量 x 和 y 的皮尔逊相关性表示为 $\rho_{x,y}$。

皮尔逊相关系数试图通过考虑每个变量中出现的可变性程度来标准化协方差值。为此，它首先计算两个变量之间的协方差，然后将该值除以每个变量的标准差的乘积，得到公式（4.1）。

如果你想更详细地了解这些概念，可以查阅统计学教科书。幸运的是，我们不需要手工计算它们，因为 R 可以很容易地执行这些计算。从本节你应学到的重点是理解这些术语所描述的内容。

现在，让我们看看自行车租赁数据集，看看是否可以用皮尔逊相关系数量化租赁数量和其他变量之间的关系。图 4.1 显示了租赁数量（rentals）和其他 3 个变量（humidity、windspeed 和 temperature）的散点图。这三幅图都表明，每个变量和租赁数量之间似乎都存在某种关系，可以通过观察散点图的形状来观察这些关系。

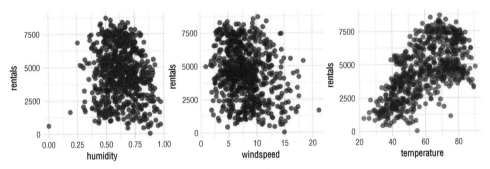

图 4.1　说明因变量（租赁数量）和 3 个自变量（湿度、风速和温度）之间关系的散点图

首先从温度开始。自行车租赁数量与温度的关系显示这些变量之间的强关系。从 20 华氏度的寒冷天气开始，自行车租赁数量就很低。随着温度的升高，自行车租赁数量稳步上升，直到在极端炎热的天气里租赁数量开始下降。或者，用统计学的语言来说，当温度低于 70 华氏度时，温度与自行车租赁数量之间存在很强的正相关，当温度高于 70 华氏度时，温度与自行车租赁数量之间存在中等负相关。这从直觉上讲是有道理的：70 华氏度的天气听起来是骑自行车的好天气！

然而，湿度和自行车租赁数量、风速和自行车租赁数量之间的关系并不那么强。我们确实注意到这两种天气属性的极端值有轻微负相关。当湿度超过 75% 或风速超过 10 英里 / 时，自行车租赁数量开始减少。

虽然目测能让我们了解这些变量之间关系的强弱，但它只能用不精确的术语来描述这些关系，例如"轻微负相关"和"强正相关"。目测不能量化这些关系的强度。这就是皮尔逊相关系数的作用所在。可以用 R 来计算皮尔逊相关系数。

首先加载数据集。有关加载数据集选项的更多信息，请参阅前言。下面是加载数据集的代码：

```
> library(tidyverse)
> bikes <- read_csv("bikes.csv")
```

加载数据集后，尝试计算一些统计值。首先使用 R 的内置 cov() 函数计算湿度和租赁数量的协方差。

```
> cov(bikes$humidity, bikes$rentals)
```

```
[1] -27.77323
```

这告诉我们湿度和租赁数量之间的协方差是 -27.77。同样，可以使用 R 中的 sd() 函数计算两个变量的标准差。

```
> sd(bikes$humidity)
```

```
[1] 0.1424291
```

```
> sd(bikes$rentals)
```

```
[1] 1937.211
```

记住，标准差是用与原始变量相同的单位测量的，所以湿度的标准差是 14.2%，而自行车租赁的标准差为 1937.2。

然后，将公式（4.1）写成 R 代码来计算皮尔逊相关系数。

```
> pearson <- cov(bikes$humidity, bikes$rentals) /
(sd(bikes$humidity) * sd(bikes$rentals))
```

```
> pearson
```

```
[1] -0.1006586
```

这是计算的困难之处。R 通过提供直接计算两个随机变量的皮尔逊相关系数的 cor() 函数，省去了我们自己计算协方差和标准差的步骤。

```
> cor(bikes$humidity, bikes$rentals)
```

```
[1] -0.1006586
```

结果表明，湿度与租赁数量（$\rho_{humidity,rentals}$）的皮尔逊相关系数为 -0.100 658 6。请记住，皮尔逊相关系数的值从 -1（强负相关）到 1（强正相关），因此可以从该值得出结论，湿度和租赁数量之间存在弱负相关。让我们看看租赁数量和其他两个变量（风速和温度）之间的皮尔逊相关性。

```
> cor(bikes$windspeed, bikes$rentals)
```

```
[1] -0.234545
```

```
> cor(bikes$temperature, bikes$rentals)
```

```
[1] 0.627494
```

对租赁数量与其他 3 个变量之间关系的初步假设通过皮尔逊相关系数得到了证实。租赁数量与风速的相关系数为 -0.234 545，为弱负相关。而租赁数量与温度的相关系数为 0.627 494，表明二者之间存在较强的正相关关系。

那么，这些结果对于问题意味着什么呢？第一个问题是“自行车租赁数量和其他变量之间有关系吗？”根据研究结果，答案是肯定的。皮尔逊相关系数表明，租赁数量和评估的其他 3 个变量之间存在关系。

第二个问题是“如果有关系，关系有多强？”这个问题可以通过相关系数的绝对值来回答。租赁数量与湿度的关系最弱，与温度的关系最强。

第三个问题是"关系是线性的吗？"现在还没有足够的信息来回答这个问题。皮尔逊相关系数只是告诉我们相关性的强度，而不是相关性的性质。如果想要更详细地描述这种关系，需要使用一种更稳健的方法，将其他因素考虑在内，以评估两个或多个变量之间建立的线性模型的好坏。线性回归就是这样一种方法。

用 corrplot 可视化相关性

人类是视觉动物，当数据以可视化的形式而不是以一系列数字的形式呈现时，我们能够更好地解读数据。R 中的 corrplot 包提供了一种很好的方法来可视化相关数据。例如，下面的表格显示了自行车租赁数据集中数据元素的皮尔逊相关系数：

	season	holiday	weekday	weather	temperature
season	1.000000000	-0.010536659	-0.0030798813	0.01921103	0.3343148564
holiday	-0.010536659	1.000000000	-0.1019602689	-0.03462684	-0.0285555350
weekday	-0.003079881	-0.101960269	1.0000000000	0.03108747	-0.0001699624
weather	0.019211028	-0.034626841	0.0310874694	1.00000000	-0.1206022365
temperature	0.334314856	-0.028555535	-0.0001699624	-0.12060224	1.0000000000
realfeel	0.342875613	-0.032506692	-0.0075371318	-0.12158335	0.9917015532
humidity	0.205444765	-0.015937479	-0.0522321004	0.59104460	0.1269629390
windspeed	-0.229046337	0.006291507	0.0142821241	0.03951106	-0.1579441204
rentals	0.406100371	-0.068347716	0.0674434124	-0.29739124	0.6274940090

	realfeel	humidity	windspeed	rentals
season	0.342875613	0.20544476	-0.229046337	0.40610037
holiday	-0.032506692	-0.01593748	0.006291507	-0.06834772
weekday	-0.007537132	-0.05223210	0.014282124	0.06744341
weather	-0.121583354	0.59104460	0.039511059	-0.29739124
temperature	0.991701553	0.12696294	-0.157944120	0.62749401
realfeel	1.000000000	0.13998806	-0.183642967	0.63106570
humidity	0.139988060	1.00000000	-0.248489099	-0.10065856
windspeed	-0.183642967	-0.24848910	1.000000000	-0.23454500
rentals	0.631065700	-0.10065856	-0.234544997	1.00000000

快速浏览一下表格，找出最具正相关和负相关的变量。

那可不容易，是吗？我们根本不适合这种分析。现在让我们使用 corrplot 包以可视化的形式查看这些数据。首先，创建数据集的子集，删除非数字日期值。

```
> bikenumeric <- bikes %>%
    select(-date)
```

接下来，使用 cor() 函数计算前面显示的相关系数表。

```
> bike_correlations <- cor(bikenumeric)
```

最后，使用 corrplot 函数可视化这些相关性。

```
> corrplot(bike_correlations)
```

得出了如下所示的可视化：

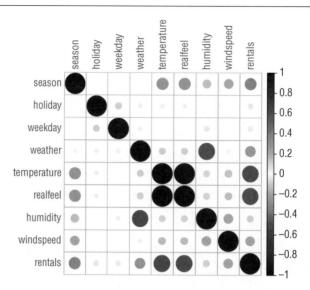

　　这种可视化矩阵比数据表更容易理解。要查找两个变量之间的相关性，只需要找到对应于每个变量的行和列相交的单元格。该单元格中圆形大小和颜色强度对应于相关的强度，或者两个变量的相关关系的绝对值。正相关用蓝色表示，负相关用红色表示。

　　看看这个可视化图，可以很快就发现，温度和真实感觉之间的正相关最强，这是有意义的。当测量温度升高时，体感温度也随之升高。天气和租赁数量之间的负相关最强，这也很直观。天气变量值越高，就意味着天气状况越差，而随着天气状况的恶化，租赁数量也会下降。

　　你可能注意到相关性可视化是围绕对角线对称的。这是因为在计算相关性时变量没有顺序。A 和 B 之间的相关性与 B 和 A 之间的相关性是相同的。可以选择简化可视化，只显示对角线上的系数，使用 corrplot() 的 type="upper" 参数。

```
corrplot(bike_correlations, type="upper")
```

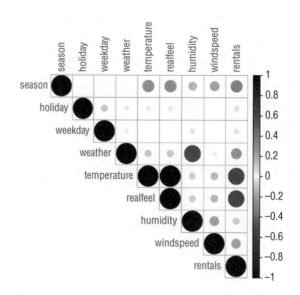

这个矩阵更容易阅读一些。

你还可能注意到，变量之间的细微差别很难辨别。你可能希望开发一种可视化方法，能够快速查看变量之间的差异，同时还提供详细的系数信息。corrplot.mixed() 函数就提供了这样的可视化效果：

```
corrplot.mixed(bike_correlations)
```

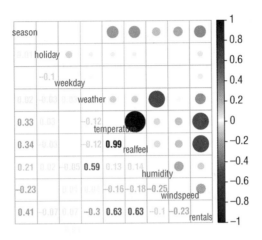

4.2.2　回归

回归分析是对变量之间复杂数值关系进行建模的统计方法。一般来说，回归分析包括3 个关键部分。

- 单个数值因变量，表示想要预测的一个或多个值。这个变量称为响应变量（Y）。
- 一个或多个独立的数值变量（X），我们相信可以用来预测响应变量。这些变量被称为预测变量。
- 系数（β），描述预测变量和响应变量之间的关系。分析中这些系数是未知的，需要使用回归技术来估计它们。这些系数构成了回归模型。

这 3 个组成部分之间的关系用一个函数来表示，这个函数以下面公式的形式从自变量空间映射到因变量空间。

$$Y \approx f(X, \beta) \tag{4.2}$$

这可以理解为响应变量 Y 近似地建模为一个函数 f，其中 f 是一个估计函数，来量化观测到预测变量 X 和一组系数 β 之间的相互作用。回归的目标是识别 β 的值，根据观测到的 X 的值来得到 Y 的最佳估计值，见图 4.2。

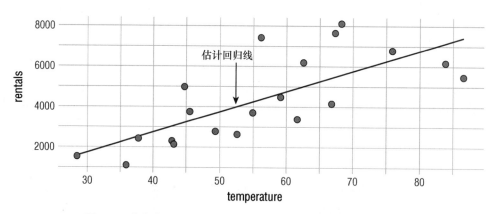

图 4.2 自行车租赁数据样本（$n=20$）的估计回归线和实际值

4.3 简单线性回归

线性回归是回归的子集，它假设预测变量 X 和响应变量 Y 之间的关系是线性的。在只有一个预测变量的情况下，可以使用斜率－截距格式来表示回归方程。

$$Y \approx f(X,\beta) \approx \beta_0 + \beta_1 X \tag{4.3}$$

这里，β_0 和 β_1 都是未知参数，分别表示截距和斜率。β_1 是 X 每增加一个单位时 Y 的预期增值，β_0 是 $X=0$ 时 Y 的预期值。这种用单个自变量来预测因变量的方法被称为简单线性回归。

在更具体的例子中，假设对于自行车租赁数据，希望使用简单线性回归对温度和租赁数量之间的关系进行建模。可以将公式（4.3）改写如下：

$$\text{rentals} \approx f(\text{temperature},\beta) \approx \beta_0 + \beta_1 \times \text{temperature} \tag{4.4}$$

如果假设这些变量之间的关系是线性的，那么简单的线性回归的目标是找到一条能够最佳拟合数据的直线，如图 4.3 所示。换句话说，我们的任务是确定这条直线的斜率（β_1）以及 y 轴截距（β_0）。

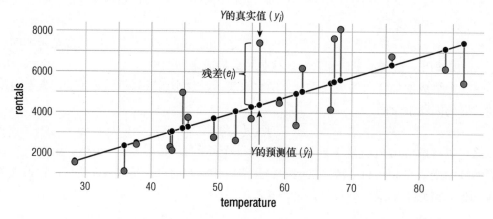

图 4.3 对于回归线中，每个实际值（y_i）和每个预测值（$\hat{y}_i$）之间的差异是残差（e_i），表示为每条红线的长度，其中 $e_i = y_i - \hat{y}_i$

4.3.1 普通最小二乘法

有几种数学方法可以找到最接近描述 X 和 Y 之间关系的 β_0 和 β_1 的值。这些方法中最简单的是普通最小二乘（OLS）法。

为了说明 OLS 方法，假设在示例中首先创建租赁数量和温度数据的散点图，如图 4.2 所示。接下来，尽可能画一条线，使之与图中数据点的中间位置相吻合，如图 4.3 所示。

估计线（黑色）现在表示回归线。可以使用这条线来预测租赁数量，对于任何给定的温度，只需在 x 轴上找到合适的温度，然后找到与该值相交的直线上的点。例如，天气预报显示明天的温度是 65 华氏度，可以用回归线来估计明天大约要租出 5200 辆自行车。

需要注意的是，由回归线生成的预测点（图 4.3 中的黑点）并不总是与数据集中的原始点（图 4.3 中的橙色点）相同。预测值与实际值之间的差异称为误差或残差。在图 4.3 中，残差值是实际值和预测值之间垂直红线的长度。从图中可以看到，有几条红线。

回归线只是一个简单的估计，有了估计，总是预期会有某种程度的误差。考虑到这一点，可以将简单的线性回归方程（4.3）改写如下：

$$Y \approx f(X,\beta) \approx \beta_0 + \beta_1 X + \varepsilon \tag{4.5}$$

在公式（4.5）中，ε 表示所有估计误差的总和。最小二乘法的目标是找到 β_0 和 β_1 的最佳值，使得 ε 最小，也称为残差平方和或误差平方和最小。

在数学术语中，数据中观测的次数用 n 表示，估计的回归线系数用 $\hat{\beta}_0$ 和 $\hat{\beta}_1$ 表示，并且每对温度和租赁数量的观测值表示为 (x_i,y_i)，$i=1,2,\cdots,n$。那么，可以认为 $\hat{y}_i$（基于给定的 x_i 对 Y 的预测），如下：

$$\hat{y}_i = \hat{\beta}_0 + \hat{\beta}_1 x_i \tag{4.6}$$

在任意给定点上，$Y(y_i)$ 的观测值和 $Y(\hat{y}_i)$ 的预测值之间的距离即残差，表示如下：

$$e_i = y_i - \hat{y}_i \tag{4.7}$$

残差平方和可以表示为：

$$\sum_{i=1}^{n} e_1^2 = \sum_{i=1}^{n} \left(y_i - \hat{y}_i\right)^2 = \sum_{i=1}^{n} \left(y_i - \hat{\beta}_0 + \hat{\beta}_1 x_i\right)^2 \tag{4.8}$$

通过微积分可以看出，使残差平方和最小的 $\hat{\beta}_1$ 的值如下所示：

$$\hat{\beta}_1 = \frac{\sum_{i=1}^{n}(x_i - \overline{x})(y_i - \overline{y})}{\sum_{i=1}^{n}(x_i - \overline{x})^2} \tag{4.9}$$

用 $\overline{x}$ 和 $\overline{y}$ 表示 X 和 Y 的样本均值。仔细观察，可以看到 $\hat{\beta}_1$ 分子是 x 和 y 的协方差，分母是 x 的方差。考虑到这一点，可以将方程改写如下：

$$\hat{\beta}_1 = \frac{\text{Cov}(x,y)}{\text{Var}(x)} \tag{4.10}$$

现在已经导出 $\hat{\beta}_1$ 的值，已知 $\overline{y} = \hat{\beta}_0 + \hat{\beta}_1 \overline{x}$，$\hat{\beta}_0$ 最佳值可以推导如下：

$$\hat{\beta}_0 = \overline{y} - \hat{\beta}_1 \overline{x} \tag{4.11}$$

通过这些公式可以使用 OLS 方法，通过协方差 cov()、var() 和 mean() 函数来推导出 $\hat{\beta}_0$ 和 $\hat{\beta}_1$ 的值。

```
> B1 <- cov(bikes$temperature, bikes$rentals) / var(bikes$temperature)
> B1

[1] 78.49539

> B0 <- mean(bikes$rentals) - B1 * mean(bikes$temperature)
> B0

[1] -166.8767
```

根据运行结果，对于任何给定的 x_i（温度），对 $\hat{y}_i$（租赁数量）的预测定义如下：

$$\hat{y}_i = -166.9 + 78.5 x_i \tag{4.12}$$

换句话说，

$$\text{rentals} = -166.9 + 78.5 \times \text{temperature} \tag{4.13}$$

这意味着气温每升高一个单位，该市自行车租赁数量就相应增加约 78 辆。

可以在这个等式中加入天气预报来预测未来某天的自行车租赁数量。之前，通过图 4.3 可以估计出当某天气温为 65 华氏度时自行车租赁数量约为 5200 辆。公式（4.13）可以用来进行更具体的估计。

$$\text{rentals} = -166.9 + 78.5 \times 65 = 4935.6 \tag{4.14}$$

注意：图 4.3 目测得出的估计值与使用公式（4.14）中的回归方程得出的值有很大不同。产生这种差异的主要原因是回归模型是基于不同的数据集生成的。为了直观简单，图 4.3 中的回归线是使用 20 个点的小数据集生成的，而公式（4.13）中的回归模型是基于整个数据集生成的。这说明了拥有一个稳定的数据集来提高回归模型准确性的重要性。

我们已经了解了如何使用普通最小二乘法手动估计回归系数。然而，R 提供了一种更有效的方法，即使用内置的名为 lm() 的线性模型函数。后面的章节将讨论这一点。

4.3.2 简单线性回归模型

R 中的 lm() 函数自动化了 4.3.1 节中使用的 OLS 技术。在估计时不需要分别导出 $\hat{\beta}_0$ 和 $\hat{\beta}_1$ 的值，只需将数据集传递给 lm() 函数并指定预测变量和响应变量，就可以构建一个线性模型。下面使用与 OLS 方法相同的一对变量（温度和租赁数量），建立一个简单的线性回归模型，称之为 bikes_mod1。

```
> bikes_mod1 <- lm (data=bikes, rentals~temperature)
```

lm() 函数包含两个参数。第一个参数指定数据集（bikes）。第二个参数告诉函数，我们打算根据温度（预测变量）预测租赁数量（响应变量）。

4.3.3 评估模型

只需键入模型的名称 bikes_mod1 就可以提供有关模型的一些基本信息。

```
> bikes_mod1

Call:
lm(formula = rentals ~ temperature, data = bikes)

Coefficients:
(Intercept)  temperature
     -166.9         78.5
```

请注意，系数的值看起来相当熟悉［见公式（4.12）］。截距系数（-166.9）与4.3.1节中为 $\hat{\beta}_0$ 计算的值相同，温度系数（78.5）与为 $\hat{\beta}_1$ 计算的值相同。因此，这两种方法的估算线是相同的。为了获得关于模型的更详细的信息，需要运行 summary(bike.mod) 命令。

```
> summary(bikes_mod1)

Call:
lm(formula = rentals ~ temperature, data = bikes)

Residuals:
    Min       1Q    Median       3Q      Max
-4615.3  -1134.9    -104.4   1044.3   3737.8

Coefficients:
               Estimate   Std. Error   t value   Pr(>|t|)
(Intercept)    -166.877      221.816    -0.752      0.452
temperature      78.495        3.607    21.759     <2e-16 ***
---
Signif. codes: 0 '***' 0.001 '**' 0.01 '*' 0.05 '.' 0.1 ' ' 1

Residual standard error: 1509 on 729 degrees of freedom
Multiple R-squared: 0.3937, Adjusted R-squared: 0.3929
F-statistic: 473.5 on 1 and 729 DF, p-value: < 2.2e-16
```

现在，输出结果提供了关于残差的信息、关于系数的额外细节，以及关于残差标准差、多重 R^2、调整 R^2 和 F 统计量的一些额外的模型诊断。与以前相比，这是一个更强大的输出。在接下来的几节中，将讨论每个类别代表什么。

1. 残差

残差部分显示残差的汇总统计数据（最小值、第一个四分位数、中值、第三个四分位数和最大值）。

```
Residuals:
    Min       1Q    Median       3Q      Max
-4615.3  -1134.9    -104.4   1044.3   3737.8
```

回想一下，残差是观测值减去预测值，或者是预测中的误差。模型汇总显示模型的最小残差为 -4615.3。这意味着，对于至少一个温度，模型高估了4615辆自行车的租赁数量。类似地，最大残差为3737.8，这意味着，对于至少一个温度，模型低估了3737辆自行车的租赁数量。

还可以查看残差的中值来了解典型模型的性能。回想一下，中值是一组数据的中间值。在这种情况下，负中值残差（-104.4）意味着至少一半残差为负。也就是说，在50%以上的情况下，预测值大于观测值。

2. 系数

模型汇总的系数部分提供了有关模型预测变量及其系数的重要信息。

```
Coefficients:
              Estimate   Std. Error   t value    Pr(>|t|)
(Intercept)   -166.877     221.816    -0.752      0.452
temperature     78.495       3.607    21.759     <2e-16 ***
---
Signif. codes: 0 '***' 0.001 '**' 0.01 '*' 0.05 '.' 0.1 ' ' 1
```

第一列（估计）显示每个参数的拟合值。这些是前面讨论的回归系数：$\hat{\beta}_0$和$\hat{\beta}_1$。

第二列（标准误差）显示标准误差，即参数估计的标准差。估计值的标准误差越低，估计就越好。

最后两列（t值和$Pr(>|t|)$）表示每个参数的学生t统计量和概率p值。不深入讨论这两个值背后的统计原理的情况下，需要注意的重要一点是，它们评估某个特定参数在模型中是否显著。也就是说，估计变量的预测能力。为了帮助理解，结果提供了介于 0 和 1 之间的显著性水平，其编码为"***""**""*""."和" "。注意，这些代码表示区间，而不是离散值。每个参数估计值被分配这些编码中的一个。

在输出结果中，我们看到温度变量的显著性代码为"***"，这意味着它的显著性水平在 0 ~ 0.001。显著性水平越低，变量的预测能力就越强。在实践中，任何显著性水平为 0.05 或更低的变量都具有统计显著性，是模型的良好候选变量。

3. 诊断

lm() 模型汇总还在末尾提供了一个诊断值部分。这些诊断值可以用来评估诊断回归模型的整体准确性和实用性。诊断部分包括关于标准化残差（RSE）、多重 R^2、调整 R^2 和 F 统计量。

标准化残差

标准化残差是模型误差的标准差。对于估计模型，RSE 是这样的：

```
Residual standard error: 1509 on 729 degrees of freedom
```

这是预测响应偏离观测数据的平均量。就输出结果而言，RSE 显示自行车租赁的实际数量与预测平均值相差 1509 辆。RSE 是衡量模型是否合适的标准。因此，1509 是好是坏取决于问题的背景。一般来说，RSE 越小，模型对数据的拟合度越好。

自由度提供模型中可变的数据点的数量。在输出结果中，自由度是 729，是通过从数据集中的观测数减去模型的变量数（包括截距）来计算的。自行车租赁数据集中有 731 个观测值，并基于两个变量建立了一个模型：温度和 y 轴截距。因此，模型中的自由度为 731−2=729。

多重和调整 R^2

R^2 统计量提供了另一种 RSE 拟合程度的度量。与 RSE 不同的是，RSE 提供了以 Y 为单位测量的拟合缺失的绝对度量，R^2 采用比例的形式，与 Y 的尺度无关，其值的范围为 0 ~ 1。R^2 统计量测量由回归模型解释的响应变量的变化比例。R^2 越接近 1，模型对数据的解释就越好。模型总结中 R^2 结果如下：

```
Multiple R-squared: 0.3937, Adjusted R-squared: 0.3929
```

输出结果显示出两种类型的 R^2。多重 R^2 值，也被称为可决系数，解释了模型如何很好地解释因变量。从结果来看，可以说简单线性回归模型可以解释数据集中 39.37% 的可变性。

调整的 R^2 是多重 R^2 的一个轻微修改，因为它惩罚具有大量自变量的模型。这是一个更保守的方差度量方法，特别是当样本量小于参数个数时。当比较具有不同数量预测变量的几个模型的性能时，这是很有用的。在这些情况下，使用调整 R^2 而不是多重 R^2 来评估每个模型解释了多少数据。

F 统计量

F 统计量是判断预测变量和响应变量之间是否存在关系的统计检验。F 统计量的值越大，变量和响应变量之间的关系越强。以下是模型的 F 统计值：

```
F-statistic: 473.5 on 1 and 729 DF, p-value: < 2.2e-16
```

在输出结果中，F 统计量为 473.5，可以说预测值确实与响应值有很强的关系。然而，需要注意的是，F 统计量的值受到数据集大小的影响。如果有一个大数据集，接近 1 的 F 统计量可能仍然表明一个强关系。相反，如果数据集很小，大的 F 统计量可能并不总是意味着强关系。

这就是为什么最优拟合度量来自于 F 统计量所对应的 p 值，而不是 F 统计量本身。p 值考虑了数据集的变量，并说明回归模型中的变量以统计显著性的方式拟合数据的可能性有多大。该值越接近零，拟合越好。

本例中，F 统计量的 p 值非常小（<2.2e-16）。正如在上面介绍系数时所述，显著性水平小于 0.05 的 p 值通常是可以接受的。因此，我们对 F 统计量的值非常有信心。

4.4 多元线性回归

在前面的例子中，观察使用单个预测变量（温度）来估计自行车租赁数量。这种方法产生了一个相当不错的回归模型，该模型可以解释数据集中大约 39% 的可变性。然而，正如我们所知，仅仅根据温度来预测自行车租赁数量有点过于简单。微风习习的 65 华氏度天气与风速 30 英里/时的 65 华氏度天气有很大不同！

如果想看看数据集中的其他变量对自行车租赁数量的预测效果，该怎么办？一种方法是用每个剩余变量创建单独的模型，看看它们预测租赁数量的效果如何。这种方法有几个挑战。第一个挑战是，由于现在有几个简单的线性回归模型，无法根据预测变量值的变化对自行车租赁进行单一预测。第二个挑战是，通过创建基于每个变量的单个模型，忽略了预测变量之间可能存在某种相关性的可能性，这种相关性可能会对预测产生影响。

与其建立几个简单线性回归模型，更好的方法是扩展现有模型以适应多个预测变量。这种使用多个自变量来预测因变量的方法被称为多元线性回归。类似于公式（4.5），给定 p 个预测变量，可以用斜率 - 截距格式表示多元线性回归方程，如下所示：

$$Y = \beta_0 + \beta_1 X_1 + \beta_2 X_2 + \cdots + \beta_p X_p + \varepsilon \tag{4.15}$$

这里，X_1 是第一个预测变量，X_p 是第 p 个预测变量。假设其他预测变量保持不变，β_1 是预测变量 X_1 中每增加一个单位时 Y 的预期增值。β_0 是所有预测变量都等于 0 时 Y 的预期值。将公式（4.15）应用到本例中，假设想评估如何根据湿度、风速和温度预测自行车租赁数量，那么多元线性回归公式如下：

$$\text{rentals} = \beta_0 + \beta_1 \times \text{humidity} + \beta_2 \times \text{windspeed} + \beta_3 \times \text{temperature} + \varepsilon \tag{4.16}$$

4.4.1　多元线性回归模型

类似于简单线性回归的 OLS 方法，多元线性回归的目标也是估计使残差平方和最小的系数 $\beta_0, \beta_1, \beta_2, \cdots, \beta_p$ 的值。然而，与只有一个预测变量的简单线性回归不同，在多元线性回归中估计系数需要使用矩阵代数，这超出了本书的范围。幸运的是，不需要完全理解这种方法背后的数学知识来构建多元线性回归模型。开发简单回归模型的 R 中的 lm() 函数也可以处理多元回归模型所需的数学上的繁重工作。

基于因变量湿度、风速和温度建立一个预测自行车租赁数量的模型，称之为 bikes_mod2。

```
> library (stats)
> bikes_mod2 <- lm(data=bikes, rentals ~ humidity + windspeed + temperature)
```

语法类似于简单线性回归示例中使用的语法。这一次，使用"+"符号为模型添加两个额外预测变量。

4.4.2　评估模型

在建立模型之后，可以使用 summary() 命令来详细评估模型的输出结果。

```
> summary(bikes_mod2)

Call:
lm(formula = rentals ~ humidity + windspeed + temperature, data = bikes)

Residuals:
    Min      1Q   Median      3Q     Max
-4780.5 -1082.6    -62.2  1056.5  3653.5

Coefficients:
            Estimate Std. Error t value Pr(>|t|)
(Intercept) 2706.002    367.483   7.364 4.86e-13 ***
humidity   -3100.123    383.992  -8.073 2.83e-15 ***
windspeed   -115.463     17.028  -6.781 2.48e-11 ***
temperature   78.316      3.464  22.606  < 2e-16 ***
---
Signif. codes: 0 '***' 0.001 '**' 0.01 '*' 0.05 '.' 0.1 ' ' 1

Residual standard error: 1425 on 727 degrees of freedom
Multiple R-squared: 0.4609,      Adjusted R-squared: 0.4587
F-statistic: 207.2 on 3 and 727 DF, p-value: < 2.2e-16
```

输出系数部分的每个变量后面出现的三个星号（***）表示所有预测变量都是显著的。这也提供模型系数 β_0（2706.0）、β_1（−3100.1）、β_2（−115.5）和 β_3（78.3）的估计值。可以将这些值代入公式（4.16）中，为这些数据找到回归模型。

$$rentals = 2706.0 - 3100.1 \times humidity - 115.5 \times windspeed + 78.3 \times temperature \qquad (4.17)$$

然后，使用公式（4.17）根据不同的天气条件对自行车租赁数量进行预测。例如，简单线性回归模型预测某天气温 65 华氏度时租赁数量为 4935.6 辆［见公式（4.13）］。这个新模型更加细致，为不同湿度和风速条件下温度为 65 华氏度的天气提供不同的估计，如表 4.1 所示。

表 4.1　风速和湿度的变化导致自行车租赁预测的显著变化

Temperature	Windspeed	Humidity	Predicted Rentals
65	0	0.00	7795.5
65	5	0.40	5978.0
65	5	0.90	4427.9
65	15	0.40	4823.0
65	15	0.90	3272.9

该模型清楚地预测，除了温度的变化以外，自行车租赁数量将根据风速和湿度而变化。

标准化残差为 1425，低于简单线性回归模型的 1509。这意味着新模型在预测值与实际值的偏差方面做得更好。由于 bikes_mod2 使用三个预测变量，与 bikes_mod1 使用的单个预测变量相比，使用调整 R^2 来比较每个预测变量在解释响应变量可变性方面的表现。可以看到，与 bikes_mod1 的 39.39% 可变性相比，bikes_mod2 解释响应变量中 45.87% 的可变性。bikes_mod2 的 F 统计量具有统计显著性，其值显著大于 1。这意味着预测变量和响应变量之间有很强的线性关系。

总之，模型输出结果表明，多元线性回归模型（bikes_mod2）比简单线性回归模型（bikes_mod1）表现得更好。然而，除了迄今为止用来评估模型性能的线性模型结果之外，还有一些额外的诊断测试来评估模型对数据的适用性。接下来看这些测试。

1. 残差诊断

第一个诊断测试与线性回归模型的残差有关。正如前面所讨论的，残差是模型的预测值和数据中的实际（或观测）值之间的差异。线性回归模型对其残差的特征做出重要的假设。如果这些假设中的一部分或全部无效，那么模型的准确性就值得怀疑。为使线性回归模型有效，假设其残差：

- 均值为零；
- 正态分布；
- 自变量值同方差（方差齐次性）；
- 不相关。

残差的零均值

残差的零均值假设意味着残差要么为零，要么可约为零。测试这一点的简单方法为使用 mean() 函数检查模型的残差均值。将模型中的残差作为 bikes_mod2$residuals。在 R 中这个符号表示访问 bikes_mod2 模型的残差。为了计算这些残差的均值，需要执行以下

代码:

```
> mean (bikes_mod2$residuals)

[1] -2.92411e-13
```

输出结果表明，残差均值非常接近于零，满足零均值准则。

残差的正态性

为了使线性回归模型有效，残差应该服从正态分布。这意味着残差是随机噪声，数据中的所有信号都已被捕获。有几种形式的统计方法来检验残差的正态性，这些测试包括 Kolmogorov-Smirnov、Shapiro-Wilk、Cramer-von Mises 和 Anderson-Darling 检验。但是，出于检验残差正态性的目的，使用 olsrr 包中的 ols_plot_resid_hist() 函数对正态性进行简单的目测。使用该函数绘制残差直方图——结果如图 4.4（a）所示。

```
> librar y(olsrr)
> ols_plot_resid_hist (bikes_mod2)
```

对结果图的目测表明残差确实服从正态分布。olsrr 包包含许多用于诊断 OLS 回归输出的有用函数。下面章节中将更多地使用它。

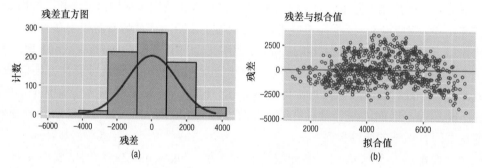

图 4.4 （a）残差直方图显示残差正态性，（b）残差与拟合值图显示残差齐次性

残差齐次性

当数据中观测值的方差存在异质性时，就会出现异方差。当这种情况发生时，不能再认为模型残差假设是正确的，这可能导致基于模型系数的误导性结论。在处理真实世界的数据时，异方差并不罕见。关键是要发现它的存在，并找到纠正它的方法。注意，数据集越大，异方差对模型的影响就越小。

有两种常见的方法检测异方差。一种是用 Breusch-Pagan 统计检验，另一种是用残差图。我们将使用第二种方法。如图 4.5（a）和图 4.5（b）所示，在残差与拟合值图中，异方差通过漏斗形状的存在直观地检测到。齐次性是异方差的对立面，当图中的点分布没有可辨别的模式时，就会观察到齐次性——见图 4.5（c）。当使用线性回归将模型拟合到数据集时，期望在拟合良好的模型中看到残差的齐次性。

olsrr 包中的 ols_plot_resid_fit() 函数可以创建残差与拟合值的关系图，以便检验异方差性。

```
> ols_plot_resid_fit (bikes_mod2)
```

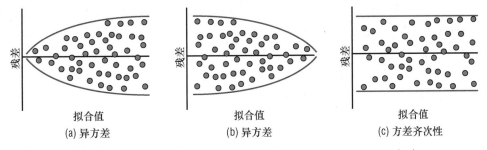

图 4.5　残差与拟合值图显示异方差（a 和 b）和方差齐次性（c）

结果如图 4.4（b）所示，残差在 y 轴周围形成近似的水平带。然而，图中确实可以观察到异方差。实际上，有几种方法可以解决这个问题。一种常见的方法是使用加权回归方法，根据拟合值的方差为每个数据点分配一个权重。这样做的目标是最小化方差较高的数据点的残差平方。解决异方差的另一种常见方法是对因变量应用凹函数，如对数变换，以便对其值进行标准化。这种方法的挑战在于，由于模型的单位不再与原始数据的单位相同，使得解释模型的结果更加困难。

残差自相关

如前所述，相关性是两个变量之间关系的量化。自相关是一个变量在不同时间点与其自身的相关性。线性回归模型的一个重要假设是其残差不相关。如果线性回归模型的残差显示自相关，那么这意味着模型中的噪声不是纯粹偶然的，需要从数据中提取更多的信息来改进模型。

残差自相关最常见的检验方法是杜宾－沃森（Durbin-Watson，DW）检验。DW 检验统计量在 0 ～ 4 之间变化，0 ～ 2 之间的值表示正自相关，2 表示零自相关，2 ～ 4 之间的值表示负自相关。car 包中的 durbinWatsonTest() 函数提供了获取 DW 检验统计数据的方便方法。

```
> library (car)
> durbinWatsonTest (bikes_mod2)

lag Autocorrelation D-W Statistic p-value
   1        0.7963326      0.4042771        0
Alternative hypothesis: rho != 0
```

DW 检验统计量为 0.404，p 值为 0，这强有力的证据表明模型的残差存在正相关。为了纠正这一点，需要从数据集中确定哪些额外的预测变量需要包含在模型中。如果这不能减少残差自相关，那么还需要考虑转换预测变量。在 4.4.3 节中包含了更多的预测变量，并对这些预测变量进行转换。

2. 分析有影响的点

预测变量的极值可能会对线性回归模型的准确性以及泛化程度产生影响。如果模型很容易受到观测值变化的严重影响或失效，那么这样的模型是相当不稳定的。这样的观测值被称为有影响的点，因为它们对模型有相当大的影响。因此，作为评估模型过程的一部分，识别数据中的这些有影响的点非常重要。

在简单线性回归中，通过简单地识别单个预测变量中的异常值，很容易识别出有影响的点。然而，在多元线性回归中，当与变量其他值比较时，有可能观察到其值不被认为是异常值的变量，但是当与全部预测值比较时，该值是极端的。当处理多个预测变量时，为了量化这些有影响的点，可以使用一种被称为库克距离（Cook's distance）的统计检验。

库克距离衡量从模型中移除观测值产生的影响。如果某个特定观测值的库克距离很远，那么它对估计的回归线有相当大的影响，应考虑进一步的补救措施。根据经验，对于需要调查的观测值，其库克距离（D）应大于阈值 $4/(n-k-1)$，其中 n 是数据集内的观测数，k 是模型中的变量数。基于库克距离，使用 olsrr 包中的 ols_plot_cooksd_chart() 函数识别数据中有影响的点。

```
> library (olsrr)
> ols_plot_cooksd_chart (bikes_mod2)
```

从图 4.6 中的结果可以看出，基于库克距离阈值 0.005，数据集中几个有影响的点。观察结果 69 是一个具有重要影响的点。通过目测可以识别大多数异常值。然而，如果想得到这些异常值的完整列表，可以通过获取图表的 $outliers 值来实现。使用 dplyr 包中的 arrange() 函数，按库克距离的降序列出这些值。

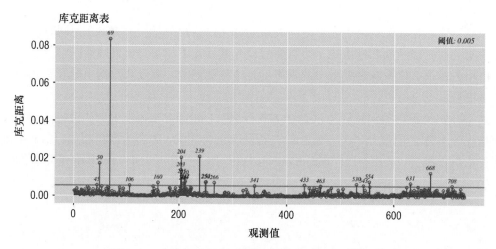

图 4.6　库克距离图显示自行车数据集中有影响的点

```
> cooks_outliers <- ols_plot_cooksd_chart(bikes_mod2)$outliers
> arrange(cooks_outliers, desc(cooks_distance))

# A tibble: 25 x 2
   observation cooks_distance
         <int>          <dbl>
 1          69         0.0835
 2         239         0.0211
 3         204         0.0205
 4          50         0.0173
 5         203         0.0139
 6         668         0.0127
 7         205         0.0102
 8         210         0.00960
 9         554         0.00789
10         212         0.00771
# ... with 15 more rows
```

与图 4.6 中看到的类似，结果显示观测值 69 在数据集中具有最高的库克距离。结果还显示，还有 24 个观测值超过库克距离阈值。为了弄清楚这里发生了什么，先来看看观测值 69。

```
> bikes[69,c ("rentals","humidity","windspeed","temperature")]

# A tibble: 1 x 4
  rentals humidity windspeed temperature
    <dbl>    <dbl>     <dbl>       <dbl>
1     623        0      10.9        50.5

> summary(bikes[-69,c("rentals","humidity","windspeed","temperature")])

    rentals          humidity          windspeed         temperature
 Min.   :  22    Min.   :0.1879    Min.   : 0.9322    Min.   :22.60
 1st Qu.:3170    1st Qu.:0.5205    1st Qu.: 5.6182    1st Qu.:46.10
 Median :4548    Median :0.6271    Median : 7.5342    Median :59.83
 Mean   :4510    Mean   :0.6288    Mean   : 7.9262    Mean   :59.52
 3rd Qu.:5966    3rd Qu.:0.7303    3rd Qu.: 9.7088    3rd Qu.:73.07
 Max.   :8714    Max.   :0.9725    Max.   :21.1266    Max.   :90.50
```

将其余数据的统计汇总与有影响的点进行比较，可以发现，有影响的点的湿度值为 0，显然是一个异常值。如果没有观测值 69，湿度的最小值现在是 0.1879。有影响的点的风速值高于其余数据的第三个四分位数，进一步证明了该观测值是模型中的一个有影响的点。然而，与其他数据相比，温度值并不极端。现在，看看其他有影响的点，看看它们与其他数据的比较。为此，需要对 25 个确定有影响的点进行统计汇总，并将其与其他数据的统计汇总进行比较。

```
> outlier_index <- as.numeric(unlist(cooks_outliers[,"observation"]))

> summary(bikes[outlier_index,c("rentals","humidity","windspeed","temperature")])

    rentals          humidity          windspeed         temperature
 Min.   :  22    Min.   :0.0000    Min.   : 3.263    Min.   :49.89
 1st Qu.:1842    1st Qu.:0.4658    1st Qu.: 6.809    1st Qu.:54.61
 Median :3606    Median :0.5675    Median : 8.024    Median :71.23
 Mean   :3617    Mean   :0.5960    Mean   :10.202    Mean   :70.76
 3rd Qu.:4840    3rd Qu.:0.8800    3rd Qu.:14.291    3rd Qu.:85.77
 Max.   :8395    Max.   :0.9725    Max.   :21.127    Max.   :90.50

> summary(bikes[-outlier_index,c ("rentals","humidity","windspeed",
"temperature")])

    rentals          humidity          windspeed         temperature
 Min.   : 431    Min.   :0.2758    Min.   : 0.9322    Min.   :22.60
 1st Qu.:3206    1st Qu.:0.5235    1st Qu.: 5.5992    1st Qu.:45.62
 Median :4570    Median :0.6308    Median : 7.5082    Median :59.30
 Mean   :4536    Mean   :0.6290    Mean   : 7.8498    Mean   :59.11
 3rd Qu.:5990    3rd Qu.:0.7296    3rd Qu.: 9.6318    3rd Qu.:72.87
 Max.   :8714    Max.   :0.9625    Max.   :17.5801    Max.   :88.17
```

现在看出风速和温度的异常值的均值（和中值）都高于非异常数据。另一方面，与其他数据相比，异常数据中的湿度均值和中值较低。最后，将原始数据的统计分布与没有异常值的数据的统计分布进行比较，看看删除异常值会产生什么影响。

```
> summary (bikes[,c ("rentals","humidity","windspeed","temperature")])
```

```
     rentals            humidity           windspeed          temperature
 Min.   : 22       Min.   :0.0000     Min.   : 0.9322     Min.   :22.60
 1st Qu.:3152      1st Qu.:0.5200     1st Qu.: 5.6182     1st Qu.:46.12
 Median :4548      Median :0.6267     Median : 7.5343     Median :59.76
 Mean   :4504      Mean   :0.6279     Mean   : 7.9303     Mean   :59.51
 3rd Qu.:5956      3rd Qu.:0.7302     3rd Qu.: 9.7092     3rd Qu.:73.05
 Max.   :8714      Max.   :0.9725     Max.   :21.1266     Max.   :90.50
```

结果显示，两个数据集之间的湿度、风速和温度变量的均值和中值相似，可以安全地从数据中删除异常值。在这样做之前，需要注意的是，在删除数据时必须特别小心。如果粗心大意，可能会丢失微小但至关重要的数据。可以保持原始数据不变，另创建一个名为bikes2 的新副本，在副本中删除异常值。

```
bikes2 <- bikes[-outlier_index,]
```

3. 多重共线性

多重共线性是两个或多个预测变量之间高度相关时出现的现象。例如，考虑这样一个场景，试图基于以下变量预测房价：

- 卧室数量；
- 年龄；
- 楼层；
- 建筑面积。

在这个例子中，卧室数量、楼层和建筑面积是高度相关的。随着楼层的增加，房子的面积也会增加。同样，随着卧室数量和楼层的增加，建筑面积也会增加。

线性回归模型中的多重共线性是一个问题，因为它导致标准误差增大，并且很难区分单个预测变量对响应变量的影响。

有几种方法检验模型的多重共线性，其中之一是使用简单相关矩阵（见 4.2.1 节的"用corrplot 可视化相关性"）来检验预测变量对之间的相关程度。然而，这种方法在检测没有单个变量对高度相关，但 3 个或更多变量彼此高度相关的情况时是没用的。

为了检测这种情况的存在，可以计算每个预测变量的方差膨胀因子（Variance Inflation Factor，VIF）。变量的 VIF 是对模型中预测变量之间存在相关性而使该变量的估计回归系数的方差膨胀多少的度量。预测变量 k 的 VIF 计算如下：

$$\text{VIF} = \frac{1}{1 - R_k^2} = \frac{1}{\text{Tolerance}}$$ （4.18）

R_k^2 是回归方程的可决系数，其中预测变量 k 在左侧，所有其他预测变量在右侧。容忍度（Tolerance）可以被认为是预测变量 k 中不能被其他预测变量解释的方差的百分比。根据经验，VIF 大于 5 或容忍度小于 0.2 表示存在多重共线性，需要进行补救。为了计算预测变量的 VIF，可以使用 olsrr 中的 ols_vif_tol() 函数。

```
> ols_vif_tol(bikes_mod2)

# A tibble: 3 x 3
  Variables    Tolerance    VIF
```

```
   <chr>          <dbl> <dbl>
1 humidity       0.930  1.07
2 windspeed      0.922  1.08
3 temperature    0.967  1.03
```

从结果可以看出,预测变量之间不存在多重共线性问题,因为所有 VIF 值都远低于 5.0,所有容忍度都远高于 0.2。

如果 VIF 分析表明存在多重共线性,有两种常见的方法来处理这种情况。一种方法是从模型中删除一个有问题的变量,而另一种方法是将共线预测变量组合成一个变量。将这些选项应用到前面的房价示例中,选择使用卧室数量、楼层或建筑面积这 3 个变量中的一个或两个,但不是全部 3 个。

4.4.3 改进模型

我们对各种线性回归诊断检验以及它们如何应用于数据和模型有了更好的理解,是时候将它们付诸实践以改进模型了。在此之前,还需要考虑一些与预测变量相关的额外因素。接下来的前 3 点内容将讨论这些因素。

1. 非线性关系

线性回归的基本假设是预测变量和响应变量之间的关系是线性的。然而,情况并非总是如此。例如在图 4.7 中,可以发现预测变量和响应变量之间的关系不完全是线性的。

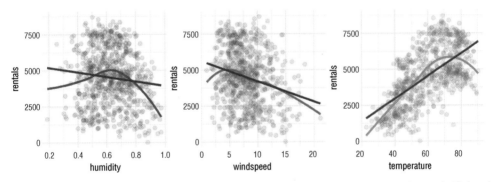

图 4.7　预测变量(湿度、风速和温度)和响应变量(租赁数量)的线性回归拟合。深色线表示与原始预测值的线性回归拟合,而浅色线(蓝色、红色和绿色)表示与引入的多项式预测值的拟合

为了扩展模型以适应这些非线性关系,可以在模型中添加预测变量的转换版本。这种新的模型称为多项式回归。从彩色拟合线的曲率来看,它们似乎暗示了一种二次关系,所以把预测变量的平方添加到模型。为此,只需创建新变量 humidity2、windspeed2 和 temperature2,如下所示:

```
> bikes2 <- bikes2 %>%
    mutate (humidity2 = humidity^2) %>%
    mutate (windspeed2 = windspeed^2) %>%
    mutate (temperature2 = temperature^2)
```

创建一个新的线性模型,添加新转换的预测变量:

```
> bikes_mod3 <-
    lm (data = bikes2,
        rentals ~ humidity + windspeed + temperature +
            humidity2 + windspeed2 + temperature2)


> summary (bikes_mod3)

Call:
lm(formula = rentals ~ humidity + windspeed + temperature + humidity2 +
    windspeed2 + temperature2, data = bikes2)

Residuals:
     Min       1Q   Median       3Q      Max
-3153.77  -950.91   -97.23  1034.22  3000.12

Coefficients:
               Estimate Std. Error t value Pr(>|t|)
(Intercept)  -8335.7021  1128.0572  -7.389 4.22e-13 ***
humidity      6203.5583  2727.8537   2.274 0.023259 *
windspeed     -147.3909    63.5284  -2.320 0.020624 *
temperature    397.0970    25.7213  15.438  < 2e-16 ***
humidity2    -8324.7772  2128.2637  -3.912 0.000101 ***
windspeed2       1.5802     3.5370   0.447 0.655191
temperature2    -2.6839     0.2175 -12.339  < 2e-16 ***
---
Signif. codes:  0 '***' 0.001 '**' 0.01 '*' 0.05 '.' 0.1 ' ' 1

Residual standard error: 1213 on 699 degrees of freedom
Multiple R-squared:  0.6022,      Adjusted R-squared:  0.5988
F-statistic: 176.4 on 6 and 699 DF,  p-value: < 2.2e-16
```

根据输出结果，可以看到 windspeed2 并不显著，所以删除该变量并重新创建模型：

```
> bikes_mod3 <-
    lm (data = bikes2,
        rentals ~ humidity + windspeed + temperature +
            humidity2 + temperature2)


> summary (bikes_mod3)

Call:
lm(formula = rentals ~ humidity + windspeed + temperature + humidity2 +
    temperature2, data = bikes2)
Residuals:
    Min      1Q   Median      3Q     Max
-3167.5  -945.0  -106.7  1034.4  2984.6

Coefficients:
               Estimate Std. Error t value Pr(>|t|)
(Intercept)  -8441.8304  1102.1300  -7.660 6.22e-14 ***
humidity      6172.7633  2725.4232   2.265 0.023825 *
windspeed     -119.8659    15.4807  -7.743 3.41e-14 ***
temperature    397.6880    25.6726  15.491  < 2e-16 ***
humidity2    -8298.1097  2126.2098  -3.903 0.000104 ***
temperature2    -2.6903     0.2169 -12.402  < 2e-16 ***
---
Signif. codes:  0 '***' 0.001 '**' 0.01 '*' 0.05 '.' 0.1 ' ' 1

Residual standard error: 1213 on 700 degrees of freedom
Multiple R-squared:  0.6021,  Adjusted R-squared:  0.5993
F-statistic: 211.8 on 5 and 700 DF,  p-value: < 2.2e-16
```

现在结果显示，所有的预测都是显著的。模型诊断表明现在的模型相较于之前的（bikes_
mod2）有所改进。模型的残差标准差从 1425 下降到 1213，调整 R^2 从 0.458 7 增加到 0.599 3。

2. 分类变量

到目前为止，模型中引入的 3 个预测变量（湿度、风速和温度）都是连续变量。然而，
自行车数据集有更多潜在的预测变量，可以将这些变量纳入模型。早些时候，不使用日期
变量，以避免过度拟合。另外不使用户外感知温度变量，因为它与温度高度相关。剩余的
变量有季节、假日、工作日和天气。

虽然这 4 个变量确实是数值，但它们实际上是分类变量。使用 summary() 函数来查看
这些变量的值以及它们的数值分布。

```
> summary(bikes2[, c ("season", "holiday", "weekday", "weather")])

 season   holiday    weekday    weather
 1:177    0:685     6: 96      2:243
 2:180    1: 21     0:103      1:448
 3:175              1:103      3: 15
 4:174              2:103
                    3:100
                    4:100
                    5:101
```

在实践中，将连续变量和分类变量合并到一个模型中是很常见的。在此之前，需要对
数据进行额外转换。使用数值来表示分类会让解释模型的人感到困惑，并且还需要读者查
找值。在模型中使用这些变量之前，先使用 dplyr 包中的 revalue() 函数对它们进行转换。

```
bikes2 <- bikes2 %>%
  mutate(season=revalue(season, c("1"="Winter", "2"="Spring",
"3"="Summer", "4"="Fall"))) %>%
  mutate(holiday=revalue(holiday, c("0"="No", "1"="Yes"))) %>%
  mutate(weekday=revalue(weekday, c("0"="Sunday", "1"="Monday",
"2"="Tuesday", "3"="Wednesday", "4"="Thursday", "5"="Friday",
"6"="Saturday"))) %>%
  mutate(weather=revalue(weather, c("1"="Clear", "2"="Light
precipitation", "3"="Heavy precipitation")))
```

这段代码只能将分类变量的级别（名称）更改为它们的等效值。完成之后，创建一个
新的模型，其中包括一些额外的预测变量。为了便于说明，开始时只将季节变量纳入模
型中。

```
> bikes_mod4 <-
    lm(data = bikes2,
       rentals ~ humidity + windspeed + temperature + humidity2 +
       temperature2 + season)

> summary(bikes_mod4)

Call:
lm(formula = rentals ~ humidity + windspeed + temperature + humidity2 +
    temperature2 + season, data = bikes2)

Residuals:
    Min      1Q   Median      3Q     Max
-3623.7  -960.4   -39.9    987.0  3363.4
```

```
Coefficients:
                Estimate Std. Error t value Pr(>|t|)
(Intercept)   -6737.0068  1118.5289  -6.023 2.77e-09 ***
humidity       5210.4033  2667.1441   1.954 0.051154 .
windspeed      -103.7065    15.2032  -6.821 1.96e-11 ***
temperature     331.2778    29.0463  11.405  < 2e-16 ***
humidity2     -7626.8064  2077.8323  -3.671 0.000261 ***
temperature2     -2.1790     0.2503  -8.706  < 2e-16 ***
seasonSpring    489.6013   168.9875   2.897 0.003882 **
seasonSummer    581.3724   221.2979   2.627 0.008801 **
seasonFall      994.2943   145.9958   6.810 2.10e-11 ***
---
Signif. codes:  0 '***' 0.001 '**' 0.01 '*' 0.05 '.' 0.1 ' ' 1

Residual standard error: 1175 on 697 degrees of freedom
Multiple R-squared:  0.6282,     Adjusted R-squared:  0.624
F-statistic: 147.2 on 8 and 697 DF,  p-value: < 2.2e-16
```

注意，模型中只包含一个分类变量——季节，而有 3 个额外的系数。这是因为，当模型中包含分类变量时，线性回归函数 lm() 会为分类变量的每个值创建一个虚拟变量（值为 0 或 1）。

例如，如果数据集中的第 i 个观测值的季节变量值为 Spring，那么在模型中，该观测值的预测变量 seasonSpring 的值将为 1，而预测变量 seasonSummer 和 seasonFall 的值都将为 0。注意，尽管季节有 4 个不同的值，但是模型中只有 3 个虚拟变量。seasonWinter 没有虚拟变量。本例中，虚拟变量 seasonWinter 被称为基线。如果 seasonSpring、seasonSummer 和 seasonFall 的所有值均为 0，那么季节被假定为冬季的基线值。

与连续变量不同，在连续变量中，将预测变量的系数解释为由于预测值的单位变化而导致的响应变量的变化程度（假设所有其他预测值保持不变），将分类预测值的系数解释为每个预测值和基线之间响应变量变化的平均差异。换句话说，在模型中 seasonSpring 的系数是春天和冬天基线之间自行车租赁数量的平均差异。同样，seasonSummer 和 seasonFall 的系数分别是夏季和冬季以及秋季和冬季自行车租赁数量的平均差异。

模型的输出结果表明，这些新的季节变量的预测变量都是显著的，添加它们可以提高模型的质量。与以前的模型相比，模型的残差标准误差下降了。调整 R^2 表明，新模型现在解释了 62.4% 的响应变量的可变性。这是对以前模型的改进。

3. 变量间的交互作用

到目前为止，模型都是基于这样的假设，即响应变量和每个预测变量之间的关系独立于其他预测变量。在解释之前模型的结果时，将模型系数解释为在所有其他预测变量保持不变，特定预测变量的单位变化而导致的响应变量的平均变化值。然而，这个假设并不总是成立的。在某些情况下，两个变量对响应变量产生综合影响。在统计学中，这种现象被称为交互作用。

在 bikes2 数据中，可以预期风速和天气变量之间或天气和温度变量之间的某种交互作用。可以合理地假设，如果整体天气状况恶化，风速增加，对自行车租赁数量的影响将比单独风速增加或整体天气状况恶化的影响更大。R 提供了一种在模型中使用 "*" 运算符来指定交互作用的方法。因此，为了说明风速和天气变量之间的交互作用，可以使用语法 windspeed*weather。创建一个新的模型来考虑这种交互作用。

```
> bikes_mod5 <-
    lm(
      data = bikes2,
      rentals ~ humidity + temperature + humidity2 +
      temperature2 + season + windspeed * weather
  )

> summary(bikes_mod5)

Call:
lm(formula = rentals ~ humidity + temperature + humidity2 + temperature2 +
    season + windspeed * weather, data = bikes2)

Residuals:
    Min      1Q   Median      3Q     Max
-3620.9  -961.8    -56.5   980.1  3224.9

Coefficients:
                                      Estimate Std. Error t value Pr(>|t|)
(Intercept)                         -6465.8882  1146.0328  -5.642 2.45e-08 ***
humidity                             5011.7326  2843.8582   1.762  0.07846 .
temperature                           329.9987    28.9740  11.389  < 2e-16 ***
humidity2                           -7073.1818  2249.3058  -3.145  0.00173 **
temperature2                           -2.1794     0.2494  -8.739  < 2e-16 ***
seasonSpring                          519.6417   169.0658   3.074  0.00220 **
seasonSummer                          635.4740   221.8383   2.865  0.00430 **
seasonFall                           1045.5251   146.1096   7.156 2.12e-12 ***
windspeed                            -151.2331    24.6076  -6.146 1.34e-09 ***
weatherClear                         -566.2684   263.2216  -2.151  0.03180 *
weatherHeavy precipitation          -1842.9293   984.0347  -1.873  0.06151 .
windspeed:weatherClear                 83.0116    31.1330   2.666  0.00785 **
windspeed:weatherHeavy precipitation  129.4237    92.7197   1.396  0.16320
---
Signif.  codes:  0 '***'  0.001 '**'  0.01 '*'  0.05 '.'  0.1 ' ' 1

Residual  standard  error:  1168 on 693 degrees of freedom
Multiple R-squared:    0.6346, Adjusted R-squared:    0.6283
F-statistic:  100.3 on 12 and 693 DF,  p-value: < 2.2e-16
```

从模型输出结果可以看出，与 bikes_mod4 相比，改进了残差标准误差和调整 R^2。还发现，交互作用项的系数以及新引入的变量（天气）的系数都是显著的。有趣的是，由于交互作用系数为正，风速和天气变量的系数为负，所以交互作用对这两个预测变量各自对自行车租赁数量的影响有调节作用。

以风速、天气晴朗和天气强降水之间的交互作用为例。结果表明，当天气预报晴朗或部分多云时，风速每增加 10 英里/时，自行车租赁数量将减少 682 辆（-151.2×10+83.0×10）。然而，当天气预报为强降水时，风速每增加 10 英里/时，自行车租赁数量却会减少 218 辆（-151.2×10+129.4×10）。这意味着随着天气的恶化，风速的增加对自行车租赁数量的影响变小。

4．重要变量的选择

在努力改进模型的过程中，有选择地加入了某些预测变量，以帮助说明每个阶段试图说明的观点。在这一点上，并不真正知道预测变量的哪个子集将会提供最佳模型。识别适当的预测变量子集的过程称为变量选择。

理想情况下，变量选择过程将包括基于使用的预测变量的所有可能组合创建模型的详尽列表的评估来选择最佳模型。然而，这种方法是不可行的，因为涉及非常复杂的计算。相反，需要一个系统的方法来为响应变量选择最佳的预测变量子集。选择哪种模型最好取决于度量标准。到目前为止，通常使用调整 R^2 作为模型性能衡量标准。当然，还可以用其他标准，我们将在第 5 章中讨论其中的一部分，并在第 9 章中进行更详细的讨论。

在实践中，变量选择过程有 3 种常见方法。第一种方法称为正向选择。在正向选择中，从截距开始，然后基于截距和每一个预测变量创建几个简单线性回归模型。然后，基于特定的性能度量选择其模型具有最佳结果的预测变量。残差平方和是这种方法中常用的度量。下一步包括基于第一步中选择的预测变量和剩余的每个预测变量创建几个两变量预测模型。像前面一样，选择模型性能最好的新预测变量。这个过程继续创建一组三变量预测模型、四变量预测模型等，直到用尽所有变量的预测模型或者满足预先定义的停止标准。值得注意的是，如果数据中预测变量比观测值更多，那么反向选择是不可能的。

第二种变量选择方法称为反向选择。这种方法是创建一个包含所有预测变量的模型，然后删除统计显著性最小的预测变量（基于 p 值）。然后拟合一个没有删除预测变量的新模型。就像第一次做的那样，继续删除统计显著性最小的预测变量。继续递归地这样做，直到满足预先定义的停止标准。

第三种方法是正向和反向选择的结合，它试图克服前两种方法的局限性，被称为混合选择。在这种方法中，从一次添加一个预测变量的正向选择方法开始。然而，就像反向选择一样，在过程的每个阶段评估每个预测变量的统计显著性，并移除那些不满足预定义显著性阈值的预测变量。继续重复正向和反向的选择过程，直到用尽数据中的所有变量，并且有一个只有预测变量满足显著性阈值的模型。

R 中的 olsrr 包提供一组函数来执行正向、反向和混合选择。使用 ols_step_both_p() 函数来说明混合变量选择过程。在演示变量选择之前，为自行车数据创建一些额外的候选预测变量，这些变量来自日期变量。为了实现这一点，引入 R 中的 lubridate 包，它包含几个处理日期的函数。创建的第一个变量是 day 变量，它描述了程序开始后的天数。该变量是由日期变量和日期变量最小值之间的差值得出的。接下来的两个是月份和年份变量。现在用这 3 个新的派生变量来代替原有的日期变量，所以从数据中删除它。

```
> library (lubridate)

> bikes2 <- bikes2 %>%
  mutate (day=as.numeric(date-min(date))) %>%
  mutate (month=as.factor(month(date))) %>%
  mutate (year=as.factor(year(date))) %>%
  select (-date)
```

现在有了新的候选预测变量，继续执行 ols_step_both_p() 函数。该函数包含 4 个参数，第一个参数是包含所有候选预测变量的线性模型（model），其中包括 bike2 数据中的所有自变量以及风速和天气的交互作用项。函数的第二个参数是进入进程的 p 值阈值（pent），第三个参数是删除的 p 值阈值（prem），最后一个参数是指示要输出多少细节的标记（details）。在本例中，将 pent、prem 和 details 分别设置为 0.2、0.01 和 FALSE。

```
> ols_step_both_p(
  model = lm(
   data = bikes2,
   rentals ~ humidity + weekday + holiday +
     temperature + humidity2 + temperature2 + season +
     windspeed * weather + realfeel + day + month + year
  ),
  pent = 0.2,
  prem = 0.01,
  details = FALSE
)
```

即使将 details 参数设置为 FALSE，输出仍然相当冗长。因此，只需要关注一部分输出结果。首先要看的是最终的模型输出。这提供了基于线性回归模型的模型诊断总结，线性回归模型仅使用通过混合变量选择过程选择的预测变量来构建。

```
Final Model Output
------------------
```

	Model Summary		
R	0.939	RMSE	671.919
R-Squared	0.882	Coef. Var	14.814
Adj. R-Squared	0.877	MSE	451475.658
Pred R-Squared	0.870	MAE	491.914

```
RMSE: Root Mean Square Error
MSE: Mean Square Error
MAE: Mean Absolute Error
```

从结果可以看出，残差降低到了 671.92，调整 R^2 增加到了 0.877。这意味着模型现在解释了 87.7% 的响应变量可变性。这比以前的模型有很大的改进。

接下来看 "参数估计" 部分，如下所示：

model	Beta	Std.Error	Std.Beta	t	Sig	lower	upper
(Intercept)	-5783.258	698.492		-8.280	0.000	-7154.733	-4411.784
month2	-148.493	129.378	-0.021	-1.148	0.251	-402.525	105.538
month3	97.746	152.663	0.014	0.640	0.522	-202.005	397.497
month4	-104.921	224.607	-0.015	-0.467	0.641	-545.933	336.090
month5	343.918	238.563	0.051	1.442	0.150	-124.495	812.331
month6	304.343	251.821	0.043	1.209	0.227	-190.102	798.789
month7	232.599	278.814	0.032	0.834	0.404	-314.846	780.044
month8	249.976	268.742	0.037	0.930	0.353	-277.694	777.646
month9	546.315	238.624	0.077	2.289	0.022	77.783	1014.847
month10	-122.349	221.254	-0.018	-0.553	0.580	-556.776	312.078
month11	-739.354	210.390	-0.108	- 3.514	0.000	-1152.450	-326.258
month12	-543.116	164.466	-0.079	-3.302	0.001	-866.042	-220.189
weekdaySunday	-464.040	95.748	-0.086	-4.846	0.000	-652.040	-276.040
weekdayMonday	-253.997	98.438	-0.047	-2.580	0.010	-447.278	-60.716
weekdayTuesday	-207.566	95.923	-0.038	-2.164	0.031	-395.908	-19.223
weekdayWednesday	-126.759	96.544	-0.023	-1.313	0.190	-316.321	62.804
weekdayThursday	-91.007	96.596	-0.017	-0.942	0.346	-280.672	98.657
weekdayFriday	-26.515	96.361	-0.005	-0.275	0.783	-215.719	162.688

seasonSpring	851.685	159.441	0.194	5.342	0.000	538.626	1164.743
seasonSummer	980.975	192.287	0.221	5.102	0.000	603.424	1358.526
seasonFall	1624.307	160.785	0.366	10.102	0.000	1308.608	1940.006
holidayYes	-553.809	157.964	0.049	-3.506	0.000	-863.968	-243.649
temperature2	-1.641	0.172	-1.555	-9.522	0.000	-1.979	-1.302
temperature	241.043	19.717	1.934	12.225	0.000	202.329	279.757
year2012	1897.337	52.237	0.496	36.322	0.000	1794.771	1999.904
windspeed	-101.108	9.693	-0.165	-10.431	0.000	-120.140	-82.076
humidity	6088.026	1597.069	0.433	3.812	0.000	2952.215	9223.838
humidity2	-6543.385	1252.304	-0.593	-5.225	0.000	-9002.257	-4084.513
windspeed:weatherClear	47.327	8.255	0.111	5.733	0.000	31.119	63.536
windspeed:weather Heavy precipitation	-59.355	18.619	-0.047	-3.188	0.001	-95.913	-22.796

布局与之前在线性模型上使用 summary() 函数时看到的有所不同。然而，大多数信息是相似的。这里，model 列中列出截距和预测变量，Beta 列中列出预测变量的系数，Sig 列中显示模型中每个预测变量的显著性水平。结果表明，除户外感知温度和日期之外所有候选预测变量都包含在模型内，可以得到一个更稳健的模型。

最后一部分是"逐步选择汇总"，如下所示：

```
                    Stepwise Selection Summary
-----------------------------------------------------------------------
            Added/      Adj.
Step  Variable    Removed  R-Square R-Square   C(p)       AIC       RMSE
-----------------------------------------------------------------------
 1   realfeel     addition  0.444   0.443   2485.8090  12266.2830  1429.9573
 2      day       addition  0.721   0.720    899.0440  11781.1939  1013.4814
 3  windspeed:
     weather      addition  0.765   0.763    649.8410  11666.5370   932.4671
 4     month      addition  0.820   0.815    337.6480  11501.1578   823.0760
 5    weekday     addition  0.829   0.823    288.0660  11477.0170   805.7925
 6    season      addition  0.850   0.844    168.9290  11390.0745   756.1230
 7    holiday     addition  0.852   0.846    158.5180  11381.8230   751.2058
 8  temperature2  addition  0.854   0.848    149.7690  11374.8218   746.9825
 9  temperature   addition  0.865   0.860     85.7640  11318.8851   717.4822
10   realfeel     removal   0.865   0.860     83.7720  11316.8924   716.9566
11     year       addition  0.868   0.862     72.4330  11306.5835   711.2585
12     day        removal   0.867   0.862     73.6180  11307.5420   712.2245
13   windspeed    addition  0.867   0.862     75.6180  11307.5420   712.2245
14   humidity     addition  0.877   0.872     19.1520  11253.1529   684.8471
15   humidity2    addition  0.882   0.877     -6.1430  11227.2005   671.9194
16    weather     addition  0.882   0.877     -5.6590  11229.6159   672.1608
17    weather     removal   0.882   0.877     -6.1430  11227.2005   671.9194
-----------------------------------------------------------------------
```

本节展示了混合变量选择过程中的每个步骤。可以看到添加所有候选预测变量的结果，以及在第 10 步和第 12 步中删除了变量 realfeel 和 day。还可以看到在流程的每个步骤中生成的各种性能指标。现在得到的模型比开始时的模型，让我们觉得更舒服。

4.4.4 优缺点

现在已经看到了简单线性回归和多元线性回归的实际应用，并对一些模型输出和诊断有了更好的理解，让我们花点时间来讨论这两种方法的优缺点。

优点如下。

- 线性回归易于理解，可应用于任何一组预测变量，以最小的计算量生成响应变量。这也意味着，当使用一个预测变量时，可以很容易地将模型结果可视化，方法是在观察数据的散点图上绘制一条回归线。
- 线性回归提供了两个或多个变量之间关系的大小和强度的估计。
- 线性回归模型易于构建和理解，因为其基础统计原理定义明确，适用范围广。

缺点如下。

- 线性回归对自变量和因变量之间的关系做了一些假设。最重要的假设是这种关系是线性的。然而，现实世界的数据并非总是如此。例如，年龄和收入之间的关系并不总是线性的。收入往往随着年龄的增长而增加，但随着年龄增长和最终退休，收入会趋于持平甚至下降。
- 正如分析中看到的，异常值给线性回归模型带来了严重问题。因此，为了对模型有更多的信心，必须识别和处理数据集中有影响的点。
- 线性回归模型预测变量和响应变量之间的数值关系。这隐含地假设变量是连续的。为了处理分类预测变量，模型必须创建虚拟变量来代替分类变量。
- 理解线性回归的模型输出结果需要一些基本的统计学知识。
- 线性回归要求在开始建模过程之前指定模型的形式。例如，在之前的讨论中，在创建模型之前，必须确定模型包含哪些预测变量。还必须决定在模型中是否包含多项式或对数变换变量，以及是否考虑交互作用效应。

4.5　案例研究：预测血压

现在，对如何建立、评估和改进线性回归模型有了更好的理解，让我们将前面几节中学习的一些原则付诸实践。假设你是芝加哥一家小型社区诊所的数据科学顾问，诊所的护理人员对他们患者人群中的高血压患病率表示担忧，因为如果长期不治疗，高血压会导致严重的并发症，如心脏病、中风或肾病。为了提高人们对这一问题的认识，诊所希望你开发一个模型，根据匿名健康指标和关于患者的有限生活方式信息来预测血压。该诊所的目标是使用此模型开发一个交互式自助式患者门户，根据患者的健康指标和生活方式提供患者的估计血压。

你将获得该诊所在过去的 12 个月里收集的 1475 名患者的数据。在本案例研究中使用的数据是美国疾病控制和预防中心（U.S.Centers for Disease Control and Prevention）作为其国家健康和营养检查调查（NHANES）的一部分收集的真实数据。该调查的大量数据可通过 RNHANES 程序包获得。数据集中的变量如下。

- systolic 是患者的收缩压，单位为毫米汞柱（mmHg）。这是要预测的因变量。
- weight 是患者体重的测量值，单位为千克（kg）。
- height 是患者身高的测量值，单位为厘米（cm）。
- bmi 是患者的体重指数。它描述一个人体重不足或超重的程度。
- waist 是患者腰围的测量值，单位为厘米（cm）。

- age 是患者自报的年龄。
- diabetes 是患者是（1）否（0）患有糖尿病的二元指标。
- smoker 是患者是（1）否（0）经常吸烟的二元指标。
- fastfood 是患者自报过去一周内吃快餐的次数。

4.5.1 导入数据

首先使用 tidyverse 包中的 read_csv() 函数读取数据。

```
> library (tidyverse)

> health <- read_csv ("health.csv")
```

成功地导入了 1475 个观测值和 9 个变量。为了快速查看数据，使用 glimpse() 命令显示变量名、数据类型和一些示例数据。

```
> glimpse(health)

Observations: 1,475
Variables: 9
$ systolic <dbl> 100, 112, 134, 108, 128, 102, 126, 124, 166, 138, 118, 124, 96, 116,...
$ weight   <dbl> 98.6, 96.9, 108.2, 84.8, 97.0, 102.4, 99.4, 53.6, 78.6, 135.5, 72.3,...
$ height   <dbl> 172.0, 186.0, 154.4, 168.9, 175.3, 150.5, 157.8, 162.4, 156.9, 180.2...
$ bmi      <dbl> 33.3, 28.0, 45.4, 29.7, 31.6, 45.2, 39.9, 20.3, 31.9, 41.7, 28.6, 31...
$ waist    <dbl> 120.4, 107.8, 120.3, 109.0, 111.1, 130.7, 113.2, 74.6, 102.8, 138.4,...
$ age      <dbl> 43, 57, 38, 75, 42, 63, 58, 26, 51, 61, 47, 52, 64, 55, 72, 80, 71, ...
$ diabetes <dbl> 0, 0, 0, 0, 0, 1, 0, 0, 1, 1, 0, 0, 0, 0, 0, 0, 0, 1, 0, 0, 1, 0,...
$ smoker   <dbl> 1, 0, 1, 0, 1, 0, 0, 1, 0, 0, 0, 1, 0, 0, 1, 0, 0, 0, 1, 1, 0, 0,...
$ fastfood <dbl> 5, 0, 2, 1, 1, 3, 6, 5, 0, 1, 0, 3, 0, 1, 0, 5, 0, 2, 1, 3, 2, 0, 12...
```

如前所述，收缩压是响应变量，其他变量是预测变量。注意，所有变量都以数字形式导入（准确地说是 dbl）。然而，糖尿病和吸烟变量实际上是分类变量。所以，需要使用 as.factor() 函数将这些变量转换成因子。

```
> health <- health %>%
  mutate(diabetes=as.factor(diabetes)) %>%
  mutate(smoker=as.factor(smoker))
```

4.5.2 探索数据

现在来探索数据。首先使用 summary() 函数来获得数据中数值变量的统计汇总。

```
> summary(health)

    systolic         weight          height          bmi            waist
 Min.   : 80.0   Min.   : 29.10   Min.   :141.2   Min.   :13.40   Min.   : 56.2
 1st Qu.:114.0   1st Qu.: 69.15   1st Qu.:163.8   1st Qu.:24.10   1st Qu.: 88.4
 Median :122.0   Median : 81.00   Median :170.3   Median :27.90   Median : 98.9
 Mean   :124.7   Mean   : 83.56   Mean   :170.2   Mean   :28.79   Mean   :100.0
 3rd Qu.:134.0   3rd Qu.: 94.50   3rd Qu.:176.8   3rd Qu.:32.10   3rd Qu.:109.5
 Max.   :224.0   Max.   :203.50   Max.   :200.4   Max.   :62.00   Max.   :176.0

      age          diabetes smoker       fastfood
```

```
Min.   : 20.00      0:1265    0:770   Min.   : 0.00
1st Qu.: 34.00      1: 210    1:705   1st Qu.: 0.00
Median : 49.00                        Median : 1.00
Mean   : 48.89                        Mean   : 2.14
3rd Qu.: 62.00                        3rd Qu.: 3.00
Max.   : 80.00                        Max.   :22.00
```

观察响应变量 systolic 的统计分布，发现其均值和中值相对接近，这表明数据是正态分布的。使用直方图，可以得到分布的可视化表示（见图 4.8）。

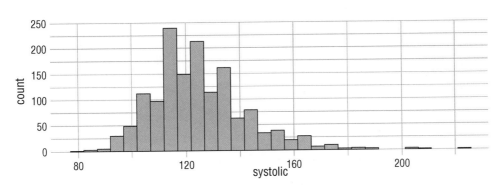

图 4.8　该人群的收缩压数据呈正态分布

```
> health %>%
ggplot () +
    geom_histogram (mapping=aes (x=systolic), fill = "lightblue", color =
"black") +
    theme_minimal()
```

直方图显示响应变量的数据是正态分布的。现在，用一组直方图来看看预测变量的统计分布。使用 tidyverse 包中 keep()、gather() 和 facet_wrap() 函数来实现（见图 4.9）。

```
> health %>%
    select (-systolic) %>%
    keep (is.numeric) %>%
    gather () %>%
    ggplot () +
        geom_histogram(mapping = aes(x=value,fill=key), color = "black") +
        facet_wrap (~ key, scales = "free") +
theme_minimal ()
```

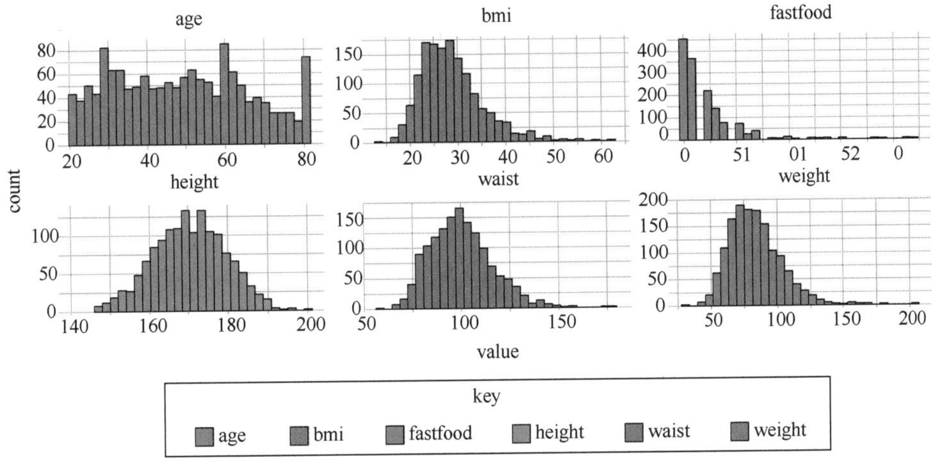

图 4.9　健康数据集中因变量的分布

可以发现 age 预测值呈近似均匀分布的。这意味着数据代表了不同年龄段的患者。这是意料之中的。fastfood 变量是右偏的。大多数患者过去一周吃快餐次数少于 5 次。其余的预测变量是正态分布的。目测数据中没有明显异常值需要处理。

作为数据探索过程的一部分，下一件事是查看连续变量之间的相关性。为此，使用前面介绍过的 cor() 函数。

```
> cor (health[, c ("systolic","weight","height","bmi","waist","age","fastfood")])

           systolic       weight      height         bmi       waist         age    fastfood
systolic 1.00000000  0.10021386  0.02301030  0.09054668  0.16813021  0.40170911 -0.08417538
weight   0.10021386  1.00000000  0.40622019  0.89152826  0.89928820 -0.02217221  0.05770725
height   0.02301030  0.40622019  1.00000000 -0.03848241  0.14544676 -0.12656952  0.10917107
bmi      0.09054668  0.89152826 -0.03848241  1.00000000  0.91253710  0.03379844  0.01003525
waist    0.16813021  0.89928820  0.14544676  0.91253710  1.00000000  0.19508769 -0.02167324
age      0.40170911 -0.02217221 -0.12656952  0.03379844  0.19508769  1.00000000 -0.30089756
fastfood -0.08417538  0.05770725  0.10917107  0.01003525 -0.02167324 -0.30089756  1.00000000
```

观察 systolic 列，可以发现 age 预测变量与 systolic 的相关性最强。其次是 waist 和 weight，两者与 systolic 的相关性较弱。值得注意的是，fastfood 变量与 systolic 呈负相关。这似乎不寻常，然而，由于负相关性非常低，所以不会对模型产生显著性影响。

4.5.3　简单线性回归模型的拟合

在前两部分中导入并探索数据。结果表明，age 预测变量与响应变量有最强的相关性。因此，从建立一个简单线性回归模型开始，以 age 作为预测变量，以 systolic 作为响应变量。

```
> health_mod1 <- lm (data=health, systolic~age)

> summary (health_mod1)

Call:
lm(formula = systolic ~ age, data = health)

Residuals:
    Min      1Q  Median      3Q     Max
-42.028 -10.109  -1.101   8.223  98.806

Coefficients:
            Estimate Std. Error t value Pr(>|t|)
(Intercept) 104.34474    1.28169   81.41   <2e-16 ***
age           0.41698    0.02477   16.84   <2e-16 ***
---
Signif. codes: 0 '***' 0.001 '**' 0.01 '*' 0.05 '.' 0.1 ' ' 1

Residual standard error: 16.14 on 1473 degrees of freedom
Multiple R-squared:  0.1614,  Adjusted R-squared:  0.1608
F-statistic: 283.4 on 1 and 1473 DF,  p-value: < 2.2e-16
```

结果表明，预测变量是显著的。age 系数表明，患者的年龄每增加 0.4 岁，他或她的收缩压预期会增加 1%。这意味着患者年龄越大，血压越高。

看看模型诊断，发现残差标准误差很低，且 F 统计量具有统计显著性。这两个指标都反映模型拟合程度良好。然而，多重 R^2 显示模型只能解释 16% 的响应变量可变性。接下来看看是否可以通过向模型中引入额外预测变量来进行改进。

4.5.4　多元线性回归模型的拟合

对于多元线性回归模型，从数据中的所有预测变量开始，并将 systolic 作为响应变量。

```
> health_mod2 <- lm (data=health, systolic~.)

> summary (health_mod2)

Call:
lm(formula = systolic ~ ., data = health)

Residuals:
    Min      1Q  Median      3Q     Max
-41.463 -10.105  -0.765   8.148 100.398

Coefficients:
             Estimate Std. Error t value Pr(>|t|)
(Intercept) 163.30026   33.52545   4.871 1.23e-06 ***
weight        0.55135    0.19835   2.780  0.00551 **
height       -0.39201    0.19553  -2.005  0.04516 *
bmi          -1.36839    0.57574  -2.377  0.01759 *
waist        -0.00955    0.08358  -0.114  0.90905
age           0.43345    0.03199  13.549  < 2e-16 ***
diabetes1     2.20636    1.26536   1.744  0.08143 .
smoker1       1.13983    0.90964   1.253  0.21039
fastfood      0.17638    0.15322   1.151  0.24985
---
Signif. codes:  0 '***' 0.001 '**' 0.01 '*' 0.05 '.' 0.1 ' ' 1

Residual standard error: 15.99 on 1466 degrees of freedom
Multiple R-squared: 0.1808,    Adjusted R-squared: 0.1763
F-statistic: 40.44 on 8 and 1466 DF,   p-value: < 2.2e-16
```

结果表明，模型中 weight、height、bmi、age 和 diabetes 的系数估计值是显著的。模型诊断显示残差标准误差轻微减少，调整后 R^2 略有增加且显著的 F 统计量大于 0。总的来说，这个模型的拟合度优于之前的模型。现在对新模型进行一些额外的诊断测试。

第一个测试是残差的零均值检验。

```
> mean (health_mod2$residuals)

[1] -1.121831e-15
```

残差均值非常接近于零，所以模型通过了测试。

接下来，测试残差的正态性（见图 4.10）。

```
> library (olsrr)

> ols_plot_resid_hist (health_mod2)
```

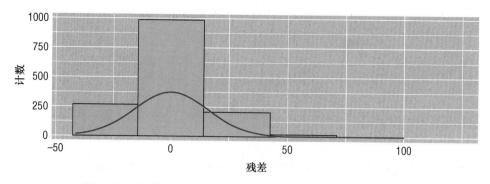

图 4.10　使用 ols_plot_resid_hist() 函数生成残差的直方图

残差图呈现正态分布，有轻微的右偏。这足够接近正态分布满足检验。

接下来，测试残差中是否存在异方差（见图 4.11）。

```
> ols_plot_resid_fit (health_mod2)
```

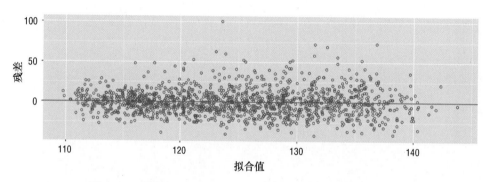

图 4.11　使用 ols_plot_resid_fit() 函数生成残差的散点图

图显示了原点周围点的均匀分布。残差与拟合值的分布不存在异方差。

接下来，对残差自相关进行测试。

```
> library (car)

> durbinWatsonTest (health_mod2)

 lag Autocorrelation D-W Statistic p-value
   1    -0.01985291     2.038055    0.456
Alternative hypothesis: rho != 0
```

Durbin-Watson 统计量为 2.04 且 p 值大于 0.05，不能拒绝"不存在一阶自相关"的零假设。因此，可以说残差不具有自相关性。

运行下一个诊断测试，该测试是通过为数据集生成库克距离函数的图来检查数据中有影响的点（见图 4.12）。

```
> ols_plot_cooksd_chart (health_mod2)
```

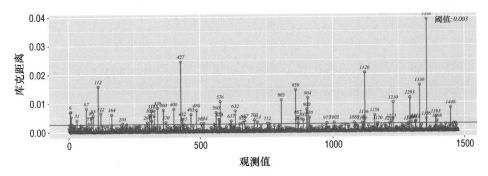

图 4.12　使用 ols_plot_cooksd_chart() 函数生成的健康数据集的库克距离图

图 4.12 显示，数据中确实存在几个有影响的点。1358 号观测值脱颖而出。让我们看一下该观测值：

```
> health[1358,]

# A tibble: 1 x 9
  systolic weight height   bmi waist   age diabetes smoker fastfood
     <dbl>  <dbl>  <dbl> <dbl> <dbl> <dbl> <fct>    <fct>     <dbl>
1      184   146.   180.  44.9  140.    26 0        0            14
```

并将这些值与整个数据集的统计汇总进行比较，如下所示：

```
> summary(health)

   systolic          weight          height            bmi            waist
 Min.   : 80.0   Min.   : 29.10   Min.   :141.2   Min.   :13.40   Min.   : 56.2
 1st Qu.:114.0   1st Qu.: 69.15   1st Qu.:163.8   1st Qu.:24.10   1st Qu.: 88.4
 Median :122.0   Median : 81.00   Median :170.3   Median :27.90   Median : 98.9
 Mean   :124.7   Mean   : 83.56   Mean   :170.2   Mean   :28.79   Mean   :100.0
 3rd Qu.:134.0   3rd Qu.: 94.50   3rd Qu.:176.8   3rd Qu.:32.10   3rd Qu.:109.5
 Max.   :224.0   Max.   :203.50   Max.   :200.4   Max.   :62.00   Max.   :176.0

      age         diabetes smoker     fastfood
 Min.   :20.00   0:1265   0:770   Min.   : 0.00
 1st Qu.:34.00   1: 210   1:705   1st Qu.: 1.00
 Median :49.00                    Median : 1.00
 Mean   :48.89                    Mean   : 2.14
 3rd Qu.:62.00                    3rd Qu.: 3.00
 Max.   :80.00                    Max.   :22.00
```

可以看到，与整个数据集中这些变量的均值和中值相比，观测值 1358 号的 weight、bmi、height、age 和 fastfood 的值有显著差异。

再看看其余异常值的统计分布，并将其与没有异常值的数据统计分布进行比较。为了做到这一点，需要列出构成有影响的点的所有观察结果，可以通过库克距离函数中异常值属性的观察列来得到这些观测值的索引值列表。

```
> outlier_index <-
as.numeric (unlist (ols_plot_cooksd_chart (health_mod2)$outliers[,"observation"]))

> outlier_index

 [1]    6    9   31   67   77   86   93  112  122  164  205  299  308  315  316  325
```

```
[17]   338   360   370   400   427   432   437   465   486   503   514   560   570   573   576   617
[33]   632   659   667   703   714   752   805   859   867   869   887   900   904   910   977  1005
[49]  1080  1109  1116  1120  1158  1170  1216  1223  1230  1288  1293  1299  1313  1315  1330  1356
[65]  1358  1393  1398  1448
```

列表中有 68 个观测值。现在有了异常值索引值，使用 summary() 命令来比较这两个数据集。首先，看一下仅包含异常值的统计汇总：

```
> summary (health[outlier_index,])

    systolic          weight           height           bmi            waist
 Min.   : 86.0   Min.   : 29.10   Min.   :144.2   Min.   :13.40   Min.   : 56.20
 1st Qu.:109.0   1st Qu.: 68.92   1st Qu.:159.5   1st Qu.:23.60   1st Qu.: 92.35
 Median :163.0   Median : 82.20   Median :167.2   Median :32.00   Median :111.20
 Mean   :149.4   Mean   : 91.73   Mean   :167.2   Mean   :32.26   Mean   :109.81
 3rd Qu.:174.0   3rd Qu.:109.03   3rd Qu.:174.2   3rd Qu.:38.42   3rd Qu.:124.92
 Max.   :224.0   Max.   :203.50   Max.   :193.3   Max.   :62.00   Max.   :172.20

      age         diabetes  smoker      fastfood
 Min.   : 21.00   0:44      0:29    Min.   : 0.000
 1st Qu.: 41.75   1:24      1:39    1st Qu.: 0.000
 Median : 56.00                    Median : 1.000
 Mean   : 55.50                    Mean   : 2.897
 3rd Qu.: 68.00                    3rd Qu.: 3.000
 Max.   : 80.00                    Max.   :18.000
```

接下来，将其与数据集中不包括异常值的点的统计汇总进行比较。

```
> summary (health[-outlier_index,])

    systolic          weigh            height           bmi            waist
 Min.   : 80.0   Min.   : 41.10   Min.   :141.2   Min.   :16.00   Min.   : 65.60
 1st Qu.:114.0   1st Qu.: 69.15   1st Qu.:164.0   1st Qu.:24.10   1st Qu.: 88.15
 Median :122.0   Median : 81.00   Median :170.4   Median :27.80   Median : 98.50
 Mean   :123.5   Mean   : 83.17   Mean   :170.3   Mean   :28.63   Mean   : 99.56
 3rd Qu.:134.0   3rd Qu.: 94.10   3rd Qu.:176.8   3rd Qu.:31.90   3rd Qu.:108.80
 Max.   :182.0   Max.   :180.20   Max.   :200.4   Max.   :59.00   Max.   :176.00

      age         diabetes  smoker      fastfood
 Min.   :20.00    0:1221    0:741   Min.   : 0.000
 1st Qu.:34.00    1: 186    1:666   1st Qu.: 0.000
 Median :48.00                      Median : 1.000
 Mean   :48.57                      Mean   : 2.103
 3rd Qu.:62.00                      3rd Qu.: 3.000
 Max.   :80.00                      Max.   :22.000
```

可以看到，每个变量对之间的均值和中值有轻微到中度的差异。虽然大多数变量对的最小值和最大值是相似的，但是体重变量的最小值和最大值有显著差异。为了改进模型，应该从数据集中删除这些有影响的点。但是，为了能够引用原始数据，需要从原始数据中创建一个不包含异常值的新数据集，称为 health2。

```
> health2 <- health[-outlier_index,]
```

最后诊断测试是多重共线性检验。

```
> ols_vif_tol (health_mod2)

# A tibble: 8 x 3
  Variables Tolerance    VIF
```

```
      <chr>          <dbl> <dbl>
1 weight         0.0104 96.1
2 height         0.0522 19.2
3 bmi            0.0125 80.0
4 waist          0.0952 10.5
5 age            0.588  1.70
6 diabetes1      0.887  1.13
7 smoker1        0.840  1.19
8 fastfood       0.896  1.12
```

weight、height、bmi 和 waist 的 VIF 远高于 5.0，显然存在多重共线性问题。这并不奇怪，由于 bmi 是用体重除以身高的平方来计算的，而腰围与体重高度相关。为了解决多重共线性问题，需要合并受影响变量或删除其中一些变量。由于这 4 个预测变量中体重的容忍度最低，所以选择放弃另外 3 个变量并保留 weight 变量。

对数据所做的更改以及对模型的新认识，让我们构建一个新的多元线性回归模型。

```
> health_mod3 <- lm (data=health2, systolic ~ weight+age+diabetes)

> summary (health_mod3)

Call:
lm (formula = systolic ~ weight + age + diabetes, data = health2)

Residuals:
    Min     1Q Median     3Q    Max
-38.825  -9.004 -0.177  8.222 49.679

Coefficients:
            Estimate Std. Error t value Pr(>|t|)
(Intercept) 96.62591    1.93014  50.062  < 2e-16 ***
weight       0.09535    0.01870   5.100 3.87e-07 ***
age          0.38372    0.02218  17.297  < 2e-16 ***
diabetes1    2.62446    1.11859   2.346   0.0191 *
---
Signif. codes: 0 '***' 0.001 '**' 0.01 '*' 0.05 '.' 0.1 ' ' 1

Residual standard error: 13.59 on 1403 degrees of freedom
Multiple R-squared:  0.2128,  Adjusted R-squared:  0.2111
F-statistic: 126.4 on 3 and 1403 DF,  p-value: < 2.2e-16
```

所有的预测变量都是显著的，所有模型诊断都显示出新的模型相较于以前模型有所改进。新模型现在解释了 21% 的响应变量可变性。这仍然是相当低的，所以看看是否可以进一步改进模型。

接下来需要考虑的两件事是预测变量之间存在交互作用的可能性，以及某些预测变量和响应变量之间存在非线性关系的可能性。

有理由认为，weight 和 diabetes 之间以及 age 和 diabetes 之间可能存在交互作用，因此将把这些可能的交互作用纳入模型中。用前面学习过的"*"操作符来指定它。

也可以合理地预期，age 与高血压之间的关系可能在所有年龄水平上都不是恒定的。随着患者年龄的增长，age 和 diabetes 之间的关系可能会加强。为了解释这种可能性，可以在模型中引入非线性预测变量。为此，在 health2 数据中添加了两个新变量——age^2（称之为 age2），和 log(age)（称之为 lage）。

```
> health2 <- health2 %>%
  mutate(age2=age^2,
         lage=log(age))
```

为了构建下一个模型，再次使用 olsrr 包中的 ols_step_both_p() 函数来执行变量选择。我们提供了原始数据集，以及糖尿病和其他 4 个因变量（weight、age、age2 和 lage）之间的交互作用。

```
> ols_step_both_p (
  model = lm (
    data = health2,
    systolic ~ weight * diabetes + age * diabetes + age2 * diabetes
    + lage * diabetes
  ),
  pent = 0.2,
  prem = 0.01,
  details = FALSE
 )
```

```
Final Model Output
------------------
```

```
                           Model Summary
---------------------------------------------------------------------
R                          0.467       RMSE               13.551
R-Squared                  0.218       Coef. Var          10.969
Adj. R-Squared             0.216       MSE               183.636
Pred R-Squared             0.213       MAE                10.626
---------------------------------------------------------------------
RMSE: Root Mean Square Error
MSE: Mean Square Error
MAE: Mean Absolute Error
```

```
                            ANOVA
---------------------------------------------------------------------------
               Sum of
               Squares        DF     Mean Square      F         Sig.
---------------------------------------------------------------------------
Regression    71747.979        4      17936.995    97.677    0.0000
Residual     257457.582     1402        183.636
Total        329205.561     1406
---------------------------------------------------------------------------
```

```
                        Parameter Estimates
----------------------------------------------------------------------------------
model             Beta     Std. Error   Std. Beta  t        Sig      lower    upper
----------------------------------------------------------------------------------
(Intercept)     142.588    14.796                  9.637    0.000   113.563  171.612
lage            -16.720     5.364       -0.411     -3.117    0.002   -27.243   -6.197
age               0.750     0.119        0.830      6.295    0.000     0.516    0.983
weight:diabetes0  0.096     0.019        0.209      5.077    0.000     0.059    0.134
weight:diabetes1  0.124     0.020        0.253      6.136    0.000     0.084    0.164
----------------------------------------------------------------------------------
```

```
                     Stepwise Selection Summary
------------------------------------------------------------------------------------
                        Added/              Adj.
Step    Variable        Removed   R-Square  R-Square   C(p)          AIC        RMSE
------------------------------------------------------------------------------------
  1   diabetes:age2     addition   0.200     0.199    30.1580    11362.6333   13.6970
  2      weight         addition   0.217     0.215     2.3790    11335.0892   13.5588
```

3	diabetes	addition	0.217	0.215	3.0660	11335.7725	13.5573
4	lage	addition	0.217	0.214	5.0560	11337.7626	13.5621
5	diabetes	removal	0.217	0.214	4.3590	11337.0698	13.5636
6	age2	addition	0.217	0.214	6.3590	11337.0698	13.5636
7	weight	removal	0.200	0.198	33.8080	11364.2895	13.7002
8	weight:diabetes	addition	0.217	0.214	5.4730	11338.1811	13.5641
9	diabetes:age2	removal	0.217	0.215	3.4960	11336.2045	13.5594
10	age	addition	0.218	0.216	3.1620	11335.8602	13.5529
11	age2	removal	0.218	0.216	1.8100	11334.5121	13.5512

结果表明，新模型比以前的模型有所改进。该模型现在解释了 21.6% 的响应变量可变性。这比开始时的模型要好，但仍然相当低，这表明数据存在局限性。为了得到能够更好地解释响应变量可变性的模型，需要更多与响应变量相关的预测变量。例如，模型中可以包含有关性别、家族病史和锻炼习惯的信息。

然而，同样需要注意的是，在处理行为数据时，构建一个模型来解释响应变量中的大部分可变性是很困难的。这是人类行为不可预知的结果。

从模型系数估计值输出结果来看，lage、age、weight:diabetes0 和 weight:diabetes1 都是显著的。这表明年龄和血压之间存在非线性关系，还表明体重和糖尿病之间存在交互作用。体重和糖尿病的交互作用可以解释为：对于没有糖尿病的患者，体重每增加 1kg 会导致收缩压升高 0.96%；然而，对于糖尿病患者来说，体重每增加 1kg 会导致收缩压升高 1.24%。

4.6 练习

练习 1．你正在与一家电影制作公司合作，评估新故事片的潜在成功概率。在开始工作时，你收集了过去 10 年发行所有故事片的数据。确定出你认为有助于分析的 5 个变量。描述你对每个变量的期望，说明你认为它与票房收入是正相关还是负相关，以及你认为每个相关性是相对强、中等还是弱。

练习 2．使用本章案例中的血压数据集，生成相关性图。使用 corrplot.mixed() 函数生成一个图，直观地显示对角线上方和下方的相关系数，并对你的研究结果进行解释。

练习 3．你正在处理大学录取数据，并试图确定你是否可以根据学生的大学入学考试分数来预测他们的未来 GPA。该考试的分数是 0 ～ 100 分，而 GPA 是 0.0 ～ 4.0 分。

```
Call:
lm(formula = gpa ~ test)

Residuals:
    Min     1Q  Median     3Q     Max
-0.3050 -0.1237  0.0525  0.1412  0.2000

Coefficients:
            Estimate Std. Error t value Pr(>|t|)
(Intercept) 0.695000  0.531954   1.307   0.2392
test        0.033000  0.006205   5.318   0.0018 **
---
```

当构建回归模型时，会得到以下结果：

```
Signif. codes: 0 '***' 0.001 '**' 0.01 '*' 0.05 '.' 0.1 ' ' 1

Residual standard error: 0.1962 on 6 degrees of freedom
Multiple R-squared: 0.825,    Adjusted R-squared: 0.7958
F-statistic: 28.29 on 1 and 6 DF,     p-value: 0.001798
```

a. 根据这个模型，入学考试分数提高 1 分会对学生的 GPA 的预测有什么影响？

b. 如果一个学生在入学考试中得了 82 分，你预测他的 GPA 是多少？

c. 如果另一个学生在入学考试中得了 97 分，你预测他的 GPA 是多少？

d. 基于调整 R^2，这个模型与数据的拟合程度如何？

练习 4. 返回到自行车租赁数据集，使用 R 创建一个简单的回归模型，该模型旨在根据空气温度预测实际的户外感知温度。解释你的模型并描述它与数据的拟合程度。

练习 5. 在练习 3 中构建回归模型之后，返回到同一个数据集，并想知道学生在申请时的年龄是否也是影响其 GPA 的一个因素。将此元素添加到多元回归模型中，会得到如下的结果：

```
Call:
lm(formula = gpa ~ test + age)

Residuals:
     1        2        3        4        5        6        7
-0.16842  0.02851 -0.07939  0.13158  0.07456  0.12807 -0.11798
     8
 0.00307

Coefficients:
            Estimate Std. Error t value Pr(>|t|)
(Intercept) -1.900439   0.984841  -1.930  0.11153
test         0.025702   0.004937   5.206  0.00345 **
age          0.182456   0.064412   2.833  0.03656 *
---
Signif. codes: 0 '***' 0.001 '**' 0.01 '*' 0.05 '.' 0.1 ' ' 1

Residual standard error: 0.1332 on 5 degrees of freedom
Multiple R-squared: 0.9328,     Adjusted R-squared:  0.9059
F-statistic: 34.71 on 2 and 5 DF,  p-value: 0.00117
```

a. 根据这个模型，招生考试分数提高 1%，对学生的 GPA 预测有什么影响？年龄增长一岁怎么样呢？

b. 如果一个学生在入学考试中得了 82 分，并且在申请入学时是 17 岁，你预测他的 GPA 是多少？

c. 如果另一个学生在入学考试中得了 97 分，并且在申请时已经 19 岁了，你会预测他的 GPA 是多少？

d. 基于调整 R^2，该模型与数据的拟合程度如何？与练习 3 中模型相比如何？

练习 6. 回到自行车租赁数据集，将练习 4 中的简单回归模型转换为基于温度、风速和温度预测户外感知温度的多元回归模型。与练习 4 中创建的模型相比，解释你的模型并描述它与数据的拟合程度。

第 5 章

logistic 回归

在第 4 章中讨论了分析师如何使用线性回归来预测数值变量与一个或多个自变量的关系。对于这些情况，线性回归是一个有用的工具，但它并不适合所有类型的问题。特别是，当预测分类变量时，线性回归就不能很好地工作。例如，预测潜在客户是否属于大客户、回头客、一次性客户或非客户类别，预测在医学影像扫描中检测的肿瘤是良性还是恶性。这些问题（试图预测变量属于某一类别的问题）被称为分类问题。

在本章中将探讨用于分类问题建模的几种技术中的第一种：logistic 回归。线性回归试图预测数值型响应变量，logistic 回归预测分类型响应变量的概率。正如在本章中将看到的，可以扩展 logistic 回归来处理有两种以上可能结果的问题。

在本章结束时，你将学到以下内容：

- ◆ 回归与分类的区别；
- ◆ logistic 回归背后的统计原理和概念；
- ◆ logistic 回归如何适应广义线性模型的大家族；
- ◆ 如何用 R 语言建立 logistic 回归模型；
- ◆ 如何评价、解释、改进和应用 logistic 回归模型的结果；
- ◆ logistic 回归模型的优缺点。

5.1 寻找潜在捐赠者

本章探讨 logistic 回归时，将使用一个真实的例子来支持我们的研究。数据集来源于一个国家退伍军人组织，该组织经常通过直接邮寄活动向其现有和潜在捐赠者数据库募集捐款。该组织向一组潜在捐赠者发送一封测试邮件，并收集了对该测试邮件的回应信息。该数据集最初是为第二届国际知识发现和数据挖掘工具竞赛而收集的。

想象一下，我们被退伍军人组织雇佣，根据他们执行的测试邮件的结果来决定哪些捐赠者最有可能对未来的邮件做出响应。目标是使用测试邮件数据来构建一个模型，该模型允许组织预测未来哪些潜在捐赠者应该收到测试邮件。为此，把数据分成两部分。第一部分是训练集，将使用训练集来开发模型。第二部分是测试集，通过将模型的预测结果与测试数据中的实际结果进行比较，使用测试集来评估模型的性能。

数据集包括用于分析的几个人口统计学变量，如下所示。

- age 是捐赠者的年龄，以年为单位。
- numberChildren 是捐赠者家庭中的孩子数量。
- incomeRating 是捐赠者年收入的相对衡量标准，范围为 1～7（7 是最高的），而 wealthRating 是捐赠者总财富的类似衡量标准，范围为 1～9。
- mailOrderPurchases 是已知捐赠者通过邮购渠道进行的购买数量。
- state 是捐赠者居住的美国州的名称。
- urbanicity 是描述捐赠者居住区域的分类变量，其值如下：
  - rural（农村）；
  - suburb（郊区）；
  - town（城镇）；
  - urban（城市）；
  - city（都市）。
- socioEconomicStatus 描述捐赠者社会经济阶层的分类变量，其值如下：
  - highest（最高）；
  - average（平均）；
  - lowest（最低）。
- isHomeowner 为 TRUE，捐赠者是房主。NA 表示捐赠者是否是房主尚不清楚。注意，此字段不包含 FALSE 值。
- gender 是描述捐献者性别的分类变量，其值如下：
  - female（女性）；
  - male（男性）；
  - joint（联合）（账户属于两人或两人以上）。

除了这些人口统计信息，还有一些关于捐赠者过去捐赠模式的变量，包括以下内容。

- totalGivingAmount 是捐赠者在整个捐赠历史中的捐赠总额。
- numberGifts 是捐赠者在整个捐赠历史中的捐赠数。
- smallestGiftAmount 是从捐赠者那里收到的最小一笔捐赠的金额。
- largestGiftAmount 是从捐赠者那里收到的最大一笔捐赠的金额。
- averageGiftAmount 是捐赠者的平均捐赠金额，以美元为单位。
- yearsSinceFirstDonation 是自捐赠者向该组织做出第一笔捐赠以来已经过的年数。
- monthsSinceLastDonation 是自捐赠者向该组织提供最近一笔捐赠以来已经过的月数。
- inHouseDonor 是一个逻辑值，表示捐赠者是否参与了"内部"募捐计划。
- plannedGivingDonor 是一个逻辑值，表示捐赠者是否已指定该组织作为其遗产捐赠的接受者。
- sweepstakesDonger 是一个逻辑值，表示捐赠者是否参与了该组织的任何募捐活动。

- P3Donor 是一个逻辑值，表示捐赠者是否参与了"P3"募捐计划。

最后，该数据集包含一个名为 respondedMailing 的变量，该变量指示潜在捐赠者是否为响应测试邮件而进行捐赠的金额。

鉴于所提供的问题和数据，需要回答以下几个问题。

- 根据所掌握的信息，在多大程度上预测未来捐赠者是否对活动做出回应？
- 如何解释某一特定变量的变化对捐赠者回应或不回应邮件的概率的影响？

到本章结束时，使用 logistic 回归和相关技术回答这些问题。

5.2 分类

为了解决面临的问题，尝试使用与第 4 章（线性回归）相同的方法来预测这个问题的因变量。然而，第 4 章中讨论的问题和这个问题之间有一个关键的区别。我们试图预测的测试邮件的结果是潜在捐赠者是否会回应邮件的一个指标。因变量 respondedMailing 要么为真，要么为假。这是一个明确的回答。第 4 章中讨论的问题的响应变量都是连续值。线性回归擅长处理那些类型的问题。

可以尝试用一些方法来修改当前的问题，使其更适合线性回归。一种方法是将响应编码为数值变量，例如 0 表示假，1 表示真。这将分类响应变量转换成了"某种程度上连续"的响应变量。通过这种方法，可以将低于 0.5 的预测值解释为假，高于 0.5 的预测值解释为真。这种方法有一些严重的缺陷。首先，虽然这种方法可以适用于特定问题，但它不能很好地推广到其他问题，尤其是具有两个以上响应变量的问题。例如，假设我们试图根据汽车的其他变量来预测一辆汽车应该被涂成蓝色、红色还是绿色。如何给这些颜色赋值？下面 6 个选项应该选择哪一个？

颜色	选项 1	选项 2	选项 3	选项 4	选项 5	选项 6
蓝色	0	2	0	1	1	2
红色	1	0	2	2	0	1
绿色	2	1	1	0	2	0

这是一个任意的选择，而且，它似乎表明颜色的顺序是这样的：对于选项 1，绿色的价值是红色的两倍，两者都比蓝色更有价值。还可以选择不同方案，其中红色可以是 −1，蓝色是 0，绿色是 1。这种方法也存在一系列问题，包括根据使用的值来改变模型系数。

使用线性回归来解决这个问题的另一个挑战是，通过拟合直线，可以使响应变量大于或小于决策边界 0 和 1。那么响应变量值为 20 或 −50 时应该如何解释？

由于线性回归推广到这些场景方面的局限性，我们倾向于使用不同类型的方法，用分类代替回归。分类技术是专门为预测两个或多个值而设计的。本书中将介绍各种分类技术。本章中介绍的第一种方法，扩展了第 4 章中的回归方法，使其适用于分类响应变量。

这种技术被称为 logistic 回归。

5.3 logistic 回归

logistic 回归不像线性回归那样直接对响应变量进行建模，而是对特定响应变量值的概率进行建模。将这一思想应用于本章中的问题，logistic 回归模型将预测 respondedMailing 值为真的概率，而不是预测 respondedMailing 的值。使用 MonthsSincelastDonation 作为预测变量，模型如下：

$$Pr(respondedMailing = True \mid months Sin cel LastDonation) \tag{5.1}$$

如果用 X 和 Y 来代表方程中的变量，假设真由 1 表示，假由 0 表示，那么模型可以写为：

$$Pr(Y=1|X) \tag{5.2}$$

重申一下，我们预测的是给定 X 的情况下 Y 的概率，或者说，退伍军人组织数据的情况下，尝试预测某人自上次捐赠以来的几个月回应邮件的概率。

因为这是一个概率，其期望值在 0～1 之间，并且希望将该值解释为对响应变量为真的可能性的预测。例如，如果公式（5.1）中的模型预测值为 0.8，将其解释为该人回应邮件的可能性为 80%，而预测值为 0.3 则表示回应的可能性为 30%。

在第 4 章中，我们了解到回归分析涉及三个关键部分——响应变量、预测变量和系数，这三个部分之间的关系是使用函数 $Y \approx f(X,\beta)$ 建模的。如前所述，logistic 回归侧重于对响应概率进行建模，如公式（5.2）中，即 $Pr(Y=1|X)$。这意味着，为了像线性回归一样使用直线函数对响应变量进行建模，函数将定义如下：

$$Pr(Y=1|X)=\beta_0+\beta_1 X \tag{5.3}$$

基于该公式的拟合线如图 5.1（a）所示。如我们所见，该图说明了我们之前讨论的这种方法的局限性。

当 monthsSinceLastDonation 的值接近 20 时，我们可以看到预测概率开始出现负值。这是不合理的。如何解释事情发生 −10% 的可能性？为了克服这个挑战，需要用非线性函数来拟合回归线。这个函数就是 logistic 函数。

$$p(X) = Pr(Y = 1 \mid X) = \frac{e^{\beta_0+\beta_1 X}}{1 + e^{\beta_0+\beta_1 X}} \tag{5.4}$$

对于 X 的所有可能值，logistic 函数的输出总是在 0 和 1 之间。图 5.1（b）中的曲线说明了这一点。logistic 函数生成一条 sigmoid 形曲线，接近 0 和 1，但从不超过 0 和 1，这种曲线被称为 sigmoid 形曲线。与基于线性回归函数的直线相比，这种 sigmoid 曲线在拟合数据中的概率方面做得更好。

正如第 4 章中对线性回归所做的那样，拟合 logistic 回归模型的目标是确定最接近 X 和 Y 之间关系的 β_0 和 β_1 的值。但是，与线性回归使用的普通最小二乘法不同，logistic 回归使用的是最大似然估计法。最大似然估计（Maximum Likelihood Estimation，MLE）是一种更复杂的统计方法，用于估计仅基于抽样数据来估计模型的参数。这个方法的细节超出了本书的范围。有关最大似然估计的更深入的解释，请参阅罗素·B. 弥勒（Russel B.Millar）的《最大似然估计和推断》一书。

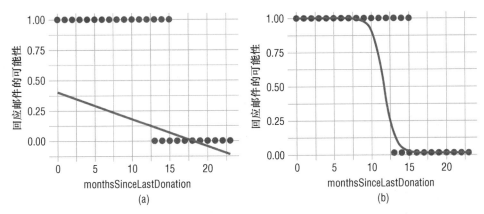

图 5.1　使用线性回归中的直线函数（a）和 logistic 回归中的 sigmoid 函数（b）拟合 respondedMailing 变量的概率线

本节开始时，讨论了 logistic 回归与线性回归在如何对响应变量进行建模方面的不同。值得注意的是，就如何解释模型而言，logistic 回归也不同于线性回归。在简单线性回归中，β_0 是 $X=0$ 时 Y 的期望值，β_1 是 X 每增加一个单位 Y 的平均期望增加值。然而，在 logistic 回归中，β_1 是 X 变化一个单位导致 $\Pr(Y=1|X)$ 的对数优势的相应变化。这是什么意思？为了理解这一点，先来讨论什么是优势比，什么是对数优势比。

5.3.1　优势比

事件发生的优势比是某一事件发生的可能性（或概率）对于事件不发生的可能性的比例。例如，如果某一事件发生的概率是 X，那么它不发生的概率是 $1-X$；因此，事件的优势比是 $\dfrac{X}{1-X}$。优势比常用于赛马、体育、流行病学等。在体育运动中，人们常常谈论获胜的优势比，而不是获胜的概率。这两个指标有何不同？假设 A 队和 B 队的 10 场篮球比赛中，A 队赢了 6 场。可以说 A 队赢得下一场比赛的概率是 60%，或者说是 0.6（6/10），然而，他们赢得下一场比赛的优势比是 0.6/0.4=1.5。

将优势比的概念应用于 logistic 函数 $p(X)$，$\Pr(Y=1|X)$ 的优势比如下：

$$\frac{p(X)}{1-p(X)} \tag{5.5}$$

根据公式（5.4）中 $p(X)$ 的定义，我们可以定义 $1-p(X)$ 如下：

$$1-\frac{e^{\beta_0+\beta_1 X}}{1+e^{\beta_0+\beta_1 X}}=\frac{1}{1+e^{\beta_0+\beta_1 X}} \tag{5.6}$$

将公式（5.4）和公式（5.6）应用于公式（5.5）中我们对概率的优势比的定义 $\Pr(Y=1|X)$，得到如下结果：

$$\frac{p(X)}{1-p(X)} = e^{\beta_0 + \beta_1 X} \tag{5.7}$$

根据这个等式，可以看到 X 每增加一个单位，会使 $p(X)$ 的优势比增加 e^{β_1} 倍。重要的是要注意，如果 $\beta<1$，即 $e^{\beta_1}<1$。这意味着随着 X 的增加，$p(X)$ 的优势比会降低。反之，如果 $\beta>1$，那么 $e^{\beta_1}>1$。这意味着随着 X 的增加，$p(X)$ 的优势比也会增加。通过取公式（5.7）的对数，可以得到 $p(X)$ 的对数优势比，也称为 logit。

$$\log\left(\frac{p(X)}{1-p(X)}\right) = \beta_0 + \beta_1 X \tag{5.8}$$

如我们所见，logit（或 logistic unit）是预测变量的线性组合。回到公式（5.4）中 logistic 函数的定义，可以认为 logistic 函数是一个数学函数，将 $p(X)$ 的对数优势比转换为概率，这就得到了我们前面看到的 sigmoid 曲线。这解释了为什么 X 增加一个单位会使 $p(X)$ 的对数优势比改变 β_1。

优势比、对数优势比和概率

　　为了更好地理解优势比、对数优势比和概率之间的关系，直观地说明这些值如何相互变化是很有用的。第一幅图显示了对数优势比和事件优势比之间的关系。我们看到对数优势比为负值时，随着对数优势比的增加，优势比在 0～1 之间缓慢增加。然而，当对数优势比变为正时，对数优势比的增加会导致优势比呈指数增长。

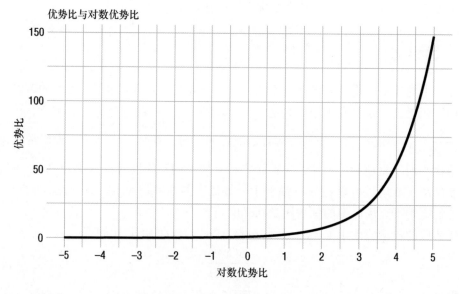

　　第二幅图显示了优势比和概率之间的关系。这里我们看到事件发生的概率随着事件优势比的增加而增加。然而，当一个事件的优势比超过 1 时，概率的增长速度开始减慢。

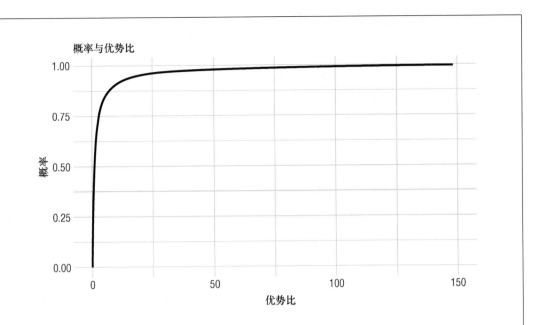

最后一幅图显示了对数优势比和概率之间的关系。因为我们知道 logistic 回归模型的系数是对数优势比，这个例子显示 logistic 回归模型的系数值与建模结果概率之间的关系。负对数优势比对应于低于 0.5 的概率值，而正对数优势比对应于高于 0.5 的概率值。

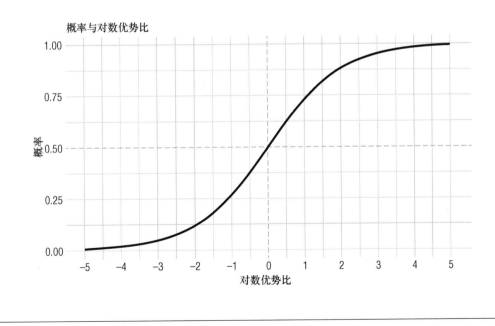

5.3.2 二分类 logistic 回归模型

在对 logistic 回归的工作原理有了理论上的认识以后，需要将其付诸实践。根据响应变量的性质，logistic 回归有不同的形式。捐赠者数据集的响应变量是二分类变量的，这意味着它只有两个可能的值。用于对此类数据集进行建模的 logistic 回归类型称为二分类 logistic 回归。本节将演示如何在 R 中训练二分类 logistic 回归模型。首先使用 tidyverse 包中的 read_csv() 函数导入数据，如下所示：

```
> library(tidyverse)
> donors <- read_csv("donors.csv", col_types = "nnffnnnnnnnnffffffffff")
```

现在需要花些时间来探索和准备数据。第一件事是使用 glimpse() 函数获取数据的高级视图。

```
> glimpse(donors)

Observations: 95,412
Variables: 22
$ age                     <dbl>60, 46, NA, 70, 78, NA, 38, NA, NA, 65, NA, 75,...
$ numberChildren          <dbl> NA, 1, NA, NA, 1, NA, 1, NA, NA, NA, NA, NA, 2,...
$ incomeRating            <fct> NA, 6, 3, 1, 3, NA, 4, 2, 3, NA, 2, 1, 4, NA, 4...
$ wealthRating            <fct> NA, 9, 1, 4, 2, NA, 6, 9, 2, NA, 0, 5, 2, NA, 6...
$ mailOrderPurchases      <dbl> 0, 16, 2, 2, 60, 0, 0, 1, 0, 0, 3, 16, 0, 17,...
$ totalGivingAmount       <dbl> 240, 47, 202, 109, 254, 51, 107, 31, 199, 28, 2...
$ numberGifts             <dbl> 31, 3, 27, 16, 37, 4, 14, 5, 11, 3, 1, 2, 9, 12...
$ smallestGiftAmount      <dbl> 5, 10, 2, 2, 3, 10, 3, 5, 10, 3, 20, 10, 4, 5,...
$ largestGiftAmount       <dbl> 12, 25, 16, 11, 15, 16, 12, 11, 22, 15, 20, 15,...
$ averageGiftAmount       <dbl> 7.741935, 15.666667, 7.481481, 6.812500, 6.8648...
$ yearsSinceFirstDonation <dbl> 8, 3, 7, 10, 11, 3, 10, 3, 9, 3, 1, 1, 8, 5, 4,...
$ monthsSinceLastDonation <dbl> 14, 14, 14, 14, 13, 20, 22, 18, 19, 22, 12, 14,...
$ inHouseDonor            <fct> FALSE, FALSE, FALSE, FALSE, TRUE, FALSE, FALSE,...
$ plannedGivingDonor      <fct> FALSE, FALSE, FALSE, FALSE, FALSE, FALSE, FALSE...
$ sweepstakesDonor        <fct> FALSE, FALSE, FALSE, FALSE, FALSE, FALSE, FALSE...
$ P3Donor                 <fct> FALSE, FALSE, FALSE, FALSE, TRUE, FALSE, FALSE,...
$ state                   <fct> IL, CA, NC, CA, FL, AL, IN, LA, IA, TN, KS, IN,...
$ urbanicity              <fct> town, suburb, rural, rural, suburb, town, town,...
$ socioEconomicStatus     <fct> average, highest, average, average, average, av...
$ isHomeowner             <fct> NA, TRUE, NA, NA, TRUE, NA, TRUE, NA, NA, NA, N...
$ gender                  <fct> female, male, male, female, female, NA, female,...
$ respondedMailing        <fct> FALSE, FALSE, FALSE, FALSE, FALSE, FALSE, FALSE...
```

从输出结果可以看到，数据集包含 95 412 个观测值和 22 个变量（或特征）。数据中有两种类型的变量：12 个分类变量和 10 个连续变量。按类型来看看它们，从分类变量开始。summary() 函数是一个很好的开始，为我们提供了每个变量的统计分布。

```
> donors %>%
    keep(is.factor) %>%
    summary()

 incomeRating    wealthRating    inHouseDonor    plannedGivingDonor
5     :15451    9     : 7585    FALSE:88709    FALSE:95298
2     :13114    8     : 6793    TRUE : 6703    TRUE :  114
4     :12732    7     : 6198
1     : 9022    6     : 5825
3     : 8558    5     : 5280
(Other):15249    (Other):18999
```

```
      NA's   :21286   NA's   :44732
sweepstakesDonor  P3Donor         state        urbanicity
FALSE:93795      FALSE:93395   CA     :17343   town  :19527
TRUE : 1617      TRUE : 2017   FL     : 8376   suburb:21924
                               TX     : 7535   rural :19790
                               IL     : 6420   urban :12166
                               MI     : 5654   city  :19689
                               NC     : 4160   NA's  : 2316
                               (Other):45924

socioEconomicStatus isHomeowner     gender       respondedMailing
average:48638       TRUE:52354   female:51277    FALSE:90569
highest:28498       NA's:43058   male  :39094    TRUE : 4843
lowest :15960                    joint :  365
NA's   : 2316                    NA's  : 4676
```

这里使用 tidyverse 包中的 keep() 函数，只选择分类变量（因子数据类型）。结果表明，有大量的数据信息丢失，如 NA 计数所示。我们需要解决这个问题，因为 logistic 回归不太适合处理缺失值。回想一下，在第 4 章中提到的回归方法被用来模拟数值关系的大小和强度，但是缺失值的大小和强度无法进行建模。

1. 处理缺失数据

在第 3 章中讨论了缺失值的概念，这是常见的数据质量问题。在那一章还介绍了几种处理缺失数据的方法，其中一些将在这里使用。从 incomeRating 变量开始，首先使用 R 中的 table() 函数创建一个频率表，然后使用 prop.table() 函数将该表转换成比例，从而得到该变量的分数频率分布。注意，还必须使用table()函数中的exclude=NULL参数使结果中包含NA值。

```
> donors %>%
  select(incomeRating) %>%
  table(exclude=NULL) %>%
  prop.table()
        6          3          1          4          2          7          5        <NA>
0.08152014 0.08969522 0.09455834 0.13344233 0.13744602 0.07830252 0.16193980 0.22309563
```

结果表明，有 22.31% 的 incomeRating 数据是缺失的，这是观察结果中很大的一部分。我们不应该仅仅因为"遗漏"就从数据集中删除那么多的观测值。因此，需要指定一个伪值来代表缺失值。这弥补了 logistic 回归不能处理 NA 值的缺陷，所以我们用一个替代值来代替缺失值。在这里，使用 UNK 作为变量值：

```
> donors <- donors %>%
  mutate(incomeRating = as.character(incomeRating)) %>%
  mutate(incomeRating = as.factor(ifelse(is.na(incomeRating), 'UNK',
incomeRating)))
> donors %>%
  select(incomeRating) %>%
  table() %>%
  prop.table()
        1          2          3          4          5          6          7        UNK
0.09455834 0.13744602 0.08969522 0.13344233 0.16193980 0.08152014 0.07830252 0.22309563
```

这种方法也可以应用于其他缺失数据的变量。

```
> donors <- donors %>%
  mutate(wealthRating = as.character(wealthRating)) %>%
  mutate(wealthRating = as.factor(ifelse(is.na(wealthRating), 'UNK',
```

```
wealthRating))) %>%
  mutate(urbanicity = as.character(urbanicity)) %>%
  mutate(urbanicity = as.factor(ifelse(is.na(urbanicity), 'UNK',
urbanicity))) %>%
  mutate(socioEconomicStatus = as.character(socioEconomicStatus)) %>%
  mutate(socioEconomicStatus = as.factor(ifelse(is.
na(socioEconomicStatus), 'UNK', socioEconomicStatus))) %>%
  mutate(isHomeowner = as.character(isHomeowner)) %>%
  mutate(isHomeowner = as.factor(ifelse(is.na(isHomeowner), 'UNK',
isHomeowner))) %>%
  mutate(gender = as.character(gender)) %>%
  mutate(gender = as.factor(ifelse(is.na(gender), 'UNK', gender)))

> donors %>%
  keep(is.factor) %>%
  summary()

 incomeRating      wealthRating     inHouseDonor    plannedGivingDonor
 UNK    :21286    UNK    :44732    FALSE:88709     FALSE:95298
 5      :15451    9      : 7585    TRUE : 6703     TRUE :  114
 2      :13114    8      : 6793
 4      :12732    7      : 6198
 1      : 9022    6      : 5825
 3      : 8558    5      : 5280
 (Other):15249    (Other):18999

 sweepstakesDonor  P3Donor             state         urbanicity
 FALSE:93795      FALSE:93395      CA     :17343    city  :19689
 TRUE : 1617      TRUE : 2017      FL     : 8376    rural :19790
                                   TX     : 7535    suburb:21924
                                   IL     : 6420    town  :19527
                                   MI     : 5654    UNK   : 2316
                                   NC     : 4160    urban :12166
                                   (Other): 45924

 socioEconomicStatus isHomeowner       gender       respondedMailing
 average:48638       TRUE:52354    female:51277    FALSE:90569
 highest:28498       UNK :43058    joint :  365    TRUE : 4843
 lowest :15960                     male  :39094
 UNK    : 2316                     UNK   : 4676
```

现在已经解决了分类数据中缺失值的问题，接下来看看连续变量。就像对分类变量所做的那样，我们从查看数据的统计汇总开始。

```
> donors %>%
  keep(is.numeric) %>%
  summary()

      age          numberChildren   mailOrderPurchases  totalGivingAmount
 Min.   : 1.00    Min.   :1.00     Min.   :  0.000     Min.   :  13.0
 1st Qu.:48.00    1st Qu.:1.00     1st Qu.:  0.000     1st Qu.:  40.0
 Median :62.00    Median :1.00     Median :  0.000     Median :  78.0
 Mean   :61.61    Mean   :1.53     Mean   :  3.321     Mean   : 104.5
 3rd Qu.:75.00    3rd Qu.:2.00     3rd Qu.:  3.000     3rd Qu.: 131.0
 Max.   :98.00    Max.   :7.00     Max.   :241.000     Max.   :9485.0
 NA's   :23665    NA's   :83026

  numberGifts      smallestGiftAmount largestGiftAmount  averageGiftAmount
 Min.   : 1.000   Min.   :  0.000    Min.   :  5        Min.   :  1.286
 1st Qu.: 3.000   1st Qu.:  3.000    1st Qu.: 14        1st Qu.:  8.385
 Median : 7.000   Median :  5.000    Median : 17        Median : 11.636
 Mean   : 9.602   Mean   :  7.934    Mean   : 20        Mean   : 13.348
 3rd Qu.: 13.000  3rd Qu.: 10.000    3rd Qu.: 23        3rd Qu.: 15.478
```

```
Max.    :237.000  Max.    :1000.000  Max.    :5000     Max.    :1000.000

yearsSinceFirstDonation monthsSinceLastDonation
Min.    : 0.000         Min.    : 0.00
1st Qu.: 2.000          1st Qu.:12.00
Median : 5.000          Median :14.00
Mean   : 5.596          Mean   :14.36
3rd Qu.: 9.000          3rd Qu.:17.00
Max.    :13.000         Max.    :23.00
```

可以看到 age 和 numberChildren 变量都存在大量缺失值。对于 age 变量,可以使用均值插补作为处理缺失值的方法。注意,不是简单地使用数据中所有年龄值的平均值,而是按性别分组的年龄值的平均值。

```
> donors <- donors %>%
  group_by(gender) %>%
  mutate(age = ifelse(is.na(age), mean(age, na.rm = TRUE), age)) %>%
  ungroup()

> donors %>%
  select(age) %>%
  summary()

     age
Min.    : 1.00
1st Qu.:52.00
Median :61.95
Mean    :61.67
3rd Qu.:71.00
Max.    :98.00
```

提示:在处理缺失值时,应始终注意不要明显改变原始数据的结构特征。验证数据在插补过程中保持其整体结构的一个简单方法是评估缺失值填写前后数据的统计汇总。例如,这里使用均值插补法来处理 age 变量的缺失值。验证方法包括在插补过程前后查看该变量的统计汇总,以确保最小值、第一四分位数、中值、均值、第三四分位数以及最大值没有明显改变。结果表明,这些统计汇总没有发生明显改变。

存在缺失值的第二个变量是 numberChildren。在这里,使用与年龄变量相同的均值插补法来处理是不合适的。首先,使用按性别划分的儿童平均数没有逻辑意义。其次,如果简单地使用非缺失数据的均值,将会得到像 1.53 这样的数据,对于儿童数来说,这样的变量是不合理的。所以,这次我们将使用中值插补来替代缺失值。

```
> donors <- donors %>%
    mutate(numberChildren = ifelse(is.na(numberChildren),
                                   median(numberChildren, na.rm = TRUE),
                                   numberChildren))

> donors %>%
  select(numberChildren) %>%
  summary()

numberChildren
 Min.    :1.000
 1st Qu.:1.000
 Median :1.000
 Mean    :1.069
 3rd Qu.:1.000
 Max.    :7.000
```

现在已经解决了年龄（age）和儿童数（numberChildren）的缺失值问题，接下来评估一下其他变量。从汇总统计数据中可以看到，与均值和中值相比，mailOrderPurchases、totalGivingAmount、numberGifts、smallestGiftAmount、largestGiftAmount 和 averageGiftAmount 的最大值相当高，这表明数据中存在异常值。

2. 处理异常值

图 5.2 显示了六个特征变量的分布，从中可以确定这些变量具有异常数据。每张图表都以比汇总统计数据更直观的方式进一步说明了问题。我们注意到，每个图表上的数据分布都是右偏的，大多数值都聚集在较低的范围内。

处理异常数据有几种方法。一种方法是根据数据的统计变量使用简单的经验法则。该规则背后的原则是，任何大于或小于四分位距（IQR）1.5 倍的值都被标记为异常值，应从数据中删除。

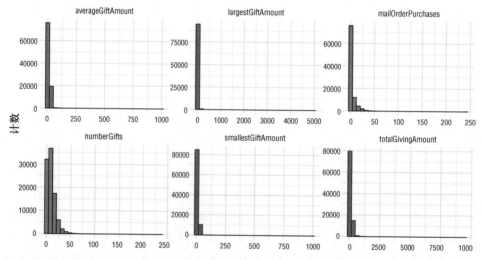

图 5.2　显示 mailOrderPurchases、totalGivingAmount、numberGifts、smallestGiftAmount、LargestGiftAmount 和 averageGiftAmount 变量分布的直方图

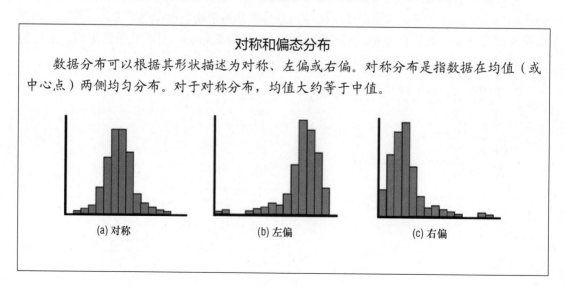

对称和偏态分布

数据分布可以根据其形状描述为对称、左偏或右偏。对称分布是指数据在均值（或中心点）两侧均匀分布。对于对称分布，均值大约等于中值。

(a) 对称　　　　(b) 左偏　　　　(c) 右偏

左侧尾部比右侧尾部长的分布称为左偏（或负）分布。对于左偏分布，均值小于中值。右偏（或正）分布与左偏分布具有相反的特征。对于右偏分布，右侧尾部比左侧尾部长，均值比中值大。图中总结了 3 种类型的分布。

四分位距

对于不熟悉描述性统计的读者来说，一组值的四分位距（IQR）是第一个四分位数（Q1）和第三个四分位数（Q3）之间的差值。四分位数将一组有序的值分成四等分。第一个四分位数是最小数和中值之间的中间数。第一个四分位数也称为第 25 个百分位数，因为数据集中有 25% 的值低于其值。第二个四分位数（Q2）或第 50 个百分位数是中值。第三个四分位数或第 75 个百分位数是中值和最大值之间的中间值。在 R 中，我们可以使用 stats 包中的 quantile() 函数来获取变量的四分位数。例如，为了得到 mailOrderPurchases 变量的第三个四分位数（也称第 75 个百分位数），我们使用 quantile (mailOrderPurchases，.75)。stats 包还为我们提供了一个函数，称为 IQR()，用于计算一组值的四分位数范围。

使用这种经验法则，首先获得 mailOrderPurchases、totalGivingAmount、numberGifts、smallestGiftAmount、largestGiftAmount 和 averageGiftAmount 变量的每个值的异常值阈值（max1、max2、max3、max4、max5 和 max6）。接下来，我们为每个变量消除任何高于这些阈值的值。

```
> donors <- donors %>%
    mutate(max1 = quantile(mailOrderPurchases, .75) + (1.5 *
IQR(mailOrderPurchases))) %>%
    mutate(max2 = quantile(totalGivingAmount, .75) + (1.5 *
IQR(totalGivingAmount))) %>%
    mutate(max3 = quantile(numberGifts, .75) + (1.5 * IQR(numberGifts)))
%>%
    mutate(max4 = quantile(smallestGiftAmount, .75) + (1.5 *
IQR(smallestGiftAmount))) %>%
    mutate(max5 = quantile(largestGiftAmount, .75) + (1.5 *
IQR(largestGiftAmount))) %>%
    mutate(max6 = quantile(averageGiftAmount, .75) + (1.5 *
IQR(averageGiftAmount))) %>%
    filter(mailOrderPurchases <= max1) %>%
    filter(totalGivingAmount <= max2) %>%
    filter(numberGifts <= max3) %>%
    filter(smallestGiftAmount <= max4) %>%
    filter(largestGiftAmount <= max5) %>%
    filter(averageGiftAmount <= max6) %>%
    select(-max1,-max2,-max3,-max4,-max5,-max6)
```

现在已经从数据中删除了异常值，让我们看看汇总统计数据是什么样子的。我们应该预期，由于去除了异常值，每个变量的取值范围比处理之前小得多。

```
> donors %>%
    keep(is.numeric) %>%
```

```
summary()

      age             numberChildren    mailOrderPurchases  totalGivingAmount
 Min.   : 1.00    Min.   :1.000    Min.   :0.0000    Min.   : 14.00
 1st Qu.:51.00    1st Qu.:1.000    1st Qu.:0.0000    1st Qu.: 38.00
 Median :61.19    Median :1.000    Median :0.0000    Median : 70.00
 Mean   :60.58    Mean  v:1.071    Mean   :0.9502    Mean   : 82.79
 3rd Qu.:69.00    3rd Qu.:1.000    3rd Qu.:1.0000    3rd Qu.:115.00
 Max.   :98.00    Max.   :6.000    Max.   :7.0000    Max.   :267.00

   numberGifts      smallestGiftAmount largestGiftAmount averageGiftAmount
 Min.   : 1.000   Min.   : 0.000    Min.   : 5.00    Min.   : 1.600
 1st Qu.: 3.000   1st Qu.: 3.000    1st Qu.:13.00    1st Qu.: 8.231
 Median : 7.000   Median : 5.000    Median :16.00    Median :11.000
 Mean   : 8.463   Mean   : 6.918    Mean   :17.04    Mean   :11.661
 3rd Qu.:12.000   3rd Qu.:10.000    3rd Qu.:20.00    3rd Qu.:15.000
 Max.   :28.000   Max.   :20.000    Max.   :36.00    Max.   :26.111

 yearsSinceFirstDonation monthsSinceLastDonation
 Min.   : 0.000    Min.   : 0.00
 1st Qu.: 2.000    1st Qu.:12.00
 Median : 5.000    Median :14.00
 Mean   : 5.373    Mean   :14.46
 3rd Qu.: 8.000    3rd Qu.:16.00
 Max.   :12.000    Max.   :23.00
```

输出结果和预期一样。例如，mailOrderPurchases 变量的最小值和最大值分别从 0 和 241 变为 0 和 7，变量取值范围显著收缩。通过比较图 5.2 和图 5.3，清晰地说明删除异常值对变量分布的影响。虽然一些变量的分布仍然是有偏的，但它们不再有删除异常值之前观察到的长尾巴。

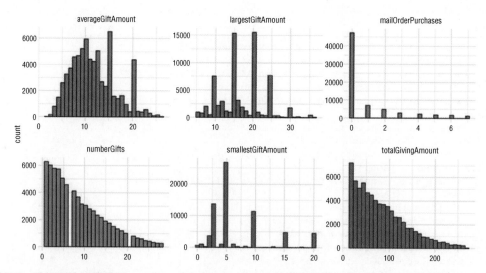

图 5.3　显示剔除异常值后 averageGiftAmount、largestGiftAmount、mailOrderPurchases、numberGifts、smallestGiftAmount 和 totalGivingAmount 变量值分布的直方图

到目前为止，我们已经使用插补法和虚拟变量法处理了数据中的缺失值。还使用经验法排除了数据中的异常值。建立 logistic 回归模型之前的准备工作几乎已经完成。在建模之前，还需要对数据进行分割并确定因变量，在分类中被称为类。本例中的类是

respondedMailing 变量。

提示：请注意，异常值可以是合理数据。在本例中，我们选择从数据中删除它们。然而，
在某些情况下，我们可以保留异常值，因为它们可以帮助我们洞察特定的现象。例
如，假设我们正在研究各国或地区的移民率。有时，某个国家在一段时间内的移民
率高于正常水平。这个异常数据可能是该地区在此期间发生军事冲突的结果。根据
研究目的，我们可以选择保留这些数据。

3. 拆分数据

使用第 3 章中介绍的 base R 函数 sample()，使用 75% 和 25% 的分割将数据划分为训
练和测试数据集。新的数据集分别被称为 donors_train 和 donors_test。

```
> set.seed(1234)
> sample_set <- sample(nrow(donors), round(nrow(donors)*.75), replace =
FALSE)
> donors_train <- donors[sample_set, ]
> donors_test <- donors[-sample_set, ]
```

在为建模过程进行数据抽样时，样本的类别分布必须模拟原始数据集的类别分布。这
是因为，正如第 3 章所讨论的，一个好的样本应该作为原始数据的代理，这样从样本创建
的模型将具有与整个数据集创建的模型相似的预测性能。在本例中，这意味着我们希望
donors_train 和 donors_test 数据集与 donors 数据集具有相同或相似的类别分布。让我们
看看类别分布是如何比较的：

```
> round(prop.table(table(select(donors, respondedMailing), exclude =
NULL)), 4) * 100

FALSE   TRUE
94.98   5.02

> round(prop.table(table(select(donors_train, respondedMailing),
exclude = NULL)), 4) * 100

FALSE   TRUE
94.98   5.02

> round(prop.table(table(select(donors_test, respondedMailing), exclude
= NULL)), 4) * 100

FALSE   TRUE
94.97   5.03
```

结果表明，三个集合的类别分布确实是相似的。类别分布在 5.02% ～ 94.98% 之间，
说明存在类别不平衡问题。

4. 处理类别不平衡

正如第 3 章中所讨论的，在处理真实数据时，类别不平衡是一个常见的问题。它降低
了机器学习模型的性能，因为它以牺牲少数类别为代价，使模型偏向于大多数类别。在建
立模型之前，需要解决这个问题。解决类别不平衡问题有几种方法，其中之一是使用合成
少数过抽样技术（Synthetic Minority Oversampling Technique，SMOTE）。这项技术的工作

原理是从少数类别中创建新的合成样本，以解决不平衡问题。

前面我们提到，在为建模过程抽样数据时，子集的类别分布应始终与原始数据集的类别分布相一致。这个规则有一个明显的例外，那就是关于不平衡数据集的训练数据。当处理不平衡数据时，需要在建模前对训练集进行平衡。请注意，这仅适用于训练集。测试数据应该反映原始数据的类分布，因为模型对测试数据的拟合程度是其对不可见数据的泛化能力的代表。在 R 中，DMwR 包提供了一个名为 SMOTE() 的函数，我们可以使用它来平衡训练数据。SMOTE() 函数需要输入的数据包括描述预测问题公式的参数、包含原始不平衡数据的数据框、要生成的少数类别的额外样本数量的说明（perc.over），以及对于从少数类别生成的每个样本，应该从多数类别中选择多少额外样本的说明（perc.under）。函数的输出是平衡数据的数据框。

```
> library(DMwR)
> set.seed(1234)
> donors_train <- SMOTE(respondedMailing ~ ., data.frame(donors_train),
perc.over = 100, perc.under = 200)
```

在代码中，指定 SMOTE() 的预测问题如下：

```
respondedMailing ~ .
```

这意味着，应使用训练集中的所有其他变量（.）来预测（~）respondedMailing 变量的值。

我们设定 perc.over 值为 100。这意味着希望生成 100% 来自少数类别的额外样本。换句话说，希望将少数类别的样本数增加一倍。例如，如果少数类别有 20 个样本，那么设置为 100 表示 perc.over 告诉 SMOTE() 生成 20 个少数类别的额外合成样本，总共 40 个。当 perc.under 设置为 200 使 SMOTE 从多数类别中选择为少数类别生成的样本数量的两倍（或 200%）。将此应用到前面的例子中，我们生成了 20 个额外的少数类别的合成样本，对于 perc.under 设置为 200 告诉 SMOTE 从多数类别中选择 40 个样本。这意味着，对于大多数和少数类别，我们得到的数据集将各有 40 个样本（50-50 的平衡）。

现在我们已经了解了 SMOTE 的工作原理，并使用它来平衡训练数据，下面看看新的类别分布：

```
> round(prop.table(table(select(donors, respondedMailing), exclude =
NULL)), 4) * 100

FALSE   TRUE
94.98   5.02

> round(prop.table(table(select(donors_train, respondedMailing),
exclude = NULL)), 4) * 100

FALSE   TRUE
   50     50

> round(prop.table(table(select(donors_test, respondedMailing), exclude
= NULL)), 4) * 100

FALSE   TRUE
94.97   5.03
```

根据输出结果，训练数据现在平衡在 50%，而原始数据和测试数据仍然不平衡。在构建模型之前，要做的最后一件事是将类的值从 FALSE/TRUE 转换为 0/1。这不是必需的步骤，这样做是为了说明研究目的，并与本章开头分享的示例保持一致。

```
> donors <- donors %>%
    mutate(respondedMailing = as.factor(ifelse(respondedMailing==TRUE,
1, 0)))
> donors_train <- donors_train %>%
    mutate(respondedMailing = as.factor(ifelse(respondedMailing==TRUE,
1, 0)))
> donors_test <- donors_test %>%
    mutate(respondedMailing = as.factor(ifelse(respondedMailing==TRUE,
1, 0)))
```

现在准备建立模型。

5. 训练模型

R 中用于建立二分类 logistic 回归模型的最常用函数之一是 stats 包中的 glm() 函数。函数名 glm 表示广义线性模型（Generalized Liner Model，GLM）。GLM 是一种统计技术，用于将各种回归技术统一到一个框架中。它通过使用所谓的转换函数（或链接函数）来表示回归问题的预测变量和响应变量之间的关系来实现这一点。GLM 有 3 个核心成分。

- 随机成分。这表示响应或描述响应值分布的函数。
- 系统成分。这是预测变量 $f(X, \beta)$ 的线性组合。
- 链接函数。这指定了随机成分和系统成分之间的关系。

GLM 中使用的链接函数类型取决于使用的数据类型和预期的回归方法。对于 logistic 回归，链接函数是在公式（5.8）中指定的 logit 函数。

为了使用 glm() 函数训练二分类 logistic 回归模型，将 3 个主要参数传递给它。第一个参数（数据）是训练数据（donors_train）。第二个参数（family）是我们打算建立回归模型的类型。把它设置为二分类。这告诉 glm() 函数使用 logit link 函数建立一个二分类 logistic 回归模型。也可以编写 family=binomial(link="logit")，而不是设置 family=binomial。传递给函数的最后一个参数是预测问题的公式，即指定使用哪些变量（预测变量）来预测类别（响应变量）。对于模型，指定函数应该使用训练集中的所有变量（.）来构建预测响应变量 respondedMailing 的模型。

```
> donors_mod1 <- glm(data=donors_train, family=binomial,
formula=respondedMailing ~ .)
```

5.3.3 评估模型

现在我们已经训练了一个名为 donors_mod1 的模型，可以使用 summary() 函数来获得该模型的统计变量的详细描述。

```
> summary(donors_mod1)

Call:
```

```
glm(formula = respondedMailing ~ ., family = binomial, data = donors_
train)

Deviance Residuals:
    Min       1Q   Median       3Q      Max
-2.1854  -1.0440   0.1719   1.0673   2.1874

Coefficients:

                        Estimate  Std. Error  z value  Pr(>|z|)
(Intercept)           -4.415e-01   2.895e-01   -1.525  0.127217
age                   -6.841e-05   1.745e-03   -0.039  0.968734
numberChildren         8.398e-02   6.602e-02    1.272  0.203367
incomeRating2          2.807e-01   9.649e-02    2.910  0.003619  **
incomeRating3          4.691e-02   1.103e-01    0.425  0.670707
incomeRating4         -7.950e-03   1.035e-01   -0.077  0.938790
incomeRating5          4.135e-02   1.008e-01    0.410  0.681625
incomeRating6          5.827e-01   1.119e-01    5.210  1.89e-07  ***
incomeRating7          4.823e-01   1.130e-01    4.266  1.99e-05  ***
incomeRatingUNK        6.594e-01   9.369e-02    7.038  1.95e-12  ***
wealthRating1         -2.423e-02   2.058e-01   -0.118  0.906289
wealthRating2         -1.457e-01   2.000e-01   -0.728  0.466425
wealthRating3         -3.470e-02   1.952e-01   -0.178  0.858911
wealthRating4         -2.960e-01   1.959e-01   -1.511  0.130768
wealthRating5         -1.173e-01   1.930e-01   -0.608  0.543105
wealthRating6          4.109e-01   1.833e-01    2.242  0.024985  *
wealthRating7         -3.035e-01   1.897e-01   -1.600  0.109660
wealthRating8          4.188e-01   1.854e-01    2.259  0.023894  *
wealthRating9         -4.916e-01   1.913e-01   -2.570  0.010174  *
wealthRatingUNK        7.296e-03   1.686e-01    0.043  0.965482
mailOrderPurchases     6.808e-02   1.516e-02    4.489  7.14e-06  ***
totalGivingAmount     -2.463e-03   1.106e-03   -2.226  0.026012  *
numberGifts            3.731e-02   1.065e-02    3.502  0.000461  ***
smallestGiftAmount     6.562e-02   1.084e-02    6.053  1.42e-09  ***
largestGiftAmount     -5.563e-02   8.441e-03   -6.591  4.37e-11  ***
averageGiftAmount      3.700e-02   1.827e-02    2.025  0.042877  *
yearsSinceFirstDonation 2.370e-02  1.159e-02    2.044  0.040943  *
monthsSinceLastDonation -3.948e-02  6.625e-03   -5.959  2.54e-09  ***
inHouseDonorTRUE       6.275e-03   1.026e-01    0.061  0.951218
plannedGivingDonorTRUE -1.305e+01   3.662e+02   -0.036  0.971561
sweepstakesDonorTRUE  -3.769e-01   1.911e-01   -1.972  0.048577  *
P3DonorTRUE            2.011e-01   1.614e-01    1.246  0.212775
stateCA                3.172e-01   1.014e-01    3.129  0.001756  **
stateNC                1.388e+00   1.183e-01   11.730  < 2e-16   ***
stateFL                6.077e-01   1.081e-01    5.621  1.90e-08  ***
stateAL                5.251e-01   1.895e-01    2.771  0.005584  **
stateIN               -1.462e-01   1.542e-01   -0.948  0.343103
stateLA                1.587e+00   1.565e-01   10.136  < 2e-16   ***
stateIA               -2.341e-02   2.121e-01   -0.110  0.912098
stateTN               -1.975e-01   1.740e-01   -1.135  0.256406
stateKS               -4.546e-02   2.211e-01   -0.206  0.837062
stateMN               -3.296e-02   1.771e-01   -0.186  0.852364
stateUT               -2.280e-01   3.136e-01   -0.727  0.467252
stateMI                7.231e-01   1.176e-01    6.150  7.74e-10  ***
stateMO               -7.663e-02   1.532e-01   -0.500  0.616895
stateTX               -8.052e-02   1.192e-01   -0.676  0.499201
stateOR                5.361e-01   1.618e-01    3.314  0.000921  ***
stateWA                2.610e-01   1.431e-01    1.824  0.068144  .
stateWI                1.611e-01   1.546e-01    1.042  0.297486
stateGA               -3.281e-01   1.599e-01   -2.051  0.040221  *
stateOK               -1.796e-01   2.034e-01   -0.883  0.377138
stateSC                1.558e-01   1.722e-01    0.905  0.365617
stateKY                4.066e-02   1.860e-01    0.219  0.826980
stateMD                1.763e-01   1.100e+00    0.160  0.872700
stateSD                4.611e-01   3.284e-01    1.404  0.160321
```

```
stateNV                         3.844e-01  2.175e-01   1.767  0.077217 .
stateNE                        -9.417e-02  2.755e-01  -0.342  0.732530
stateAZ                         2.300e-01  1.615e-01   1.424  0.154529
stateVA                         1.176e+00  1.241e+00   0.948  0.343187
stateND                        -3.089e-01  3.843e-01  -0.804  0.421530
stateAK                        -1.219e+00  6.517e-01  -1.870  0.061463 .
stateAR                        -2.679e-02  2.378e-01  -0.113  0.910305
stateNM                         4.644e-01  2.424e-01   1.916  0.055418 .
stateMT                         5.390e-01  3.088e-01   1.746  0.080840 .
stateMS                        -1.186e-01  2.340e-01  -0.507  0.612210
stateAP                         1.062e+00  7.362e-01   1.442  0.149170
stateCO                        -3.632e-02  1.735e-01  -0.209  0.834184
stateAA                         1.496e+00  1.254e+00   1.194  0.232564
stateHI                         3.511e-01  3.141e-01   1.118  0.263672
stateME                        -1.272e+01  3.721e+02  -0.034  0.972739
stateWY                         2.598e-01  3.890e-01   0.668  0.504233
stateID                         2.412e-01  3.304e-01   0.730  0.465377
stateOH                        -1.348e+01  2.623e+02  -0.051  0.959024
stateNJ                        -4.414e-01  1.279e+00  -0.345  0.729964
stateMA                        -1.319e+01  3.674e+02  -0.036  0.971362
stateNY                        -1.477e+00  1.077e+00  -1.372  0.170170
statePA                        -1.367e+01  3.454e+02  -0.040  0.968433
stateDC                        -1.383e+01  5.354e+02  -0.026  0.979399
stateAE                        -1.315e+01  5.354e+02  -0.025  0.980411
stateCT                         7.484e-01  1.519e+00   0.493  0.622229
stateDE                        -1.257e+01  3.786e+02  -0.033  0.973518
stateRI                        -1.321e+01  5.354e+02  -0.025  0.980309
stateGU                         7.761e-01  1.257e+00   0.617  0.536983
urbanicityrural                -2.506e-03  6.920e-02  -0.036  0.971114
urbanicitysuburb               -2.326e-02  6.641e-02  -0.350  0.726183
urbanicitytown                  1.832e-01  6.665e-02   2.748  0.005987 **
urbanicityUNK                   9.796e-02  3.888e-01   0.252  0.801098
urbanicityurban                -2.497e-01  8.127e-02  -3.072  0.002125 **
socioEconomicStatushighest      8.669e-02  5.525e-02   1.569  0.116666
socioEconomicStatuslowest      -4.529e-01  6.714e-02  -6.745  1.53e-11 ***
socioEconomicStatusUNK         -2.216e-01  3.887e-01  -0.570  0.568649
isHomeownerUNK                 -2.025e-01  5.447e-02  -3.717  0.000202 ***
genderjoint                     3.649e-01  3.258e-01   1.120  0.262668
gendermale                      1.505e-01  4.427e-02   3.399  0.000675 ***
genderUNK                      -2.645e-01  1.017e-01  -2.601  0.009304 **
---
Signif. codes:  0  '***' 0.001 '**' 0.01 '*' 0.05 '.'  0.1  ' ' 1

(Dispersion parameter  for  binomial family taken to be 1)

    Null deviance: 14623 on 10547 degrees of freedom
Residual deviance: 13112 on 10453 degrees of freedom
AIC: 13302

Number of Fisher Scoring iterations: 12
```

在这个输出结果中,首先看到的是调用。这是 R 提醒我们,运行的是什么模型以及我们向它传递了什么参数。接下来输出显示的是偏差残差的分布。对于 logistic 回归,这些指标并不重要。如果使用 glm() 函数进行线性回归,那么这些残差应当是正态分布的。通过比较 1Q 和 3Q 的绝对值的差异,从偏差残差来评估这一点。这些数字越接近,残差就越服从正态分布。

1. 系数

输出结果的下一部分是模型系数。这些类似于第 4 章中的线性回归。本节列出了模型中使用的预测变量(包括截距)、每个预测变量的估计系数、标准误差、z 值、p 值以及每个预测变量的显著性。

在线性回归中，我们将模型系数解释为响应变量的平均变化，这是特定预测变量单位变化的结果。然而，在 logistic 回归中，我们将模型系数解释为预测变量单位变化导致的响应变量对数优势比的变化［见公式（5.8）］。例如，averageGiftAmount 的系数为 0.036 995 7，这意味着 averageGiftAmount 每增加一个单位，respondedMailing 为真的对数优势比将改变 0.036 995 7。这种解释可能有点混乱，因此我们可以通过解释优势比的变化而不是对数优势比的变化来解释它。为此，我们需要使用 exp() 和 coef() 函数对系数求幂。为了转换 averageGiftAmount 变量的系数，请执行以下操作：

```
> exp(coef(donors_mod1)["averageGiftAmount"])

averageGiftAmount
        1.037689
```

现在，我们可以把该系数解释为，假设所有其他预测变量保持不变，对于 averageGiftAmount 增加一个单位，捐赠者对活动做出回应的优势比增加 1.037 689 倍。请注意，averageGiftAmount 的系数为正。这导致优势比大于 1，这代表事件的可能性增加。然而，如果我们要解释一个变量的负系数，比如 monthSinceLastDonation，我们得到以下结果：

```
> exp(coef(donors_mod1)["monthsSinceLastDonation"])

monthsSinceLastDonation
              0.961289
```

此值可以解释为，假设所有其他预测变量保持不变，捐赠者自上一次捐赠（monthSinceLastDonation）以来，每增加一个月，对活动做出回应的优势比就会减少 0.961 289 倍。在这里，系数为负值时会导致事件发生优势比的降低。请注意，我们看到的两个例子 averageGiftAmount 和 monthSinceLastDonation 都是连续的变量。当解释分类变量的系数时，需要参照基线进行解释。例如，对于 incomeRating，模型列出 incomeRating 级别为 2 ～ 7 的 6 个虚拟变量。例如，incomeRating1 级是该变量的基线（或参考）。为了解释第 2 级（incomeRating2）的系数，使用与之前相同的求幂过程来获得优势比。

```
> exp(coef(donors_mod1)["incomeRating2"])

incomeRating2
    1.324102
```

这一次，结果可以解释为，保持所有其他因素不变，收入评级为 2 的捐赠者相对于收入评级为 1（基线）的捐赠者响应活动的优势比增加（1.324 102）。换言之，收入等级为 2 的捐助者比收入等级为 1 的捐助者更有可能回应这项活动。

2. 诊断

模型输出的其余部分包括一些关于模型的附加诊断。第一部分指出"二分类族的离散参数取 1"，这意味着增加了一个附加缩放参数来帮助拟合模型。这不是解释模型的重要信息，可以忽略。

零偏差和残差

零偏差表示模型仅使用截距预测响应变量的效果如何，这个数字越小越好。残差量化了模型在预测响应方面的表现，不仅使用了截距，还包括预测变量。零偏差值和残差值之间的差异表明：通过加入预测变量，模型的性能得到多大程度提高。零偏差值和残差值之间的差异越大越好。

AIC

AIC 是 Akaike 信息准则。它量化了模型在解释数据可变性方面的表现。AIC 常用于比较由相同数据构建的两个模型效果。当比较两种模型时，首选 AIC 值较低的模型。

最后一个诊断，"Fisher 评分迭代次数"只是模型拟合所需多长时间的一个指标。这对于解释模型并不重要，大多数情况下可以忽略。

3. 预测准确性

到目前为止，我们已经用训练数据建立了一个 logistic 回归模型，并且评估和解释模型的输出，包括系数和诊断。接下来需要做的是评估模型在实际预测样本外观预测变量方面的性能。这涉及使用模型来预测测试数据（donors _ test）中的 respondedMailing。为此，我们将使用 stats 包中的 predict() 函数。此函数需要输入 3 个参数。第一个参数是创建的模型（donors _ mod1）。第二个参数是测试数据（donors _ test）。第三个参数是所需的预测变量类型（type='response'）。

```
> donors_pred1 <- predict(donors_mod1, donors_test, type = 'response')

Error in model.frame.default(Terms, newdata, na.action = na.action,
xlev = object$xlevels) :
  factor state has new levels VT, WV, NH, VI
```

输出结果存在错误，不用惊慌。这个错误只是让我们知道，测试数据中有 4 个级别（或值）没有出现在训练数据中。回想一下，我们使用随机抽样方法来创建训练和测试数据集。顾名思义，这种方法是完全随机的，不能保证两个数据集中的变量值具有相同的表示形式。在本例中，训练样本不包括来自佛蒙特州、西弗吉尼亚州、新罕布什尔州或维尔京群岛的记录，但这些地区包括在测试集中。因为训练集不包含这些值，所以模型无法预测包含这些值的测试记录。解决这个问题的一个简单方法是从测试数据中删除这些观测值。首先，确定有问题的观测值：

```
> filter(donors_test, state=="VT" | state=="WV" | state=="NH" |
state=="VI")

# A tibble: 7 x 22
  age numberChildren incomeRating wealthRating mailOrderPurcha... totalGivingAmou...
  <dbl>          <dbl> <fct>        <fct>                    <dbl>             <dbl>
1 48                 1 4            UNK                          0               193
2 68                 1 4            2                            0                73
3 30                 1 4            7                            4                43
4 62.0               1 UNK          UNK                          0                35
5 34                 1 7            7                            1                15
6 62.0               1 UNK          UNK                          0                22
7 73                 1 1            2                            4               105
#... with 16 more variables: numberGifts <dbl>, smallestGiftAmount <dbl>,
#  largestGiftAmount <dbl>, averageGiftAmount <dbl>, yearsSinceFirstDonation <dbl>,
#  monthsSinceLastDonation <dbl>, inHouseDonor <fct>, plannedGivingDonor <fct>,
#  sweepstakesDonor <fct>, P3Donor <fct>, state <fct>, urbanicity <fct>,
#  socioEconomicStatus <fct>, isHomeowner <fct>, gender <fct>, respondedMailing <fct>
```

有 7 个受影响的记录。考虑到测试集中有 17 502 个观测值，这不是一个很大的数字。删除这些数据：

```
> donors_test <- donors_test %>%
    filter(state!="VT" & state!="WV" & state!="NH" & state!="VI")
```

现在，使用 head() 函数重新做预测，并查看前 6 个结果。

```
> donors_pred1 <- predict(donors_mod1, donors_test, type = 'response')
> head(donors_pred1)

        1         2         3         4         5         6
0.3820397 0.2585851 0.4847741 0.6231658 0.4854076 0.5445497
```

结果显示，对于每个观测值，响应变量 respondedMailing 等于 1（或为真）的概率。例如，输出结果显示，数据中捐赠者 1 对活动做出回应的概率为 38.2%，而捐赠者 4 对活动做出回应的概率为 62.3%。

回想一下，第一次介绍分类时，我们简要地提到，当预测二元事件的概率时，可以将任何小于 0.5 的响应预测解释为假，而大于或等于 0.5 的响应则解释为真。在这里使用这种方法将结果转换为 1 和 0 或 TRUE 和 FALSE。

```
> donors_pred1 <- ifelse(donors_pred1 >= 0.5, 1, 0)
> head(donors_pred1)

1 2 3 4 5 6
0 0 0 1 0 1
```

现在可以很容易地将前 6 个预测解释为假、假、假、真、假、真。为了评估模型实际执行得有多好，可以将模型的 respondedMailing 预测值与测试数据集中的实际值进行比较。为此，创建一个混淆矩阵，它显示了预测值和实际值之间的相互作用。使用 R 中 base 包中的 table() 函数，可以创建一个简单的混淆矩阵。需要传递的第一个参数是 respondedMailing 的实际值的向量。第二个参数是模型对于响应变量 respondedMailing 的预测。

```
> donors_pred1_table <- table(donors_test$respondedMailing, donors_
pred1)
> donors_pred1_table

    donors_pred1
        0     1
  0 11041  5574
  1   561   319
```

混淆矩阵的每一行表示预测类别中的样本，而每一列表示实际类别中的样本。例如，第一行表示模型对 11 041 个观测值正确地预测了 0，对 5 574 个观测值错误地预测了 1。第二行表示模型错误地预测 561 个观测值为 0，而正确地预测 319 个观测值为 1。矩阵的对角单元表示正确的预测。因此，为了获得基于混淆矩阵的模型的准确性，需要将对角线相加，然后除以测试数据中的行数。

```
> sum(diag(donors_pred1_table)) / nrow(donors_test)
[1] 0.6493284
```

这表明模型的预测准确性为 64.93%。这对于第一次尝试来说还不错，但是让我们看看是否可以提高模型的准确性。

5.3.4 改进模型

5.3.2 节成功地建立了第一个 logistic 回归模型。本节将研究哪些步骤可以用来改进模型性能。

1. 处理多重共线性

与线性回归类似，logistic 回归模型中的多重共线性也使得分离单个预测变量对响应变量的影响相当困难。为了识别多重共线性的存在，首先使用相关图。为了创建相关矩阵，使用 stats 包中的 cor() 函数和 corrplot 包中的 corrplot() 函数。

```
> library(stats)
> library(corrplot)
> donors %>%
    keep(is.numeric) %>%
    cor() %>%
    corrplot()
```

图 5.4 中的结果显示有一些高度相关的变量。totalGivingAmount、numberGifts 和 yearsSinceFirstDonation 之间存在高度的正相关。averageGiftAmount、smallestGiftAmount 和 largestGiftAmount 之间也存在高度的正相关。模型中还存在一些负相关效应。numberGifts、smallestGiftAmount 和 averageGiftAmount 之间存在负相关。smallestGiftAmount 和 yearsSinceFirstDonation 也存在负相关。在决定如何处理这些相关变量之前，需要获取一些额外的数据来支持决策。

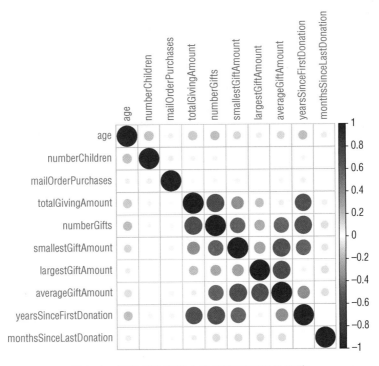

图 5.4 捐赠者数据集中数值变量的相关矩阵

识别数据多重共线性的第二种方法是使用方差膨胀因子（variance inflation factor，

VIF）。可以使用 car 包中的 vif() 函数来实现这一点。

```
> library(car)
> vif(donors_mod1)

                             GVIF  Df GVIF^(1/(2*Df))
age                      1.237917   1        1.112617
numberChildren           1.127750   1        1.061956
incomeRating             2.931339   7        1.079846
wealthRating             3.006647  10        1.056584
mailOrderPurchases       1.536639   1        1.239612
totalGivingAmount        7.466313   1        2.732455
numberGifts              9.479584   1        3.078893
smallestGiftAmount       7.134443   1        2.671038
largestGiftAmount        5.075573   1        2.252903
averageGiftAmount       16.588358   1        4.072881
yearsSinceFirstDonation  3.041608   1        1.744021
monthsSinceLastDonation  1.276265   1        1.129719
inHouseDonor             1.174562   1        1.083772
plannedGivingDonor       1.000000   1        1.000000
sweepstakesDonor         1.059773   1        1.029453
P3Donor                  1.077622   1        1.038086
state                    1.970199  51        1.006671
urbanicity              12.038126   5        1.282496
socioEconomicStatus     12.158669   3        1.516402
isHomeowner              1.689908   1        1.299965
gender                   1.123782   3        1.019640
```

正如第 4 章中讨论的，VIF 大于 5 表示存在多重共线性，需要进行修正。结果表明，有 8 个变量符合这个标准。

之前我们看到 totalGivingAmount、numberGifts 和 yearsSinceFirstDonation 是相关的。然而，基于 VIF，在这 3 个变量中只有 totalGivingAmount 和 numberGifts 的 VIF 超过 5。因此，决定删除 totalGivingAmount 变量，保留 numberGifts 和 yearsSinceFirstDonation 变量。为什么选择保留 numberGifts 而不是 totalGivingAmount？这个过程没有简单的经验法则。做出选择的依据是哪个预测变量在解释响应变量方面会做得更好。此外，根据相关矩阵，可以发现 numberGifts 比 totalGivingMount 与更多变量相关，这意味着它能够拟合更多预测变量与响应变量之间的关系。根据 VIF 的结果，还发现 smallestGiftAmount、largestGiftAmount 和 averageGiftAmount 是共线性的，选择 averageGiftAmount 并删除其他两个。最后，我们发现 urbanicity 和 socioEconomicStatus 的 VIF 都超过 5。因为这些是分类变量，在模型中会被转换成虚拟变量，所以忽略它们。

只使用之前的模型中的显著变量，删除最近确定的存在多重共线性的变量，构建一个新模型。

```
> donors_mod2 <-
    glm(
    data = donors_train,
    family = binomial,
    formula = respondedMailing ~ incomeRating + wealthRating +
      mailOrderPurchases + numberGifts + yearsSinceFirstDonation +
      monthsSinceLastDonation + sweepstakesDonor + state +
      urbanicity + socioEconomicStatus + isHomeowner + gender
    )
> summary(donors_mod2)
```

```
Call:
glm(formula = respondedMailing ~ incomeRating + wealthRating +
    mailOrderPurchases + numberGifts + yearsSinceFirstDonation +
    monthsSinceLastDonation + sweepstakesDonor + state + urbanicity +
    socioEconomicStatus + isHomeowner + gender, family = binomial,
    data = donors_train)

Deviance Residuals:
   Min      1Q   Median      3Q     Max
-2.180  -1.068    0.207   1.109   2.053

Coefficients:
```

Coefficients:

	Estimate	Std. Error	z value	Pr(>|z|)	
(Intercept)	-0.059651	0.221236	-0.270	0.787449	
incomeRating2	0.298602	0.094885	3.147	0.001650	**
incomeRating3	0.057756	0.108374	0.533	0.594081	
incomeRating4	-0.001480	0.100721	-0.015	0.988277	
incomeRating5	0.028832	0.098178	0.294	0.769013	
incomeRating6	0.537860	0.109044	4.933	8.12e-07	***
incomeRating7	0.539210	0.109293	4.934	8.07e-07	***
incomeRatingUNK	0.709662	0.091740	7.736	1.03e-14	***
wealthRating1	0.049826	0.202726	0.246	0.805854	
wealthRating2	-0.128221	0.196844	-0.651	0.514798	
wealthRating3	-0.010190	0.192452	-0.053	0.957773	
wealthRating4	-0.275018	0.193306	-1.423	0.154820	
wealthRating5	-0.118734	0.190527	-0.623	0.533160	
wealthRating6	0.352507	0.181000	1.948	0.051469	.
wealthRating7	-0.309143	0.187046	-1.653	0.098379	.
wealthRating8	0.517877	0.182666	2.835	0.004581	**
wealthRating9	-0.473027	0.188448	-2.510	0.012069	*
wealthRatingUNK	-0.025601	0.166307	-0.154	0.877658	
mailOrderPurchases	0.048256	0.014914	3.236	0.001213	**
numberGifts	0.015152	0.005638	2.687	0.007200	**
yearsSinceFirstDonation	-0.039424	0.010625	-3.711	0.000207	***
monthsSinceLastDonation	-0.032425	0.006104	-5.312	1.08e-07	***
sweepstakesDonorTRUE	-0.549901	0.186693	-2.945	0.003224	**
stateCA	0.237916	0.099592	2.389	0.016899	*
stateNC	1.404587	0.116532	12.053	< 2e-16	***
stateFL	0.586508	0.106300	5.517	3.44e-08	***
stateAL	0.423637	0.186483	2.272	0.023103	*
stateIN	-0.152629	0.151517	-1.007	0.313771	
stateLA	1.418199	0.154395	9.186	< 2e-16	***
stateIA	-0.038710	0.208926	-0.185	0.853009	
stateTN	-0.215528	0.171153	-1.259	0.207932	
stateKS	-0.090561	0.217931	-0.416	0.677739	
stateMN	-0.059304	0.174391	-0.340	0.733809	
stateUT	-0.254867	0.309052	-0.825	0.409557	
stateMI	0.747188	0.114980	6.498	8.12e-11	***
stateMO	-0.130955	0.150605	-0.870	0.384558	
stateTX	-0.112965	0.117244	-0.964	0.335293	
stateOR	0.466091	0.159254	2.927	0.003426	**
stateWA	0.204953	0.140527	1.458	0.144714	
stateWI	0.127991	0.151889	0.843	0.399419	
stateGA	-0.400950	0.157313	-2.549	0.010812	*
stateOK	-0.270733	0.200564	-1.350	0.177062	
stateSC	0.109946	0.169295	0.649	0.516060	
stateKY	0.006423	0.183144	0.035	0.972025	
stateMD	0.248137	1.060386	0.234	0.814980	
stateSD	0.400123	0.325981	1.227	0.219657	

```
stateNV                          0.311780     0.213901      1.458   0.144954
stateNE                         -0.025792     0.271846     -0.095   0.924411
stateAZ                          0.156000     0.158884      0.982   0.326175
stateVA                          1.281786     1.246233      1.029   0.303701
stateND                         -0.267617     0.375967     -0.712   0.476582
stateAK                         -1.246755     0.648235     -1.923   0.054441 .
stateAR                         -0.067171     0.234433     -0.287   0.774476
stateNM                          0.370957     0.237529      1.562   0.118351
stateMT                          0.520523     0.303868      1.713   0.086715 .
stateMS                         -0.167163     0.231985     -0.721   0.471168
stateAP                          0.876915     0.727124      1.206   0.227816
stateCO                         -0.069645     0.170698     -0.408   0.683272
stateAA                          1.285336     1.166041      1.102   0.270328
stateHI                          0.265303     0.310405      0.855   0.392718
stateME                        -12.781759   378.289460     -0.034   0.973046
stateWY                          0.214670     0.381617      0.563   0.573756
stateID                          0.220460     0.324274      0.680   0.496596
stateOH                        -13.101737   254.982380     -0.051   0.959020
stateNJ                         -0.529009     1.252653     -0.422   0.672798
stateMA                        -12.979932   378.277716     -0.034   0.972627
stateNY                         -1.832435     1.070291     -1.712   0.086880 .
statePA                        -13.460871   353.452328     -0.038   0.969621
stateDC                        -13.283025   535.411181     -0.025   0.980207
stateAE                        -13.269704   535.411186     -0.025   0.980227
stateCT                          0.714116     1.459579      0.489   0.624656
stateDE                        -12.778529   378.592900     -0.034   0.973074
stateRI                        -13.566019   535.411196     -0.025   0.979786
stateGU                          0.515087     1.239274      0.416   0.677676
urbanicityrural                 -0.042477     0.068040     -0.624   0.532429
urbanicitysuburb                -0.032056     0.065154     -0.492   0.622715
urbanicitytown                   0.152852     0.065642      2.329   0.019882 *
urbanicityUNK                    0.069086     0.389701      0.177   0.859289
urbanicityurban                 -0.254339     0.079876     -3.184   0.001452 **
socioEconomicStatushighest       0.094913     0.054256      1.749   0.080226 .
socioEconomicStatuslowest       -0.440059     0.066129     -6.655   2.84e-11 ***
socioEconomicStatusUNK          -0.194321     0.389610     -0.499   0.617951
isHomeownerUNK                  -0.204959     0.053423     -3.837   0.000125 ***
genderjoint                      0.368017     0.322407      1.141   0.253676
gendermale                       0.141587     0.043520      3.253   0.001140 **
genderUNK                       -0.259366     0.100190     -2.589   0.009632 **
---
Signif. codes: 0 '***' 0.001 '**'  0.01  '*' 0.05 '.' 0.1 ' ' 1

(Dispersion parameter for binomial family  taken to be 1)

    Null deviance: 14623  on 10547  degrees  of freedom
Residual deviance: 13423  on 10462  degrees  of freedom
AIC: 13595

Number of Fisher Scoring iterations: 12
```

结果表明，所有的变量要么是显著的，要么至少有一个水平是显著的。例如，对于变量 incomeRating，第 2 级虚拟变量 incomeRating2 是显著的，而其他变量不显著。因此，在模型中保留了变量，这意味着保留了所有 6 个虚拟变量。然而，我们看到 AIC 值略有增加，从最初模型中的 13 302 增加到这个模型中的 13 595，这没关系。从长远来看，选择删除共线性和不显著的变量是值得的。接下来需要做的是检查以确保变量集中不再有多重共线性。

```
> vif(donors_mod2)
```

	GVIF	Df	GVIF^(1/(2*Df))
incomeRating	2.721121	7	1.074122
wealthRating	2.924728	10	1.055126
mailOrderPurchases	1.513325	1	1.230173
numberGifts	2.722302	1	1.649940
yearsSinceFirstDonation	2.612104	1	1.616200
monthsSinceLastDonation	1.126158	1	1.061206
sweepstakesDonor	1.046125	1	1.022803
state	1.811086	51	1.005840
urbanicity	12.311840	5	1.285382
socioEconomicStatus	12.559579	3	1.524623
isHomeowner	1.675895	1	1.294563
gender	1.115104	3	1.018324

结果很好，所有数值变量的 VIF 都不大于 5。有了新模型，是时候对测试数据做一些预测了。

```
> donors_pred2 <- predict(donors_mod2, donors_test, type = 'response')

> head(donors_pred2)

        1         2         3         4         5         6
0.3534621 0.2537164 0.5182092 0.6619119 0.3158936 0.5246699
```

正如前面看到的，给定测试数据中每个观测值的预测值，输出结果提供 respondedMailing=1 的概率。与先前模型的结果相比，预测概率有一些微小变化。捐赠者 1 的回应概率从之前模型的 38.2% 降低到了本模型的 35.3%。然而，捐赠者 4 的回应概率从先前模型中 62.3% 增加到本模型中 66.2%。这些变化对数据分类的影响将取决于模型的阈值。下面的内容将对此进行讨论。

2. 选择阈值

在之前的尝试中，用 0.5 的阈值来解释预测概率，其中等于或高于 0.5 的值被解释为 1，低于该阈值被解释为 0。虽然在某些情况下，0.5 是合理的阈值，但并非所有情况下都是理想的阈值。为了得到模型的理想阈值，我们将从 R 中的 InformationValue 包中使用 optimalCutoff() 函数。下面将 3 个参数传递给该函数。

- 第一个参数是响应的实际值的向量（actuals = donors _ test$respondedMailing）。
- 第二个参数是响应的预测值的向量（predictedScores = donors _ pred2）。
- 第三个参数指定最佳阈值是基于最大化 1 和 0 的正确预测观测值比例的值。

```
> library(InformationValue)
> ideal_cutoff <-
  optimalCutoff(
    actuals = donors_test$respondedMailing,
    predictedScores = donors_pred2,
    optimiseFor = "Both")

> ideal_cutoff
[1] 0.5462817
```

结果表明，与其用 0.5 作为阈值，不如用 0.546 281 7。使用推荐的阈值，转换预测并计算模型的预测准确性。

```
> donors_pred2 <- ifelse(donors_pred2 >= ideal_cutoff, 1, 0)
> donors_pred2_table <- table(donors_test$respondedMailing, donors_
pred2)
> sum(diag(donors_pred2_table)) / nrow(donors_test)
```

[1] 0.7368391

现在的模型的预测准确性是 **73.68%**。这比以前的模型（donors_mod1）有所改进，后者的准确率为 64.93%。

具有两个以上值的响应变量的分类

在二分类 logistic 回归中，目标是对具有两个值之一的响应变量进行分类。但是，在某些情况下，我们希望对具有 3 个或更多可能值的响应变量进行分类，被称为多分类 logistic 回归。虽然在实践中并不常见，但多分类 logistic 回归的一种常见方法是为每个类值创建一个单独的 logistic 回归模型，然后根据每个模型的性能选择一个值。例如，假设我们面临一个预测客户收入水平的问题——低、中或高。我们将创建一个模型来预测 $Pr(Y=low|X)$，第二个模型来预测 $Pr(Y=medium|X)$，第三个模型来预测 $Pr(Y=high|X)$。为了对某一特定客户的收入进行分类，选择概率最高的模型的预测类别或采用先验分布的预测概率的比率。

5.3.5 优缺点

logistic 回归是一种广泛应用的分类技术。前几节讨论了如何建立、评估和改进二分类 logistic 回归模型。在本节中，我们将查看该方法的优点和缺点，以便更好地理解何时使用它。

以下是优点。

- 与线性回归一样，logistic 回归模型易于训练。
- logistic 回归是有效的，因为它在计算上并不昂贵。
- logistic 回归的输入变量在使用前不必缩放。
- logistic 回归模型的输出具有相对容易理解的概率解释。
- logistic 回归模型不需要超参数调整。

以下是缺点。

- 当存在多个或非线性决策边界时，logistic 回归往往表现不佳。
- 与线性回归类似，多重共线性是 logistic 回归中的一个问题。
- logistic 回归模型容易过度拟合。
- logistic 回归要求在开始建模过程之前指定模型的形式。
- logistic 回归模型对异常值敏感，无法处理缺失数据。

5.4 案例研究：收入预测

既然你已经熟悉了 logistic 回归的工作原理，那么让我们使用此技术来完成一个案例研究。假设我们受雇于一家财务规划公司的市场部，想从购买的数据库中识别潜在客户。我们的目标客户是年收入超过 50 000 美元的人，但我们通常不会获得新客户的收入信息。因此，想要开发一个模型来分析其他因素，以帮助我们预测潜在客户的收入是否超过50 000 美元的门槛。使用 logistic 回归来完成这项任务。

为了解决这个问题，我们为你提供了 32 560 个潜在客户的数据。以下是数据集中的变量。

- age 是客户自报的年龄。
- workClassification 是潜在客户工作的雇主类型，包括私人、地方政府、联邦政府等。
- educationLevel 是潜在客户达到的最高教育水平，包括高中毕业、学士、硕士等。
- educationYears 是潜在客户接受教育的年数。
- maritalStatus 是潜在客户的婚姻状况，包括离婚、分居、未婚等。
- occupation 是指潜在客户从事的工作类型，包括行政、销售、技术支持等。
- relationship 是潜在客户与其指定近亲之间的报告关系。
- race 是潜在客户自我报告的种族身份。
- gender 是潜在客户自报的性别——男性或女性。
- workHours 是潜在客户一周内通常工作的小时数。
- nativeCountry 是潜在客户的国籍。
- income 是试图预测的类别，其取值为：<=50K 和 >50K。

5.4.1 导入数据

需要做的第一件事是使用 tidyverse 包中的 read _ csv() 函数导入数据集。

```
> library(tidyverse)
> income <- read_csv("income.csv", col_types = "nffnffffffnff")
> glimpse(income)

Observations: 32,560
Variables: 12
$ age                <dbl> 50, 38, 53, 28, 37, 49, 52, 31, 42, 37, 30, 23, 32,...
$ workClassification <fct> Self-emp-not-inc, Private, Private, Private, Privat...
$ educationLevel     <fct> Bachelors, HS-grad, 11th, Bachelors, Masters, 9th, ...
$ educationYears     <dbl> 13, 9, 7, 13, 14, 5, 9, 14, 13, 10, 13, 13, 12, 11,...
$ maritalStatus      <fct> Married-civ-spouse, Divorced, Married-civ-spouse, M...
$ occupation         <fct> Exec-managerial, Handlers-cleaners, Handlers-cleane...
$ relationship       <fct> Husband, Not-in-family, Husband, Wife, Wife, Not-in...
$ race               <fct> White, White, Black, Black, White, Black, White, Wh...
$ gender             <fct> Male, Male, Male, Female, Female, Female, Male, Fem...
$ workHours          <dbl> 13, 40, 40, 40, 40, 16, 45, 50, 40, 80, 40, 30, 50,...
$ nativeCountry      <fct> United-States, United-States, United-States, Cuba, ...
$ income             <fct> <=50K, <=50K, <=50K, <=50K, <=50K, <=50K, >50K, >50...
```

从输出结果可以看到，有 12 个变量和 325 620 个样本要处理。因变量（或类别）是income（收入）。

5.4.2 探索和准备数据

导入数据后，在构建模型之前，让我们花些时间进行一些数据探索和准备。本节的其余部分将仅限于数据集中的分类变量（变量数据类型）。我们要做的第一件事是得到目标变量的统计汇总。

```
> income %>%
    keep(is.factor) %>%
    summary()
```

```
       workClassification       educationLevel            maritalStatus
Private           :22696  HS-grad      :10501  Married-civ-spouse   :14976
Self-emp-not-inc  : 2541  Some-college: 7291  Divorced             : 4443
Local-gov         : 2093  Bachelors    : 5354  Married-spouse-absent:  418
?                 : 1836  Masters      : 1723  Never-married        :10682
State-gov         : 1297  Assoc-voc    : 1382  Separated            : 1025
Self-emp-inc      : 1116  11th         : 1175  Married-AF-spouse    :   23
(Other)           :  981  (Other)      : 5134  Widowed              :  993

          occupation          relationship              race
Prof-specialty  :4140  Husband        :13193  White             :27815
Craft-repair    :4099  Not-in-family  : 8304  Black             : 3124
Exec-managerial :4066  Wife           : 1568  Asian-Pac-Islander: 1039
Adm-clerical    :3769  Own-child      : 5068  Amer-Indian-Eskimo:  311
Sales           :3650  Unmarried      : 3446  Other             :  271
Other-service   :3295  Other-relative:  981
(Other)         :9541

    gender             nativeCountry        income
Male  :21789  United-States:29169  <=50K :24719
Female:10771  Mexico       :  643  >50K : 7841
              ?            :  583
              Philippines  :  198
              Germany      :  137
              Canada       :  121
              (Other)      : 1709
```

输出显示每个分类变量的值分布。但是，只能显示每个变量的前 6 个值。为了获得具有 6 个以上值的变量的所有值分布，需要使用 table() 函数。

```
> table(select(income, workClassification))

Self-emp-not-inc          Private          State-gov      Federal-gov
            2541            22696               1297              960
       Local-gov                ?       Self-emp-inc      Without-pay
            2093             1836               1116               14
     Never-worked
               7


> table(select(income, educationLevel))

 Bachelors       HS-grad       11th       Masters                9th Some-college
      5354         10501       1175          1723                514         7291
 Assoc-acdm     Assoc-voc    7th-8th      Doctorate        Prof-school     5th-6th
      1067          1382        646           413                576         333
      10th       1st-4th   Preschool          12th
       933           168         51           433


> table(select(income, occupation))

Exec-managerial Handlers-cleaners    Prof-specialty    Other-service
           4066              1370              4140             3295
   Adm-clerical             Sales       Craft-repair  Transport-moving
```

```
                3769              3650              4099              1597
  Farming-fishing Machine-op-inspct      Tech-support                 ?
                 994              2002               928              1843
  Protective-serv      Armed-Forces    Priv-house-serv
                 649                 9               149
```

```
> table(select(income, nativeCountry))
```

```
      United-States              Cuba           Jamaica
              29169                95                81
              India                 ?            Mexico
                100               583               643
              South       Puerto-Rico          Honduras
                 80               114                13
            England            Canada           Germany
                 90               121               137
               Iran        Philippines             Italy
                 43               198                73
             Poland          Columbia          Cambodia
                 60                59                19
           Thailand           Ecuador              Laos
                 18                28                18
                ...               ...               ...
```

注意到 workClassification、occupation 和 nativeCountry 变量的缺失值由指示变量（?）表示，可以用更明显的（UNK）来代替。因为这些变量是因子，因此要使用 recode() 函数将 "?" 替换为 "UNK"，而不能使用 ifelse() 函数。

```
> income <- income %>%
    mutate(workClassification = recode(workClassification, "?" = "UNK")) %>%
    mutate(nativeCountry = recode(nativeCountry, "?" = "UNK")) %>%
    mutate(occupation = recode(occupation, "?" = "UNK"))
```

接下来要做的是为我们的类别重新编码值。目前等级值是 <=50K 和 >50K，让我们转换一下，0 代表 <=50K，1 代表 >50K。

```
> income <- income %>%
    mutate(income = recode(income, "<=50K" = "0")) %>%
    mutate(income = recode(income, ">50K" = "1"))
```

```
> summary(income[,"income"])
```

```
income
0:24719
1: 7841
```

由于缺失值和类值被重新编码，现在可以分割数据。使用之前方法，将数据分成 75% 和 25%，并创建两个新的数据集，称为 income _ train 和 income _ test。

```
> set.seed(1234)
> sample_set <- sample(nrow(income), round(nrow(income)*.75), replace =
FALSE)
> income_train <- income[sample_set, ]
> income_test <- income[-sample_set, ]
```

现在我们已经分割了数据，下面让我们对 3 个数据集之间的类别分布进行检查，以确保它们是相似的。

```
> round(prop.table(table(select(income, income), exclude = NULL)), 4) *
100

    0    1
75.92 24.08

> round(prop.table(table(select(income_train, income), exclude =
NULL)), 4) * 100

    0    1
75.78 24.22
> round(prop.table(table(select(income_test, income), exclude = NULL)),
4) * 100

    0    1
76.33 23.67
```

结果显示 3 个集合之间相似的类别分布。然而，结果也突出显示了数据不平衡的事实。正如前面讨论的，不平衡的数据会使模型偏向于多数类别，所以需要平衡训练数据，可以使用 DMwR 包中的 SMOTE() 函数来实现。

```
> library(DMwR)
> set.seed(1234)
> income_train <- SMOTE(income ~ ., data.frame(income_train), perc.over
= 100, perc.under = 200)

> round(prop.table(table(select(income_train, income), exclude =
NULL)), 4) * 100

 0  1
50 50
```

5.4.3 训练模型

有了平衡的训练数据，现在可以建立 logistic 回归模型了。我们只使用数据集中的分类变量来构建模型，可以称之为 income_mod1。

```
> income_mod1 <- income_train %>%
   keep(is.factor) %>%
   glm(formula = income ~ ., family= binomial)

> summary(income_mod1)

Call:
glm(formula = income ~ ., family = "binomial", data = .)

Deviance Residuals:
    Min      1Q   Median       3Q      Max
-3.6235  -0.6429   0.0135   0.6693   3.1759
Coefficients:

                                  Estimate Std. Error z value Pr(>|z|)
(Intercept)                       2.057415   0.079765  25.794  < 2e-16 ***
workClassificationPrivate        -0.380531   0.061600  -6.177 6.52e-10 ***
workClassificationState-gov      -0.501281   0.104409  -4.801 1.58e-06 ***
workClassificationFederal-gov     0.794956   0.103578   7.675 1.65e-14 ***
```

```
workClassificationLocal-gov              -0.128445   0.085283  -1.506 0.132040
workClassificationUNK                    -0.751481   0.223633  -3.360 0.000779 ***
workClassificationSelf-emp-inc            0.441674   0.103789   4.255 2.09e-05 ***
workClassificationWithout-pay           -13.744495 268.085626  -0.051 0.959111
workClassificationNever-worked          -11.562916 484.685475  -0.024 0.980967
educationLevelHS-grad                    -1.147699   0.053718 -21.365 < 2e-16 ***
educationLevel11th                       -1.582094   0.124896 -12.667 < 2e-16 ***
educationLevelMasters                     0.453522   0.076560   5.924 3.15e-09 ***
educationLevel9th                        -2.304317   0.214759 -10.730 < 2e-16 ***
educationLevelSome-college               -0.975388   0.056128 -17.378 < 2e-16 ***
educationLevelAssoc-acdm                 -0.453770   0.095723  -4.740 2.13e-06 ***
educationLevelAssoc-voc                  -0.747874   0.085236  -8.774 < 2e-16 ***
educationLevel7th-8th                    -2.336997   0.179268 -13.036 < 2e-16 ***
educationLevelDoctorate                   1.180078   0.177914   6.633 3.29e-11 ***
educationLevelProf-school                 1.431921   0.147249   9.724 < 2e-16 ***
educationLevel5th-6th                    -3.151291   0.319428  -9.865 < 2e-16 ***
educationLevel10th                       -2.153881   0.155469 -13.854 < 2e-16 ***
educationLevel1st-4th                    -3.397059   0.570713  -5.952 2.64e-09 ***
educationLevelPreschool                 -14.882712 165.412839  -0.090 0.928309
educationLevel12th                       -1.712003   0.214800  -7.970 1.58e-15 ***
maritalStatusDivorced                    -0.590752   0.066843  -8.838 < 2e-16 ***
maritalStatusMarried-spouse-absent       -0.350370   0.147485  -2.376 0.017519 *
maritalStatusNever-married               -1.430695   0.067560 -21.177 < 2e-16 ***
maritalStatusSeparated                   -1.051163   0.120632  -8.714 < 2e-16 ***
maritalStatusMarried-AF-spouse           -0.075376   0.444303  -0.170 0.865286
maritalStatusWidowed                     -0.368553   0.114742  -3.212 0.001318 **
occupationHandlers-cleaners              -1.473390   0.130872 -11.258 < 2e-16 ***
occupationProf-specialty                 -0.128743   0.063198  -2.037 0.041638 *
occupationOther-service                  -1.469594   0.085942 -17.100 < 2e-16 ***
occupationAdm-clerical                   -1.073049   0.073384 -14.622 < 2e-16 ***
occupationSales                          -0.552853   0.067618  -8.176 2.93e-16 ***
occupationCraft-repair                   -0.712170   0.066724 -10.673 < 2e-16 ***
occupationTransport-moving               -0.793742   0.090834  -8.738 < 2e-16 ***
occupationFarming-fishing                -1.862775   0.128855 -14.456 < 2e-16 ***
occupationMachine-op-inspct              -1.332522   0.094676 -14.075 < 2e-16 ***
occupationTech-support                   -0.294672   0.102080  -2.887 0.003893 **
occupationUNK                            -0.952324   0.221143  -4.306 1.66e-05 ***
occupationProtective-serv                 0.185790   0.113401   1.638 0.101351
occupationArmed-Forces                  -15.500801 432.759350  -0.036 0.971427
occupationPriv-house-serv                -3.546814   1.030645  -3.441 0.000579 ***
relationshipNot-in-family                -0.726953   0.064070 -11.346 < 2e-16 ***
relationshipWife                          0.837109   0.081847  10.228 < 2e-16 ***
relationshipOwn-child                    -2.299872   0.117274 -19.611 < 2e-16 ***
relationshipUnmarried                    -0.503751   0.074711  -6.743 1.55e-11 ***
relationshipOther-relative               -1.082911   0.138016  -7.846 4.29e-15 ***
raceBlack                                 0.606281   0.061005   9.938 < 2e-16 ***
raceAsian-Pac-Islander                    1.614144   0.080810  19.975 < 2e-16 ***
raceAmer-Indian-Eskimo                    0.461699   0.155727   2.965 0.003029 **
raceOther                                 0.633979   0.185451   3.419 0.000629 ***
genderFemale                             -0.123921   0.047842  -2.590 0.009592 **
nativeCountryCuba                         0.317128   0.310020   1.023 0.306343
nativeCountryJamaica                      1.404543   0.297432   4.722 2.33e-06 ***
nativeCountryIndia                        1.466653   0.219183   6.691 2.21e-11 ***
nativeCountryUNK                          0.488870   0.108748   4.495 6.94e-06 ***
nativeCountryMexico                      -0.356017   0.200478  -1.776 0.075760 .
nativeCountrySouth                        2.712322   0.224475  12.083 < 2e-16 ***
nativeCountryPuerto-Rico                 -0.330702   0.362388  -0.913 0.361473
nativeCountryHonduras                    -0.116442   1.457708  -0.080 0.936333
nativeCountryEngland                      0.168188   0.314917   0.534 0.593292
nativeCountryCanada                       1.815523   0.221290   8.204 2.32e-16 ***
nativeCountryGermany                      0.194379   0.225471   0.862 0.388632
```

```
nativeCountryIran                                0.130755   0.435480   0.300 0.763982
nativeCountryPhilippines                         1.516576   0.144374  10.504  < 2e-16 ***
nativeCountryItaly                               1.430372   0.322360   4.437 9.11e-06 ***
nativeCountryPoland                             -0.011026   0.399951  -0.028 0.978006
nativeCountryColumbia                           -2.058625   0.801743  -2.568 0.010238 *
nativeCountryCambodia                            1.185365   0.567790   2.088 0.036827 *
nativeCountryThailand                           -1.515856   0.790739  -1.917 0.055237 .
nativeCountryEcuador                             0.305120   0.590870   0.516 0.605581
nativeCountryLaos                               -1.774955   0.928975  -1.911 0.056048 .
nativeCountryHaiti                               0.686366   0.603986   1.136 0.255791
nativeCountryPortugal                            0.546523   0.606772   0.901 0.367745
nativeCountryDominican-Republic                  1.021236   0.328344   3.110 0.001869 **
nativeCountryEl-Salvador                        -0.311822   0.480396  -0.649 0.516278
nativeCountryFrance                              0.961540   0.327440   2.937 0.003319 **
nativeCountryGuatemala                          -0.002497   0.576969  -0.004 0.996547
nativeCountryJapan                               0.629314   0.356327   1.766 0.077377
nativeCountryPeru                               -1.907448   1.086935  -1.755 0.079279 .
nativeCountryOutlying-US(Guam-USVI-etc)        -12.983037 481.588575  -0.027 0.978493
nativeCountryScotland                           -1.124844   0.931690  -1.207 0.227311
nativeCountryTrinadad&Tobago                    -0.538606   0.958978  -0.562 0.574357
nativeCountryGreece                              1.850875   0.445076   4.159 3.20e-05 ***
nativeCountryNicaragua                           0.520045   0.711204   0.731 0.464646
nativeCountryIreland                             2.304061   0.781947   2.947 0.003213 **
nativeCountryHungary                             0.556481   0.684296   0.813 0.416094
nativeCountryHoland-Netherlands                -11.297514 882.743391  -0.013 0.989789
---
Signif. codes:   0 '***' 0.001 '**' 0.01 '*' 0.05 '.' 0.1 ' ' 1

(Dispersion parameter for binomial family taken to be 1)

    Null deviance: 32794 on 23655 degrees of freedom
Residual deviance: 20094 on 23561 degrees of freedom
AIC: 20284

Number of Fisher Scoring iterations: 13
```

模型的输出结果表明，使用的所有变量都是显著的，所以现在不需要从模型中删除任何变量。

5.4.4 评估模型

现在有了 logistic 回归模型，可以根据测试数据生成预测。

```
> income_pred1 <- predict(income_mod1, income_test, type = 'response')

> head(income_pred1)

         1          2          3          4          5          6
0.88669468 0.09432701 0.31597757 0.96025585 0.21628507 0.43047656
```

结果表明，这些预测提供了测试数据中每个样本的 income=1 的概率。为了用 0 和 1 来解释结果，需要确定一个理想阈值。

```
> library(InformationValue)

> ideal_cutoff <-
    optimalCutoff(
      actuals = income_test$income,
      predictedScores = income_pred1,
      optimiseFor = "Both")
```

```
> ideal_cutoff
[1] 0.4294492
```

输出结果表明，我们的预测理想阈值是 0.429 449 2。使用这个阈值，对预测变量重新编码。

```
> income_pred1 <- ifelse(income_pred1 >= ideal_cutoff, 1, 0)

> head(income_pred1)

1 2 3 4 5 6
1 0 0 1 0 1
```

现在，准备根据测试数据评估模型的性能。为此，可以创建一个混淆矩阵，并使用它的值来导出模型的预测准确性。

```
> income_pred1.table <- table(income_test$income, income_pred1)

> sum(diag(income_pred1.table)) / nrow(income_test)
[1] 0.7384521
```

结果表明，该模型的预测准确性为 73.85%，这是相当合理的表现。请注意，我们只在模型的数据中使用分类变量。在下面的练习中，我们将为你提供通过考虑连续变量来改进模型的机会。

5.5 练习

练习 1. 思考以下每个问题最好作为回归问题还是分类问题。

a. 根据年龄、孩子数量、邮政编码和收入水平预测某人最有可能光顾的连锁餐馆。

b. 根据一周中的某一天、室外温度以及餐厅是否正在进行促销活动来预测餐厅在某一天可能接待的访客数量。

c. 根据出生地、现居住地、年龄和性别预测个人可能支持的棒球队。

d. 根据品牌、型号、使用年限、里程表读数、车况和颜色预测二手车的价格。

练习 2. 你正在与一家为患者提供免费年度健康检查的医疗保健机构合作。该机构希望更好地了解推动参与筛查计划的因素。你使用 logistic 回归开发一个模型，根据个人的婚姻状况和种族来预测参与情况。模型结果如下所示：

```
Call:
glm(formula = participated ~ age + maritalStatus + ethnicity,
    family = binomial, data = patients_train)

Deviance Residuals:
   Min      1Q  Median      3Q     Max
-1.739  -1.256   1.018   1.027   1.590

Coefficients:

                  Estimate Std. Error z value Pr(>|z|)
(Intercept)       1.424848   0.567979   2.509   0.0121 *
```

```
age                                                             0.000498   0.002121   0.235  0.8144
maritalStatusMarried                                           -0.195182   0.159257  -1.226  0.2204
maritalStatusNot Known                                         -1.150035   0.175621  -6.548 5.82e-11 ***
maritalStatusSingle                                            -0.770244   0.168187  -4.580 4.66e-06 ***
maritalStatusWidowed                                           -0.441739   0.290676  -1.520  0.1286
ethnicityAsian                                                 -1.019093   0.543590  -1.875  0.0608 .
ethnicityBlack or African American                             -1.187287   0.544551  -2.180  0.0292 *
ethnicityHispanic                                              -0.984501   0.545999  -1.803  0.0714 .
ethnicityNative Hawaiian or Other Pacific Islander -12.230119 196.968421  -0.062  0.9505
ethnicityTwo or More                                           -1.060614   0.561182  -1.890  0.0588 .
ethnicityUnknown                                               -1.217726   0.554415  -2.196  0.0281 *
ethnicityWhite                                                 -0.880737   0.536667  -1.641  0.1008
---
Signif. codes:  0 '***' 0.001 '**' 0.01 '*' 0.05 '.' 0.1 ' ' 1

(Dispersion parameter for binomial family taken to be 1)

    Null deviance: 8464.2  on 6111  degrees of freedom
Residual deviance: 8223.3  on 6099  degrees of freedom
AIC: 8249.3

Number of Fisher Scoring iterations: 10
```

a. 在这个模型中，哪个变量对结果的影响最大？

b. 对于该变量，从最不可能参与评估的组到最有可能参与评估的组来对级别进行排序。

练习 3．在练习 2 中开发模型之后，你获得了有关研究中个体的附加信息。具体来说，你了解了每个人之前参与筛查计划的次数。将这些信息整合到模型中，并获得以下结果：

```
Call:
glm(formula = participated ~ age + maritalStatus + ethnicity +
    priorScreenings, family = binomial, data = patients_train)

Deviance Residuals:
    Min      1Q   Median      3Q      Max
-2.1965  -0.6845   0.2264   0.5264   2.1374

Coefficients:
                                                   Estimate Std. Error z value Pr(>|z|)
(Intercept)                                         0.420756   0.692364   0.608  0.5434
age                                                -0.017940   0.002855  -6.284 3.31e-10 ***
maritalStatusMarried                                0.078128   0.225397   0.347  0.7289
maritalStatusNot Known                              0.205479   0.241209   0.852  0.3943
maritalStatusSingle                                -0.352247   0.236139  -1.492  0.1358
maritalStatusWidowed                               -0.035840   0.406231  -0.088  0.9297
ethnicityAsian                                     -1.095094   0.653537  -1.676  0.0938 .
ethnicityBlack or African American                 -1.151009   0.654967  -1.757  0.0789 .
ethnicityHispanic                                  -0.953887   0.656464  -1.453  0.1462
ethnicityNative Hawaiian or Other Pacific Islander -11.293698 196.968754 -0.057  0.9543
ethnicityTwo or More                               -1.341665   0.679203  -1.975  0.0482 *
ethnicityUnknown                                   -1.093776   0.666182  -1.642  0.1006
ethnicityWhite                                     -1.076935   0.644631  -1.671  0.0948 .
priorScreenings                                     1.619062   0.040467  40.010  < 2e-16 ***
---
Signif. codes:  0 '***' 0.001 '**' 0.01 '*' 0.05 '.' 0.1 ' ' 1

(Dispersion parameter for binomial family taken to be 1)
```

```
      Null deviance: 8464.2 on 6111 degrees of freedom
Residual deviance: 5267.5 on 6098 degrees of freedom
AIC: 5295.5

Number of Fisher Scoring iterations: 10
```

a. 参加过既往筛查的个体更有可能参与未来筛查，还是不太可能参与未来筛查，或者无法确定差异？

b. 对于参与过去筛查的个人，是什么因素改变了他们参与下一次筛查的优势比？

c. 哪个模型更适合数据，是练习 2 中的模型还是这个模型？你为什么这样以为？

练习 4. 在练习 3 中改进了模型后，你可以使用该模型对不在原始训练集中的员工进行预测。你将获得以下 10 个预测：

```
1          2          3          4          5
0.1465268  0.9588654  0.9751363  0.4956821  0.8601916
6          7          8          9          10
0.3984430  0.2268064  0.8490515  0.9527210  0.4642998
```

a. 解释这些结果。这 10 名员工中有多少人可能会参加健康评估？

b. 怎样才能改进你的预测？

练习 5. 将 logistic 回归模型从仅使用收入预测的变量扩展到包含多个连续变量。

a. 创建并检查这些变量的相关图。它们是否表现出多重共线性？

b. 检查连续变量的汇总统计信息。你观察到异常值了吗？如果是，适当地处理它们。

c. 将 logistic 回归模型拟合到数据集，包括连续变量和分类变量。使用与例子相同的训练 / 测试数据集进行分割。

d. 检查模型的摘要。连续变量是否显著？这个模型和没有连续变量的模型相比怎么样？

e. 使用 0.50 阈值为测试数据集生成预测，并创建结果的混淆矩阵，将这些结果与本章前面的模型进行比较。

第三部分　分类

第 6 章

k 近邻

第 5 章介绍了 logistic 回归，它是给新数据（分类）分配标签或类别的几种方法之一。在本章中，我们将介绍另一种分类方法，该方法基于现有相似数据点的最常见类别，将一个类别分配给未标记的数据点，这种方法被称为 *k* 近邻。

最近邻算法是被称为懒惰学习者的算法家族的一部分。这些类型的学习者没有建立模型，这意味着它们没有真正做任何学习。相反，它们只是在预测阶段参考训练数据，以便为未标记的数据分配标签。懒惰学习者也被称为基于样本的学习者或死记硬背的学习者，因为它们严重依赖训练集。尽管懒惰学习者（例如 *k* 近邻方法）很简单，但它们在处理难以理解的具有大量变量的数据方面非常强大，这些数据具有大量的相当相似样本。

在本章结束时，你将学到以下内容：
◆ 如何量化新数据和现有数据之间的相似性；
◆ 如何选择合适数量的"邻居"（*k*）用于分类新数据；
◆ *k* 近邻分类过程如何工作；
◆ 如何使用 *k* 近邻分类器将标签分配给 R 中的新数据；
◆ *k* 近邻方法的优缺点。

6.1 检测心脏病

在本章中探索最近邻算法时，将使用包含心脏病患者和非心脏病患者信息的数据集。该数据集最初是由美国、瑞士和匈牙利的 4 家医疗机构的研究人员收集使用的，并通过加州大学欧文分校的机器学习资源库提供给数据科学界。

本例使用的数据集将作为本书附带的电子资源的一部分提供给你。（有关获取电子资源的更多信息，请参见前言。）它被分为训练和测试数据集，并包括关于个人医疗状况和他们是否患有心脏病的信息。

我们的任务是使用该数据集来检查训练集中现有患者的记录，并使用这些信息来预测评估集中的患者是否有可能在不执行任何侵入性操作的情况下患心脏病。

数据集包括各种可供分析的医疗数据。
• age 是患者的年龄，以年为单位。

- sex 是患者的生物学性别。
- painType 描述患者报告的胸痛类型（如果有）。此变量的默认选项有：
  - 典型的心绞痛；
  - 非典型心绞痛；
  - 非心绞痛；
  - 无症状（无疼痛）。
- restingBP 是患者休息时的收缩压，单位为毫米汞柱。
- cholesterol 是患者的总胆固醇，单位为毫克/升。
- highBloodSugar 是一个逻辑值，表明患者的空腹血糖读数是否大于120毫克/分升。
- restingECG 是一个分类变量，用于解释患者的静息心电图结果。此变量的默认选项为：
  - 正常；
  - 肥大；
  - 波异常。
- exerciseAngina 是一个逻辑值，表明患者是否经历运动诱发的心绞痛。
- STdepression 是对患者ST抑郁程度的数值评估，一种与心脏病相关的心电图发现。
- STslope 是描述患者心电图上ST段斜率的分类值。它可能具有以下值：
  - 向下倾斜；
  - 平的；
  - 向上倾斜。
- coloredVessels 是接受透视检查时出现彩色的主要血管数量。该值为 0～3。
- defectType 是描述患者心脏缺陷的分类值，它可能有这些值：
  - 正常；
  - 可逆缺陷；
  - 修正缺陷。
- heartDisease 是待预测的变量。这是一个逻辑值，如果病人患有心脏病，则该值为真；如果没有，则该值为假。

注意：该数据集包括包含医学诊断技术信息的变量。如果你发现其中一些变量令人困惑，不要太担心。这个数据集的本质强调了在现实世界中进行机器学习时，包含具有背景经验的主题专家的重要性。

鉴于问题和所提供的数据，以下是需要回答的问题。
- 基于可获得的预测变量，我们能在多大程度上预测患者是否患有心脏病？
- k 的什么值提供了最好的预测性能？

在本章结束时，我们将使用 k 近邻和相关技术回答这些问题。

6.2 k 近邻

k 近邻方法的基本思想是，相似的事物可能具有相似的属性。因此，为了将类别分配给新数据，首先找到 k 个与新数据尽可能相似（最邻近）的现有数据样本。然后，使用那些最近邻的标签来预测新数据的标签。

为了说明 k 近邻是如何工作的，让我们尝试处理 6.1 节中介绍的问题。研究目标是使用现有的患者记录来预测新患者是否有可能患有心脏病。为了让问题简单化，将分析限制在数据集中的两个预测变量：年龄和胆固醇。分类变量是心脏病。假设创建了一个数据散点图，其中 y 轴为年龄，x 轴为胆固醇，图表类似于图 6.1。

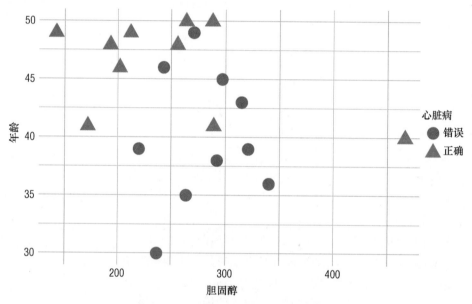

图 6.1　数据集中 20 名患者的年龄与胆固醇水平的散点图。
每个点的形状和颜色表明患者是否患有心脏病

现在，假设有一个年龄为 45 岁、胆固醇水平为 225 的新患者。仅根据他的胆固醇水平和年龄，如何确定他是否患有心脏病？使用 k 近邻方法，首先要在数据集中找到与新病人最相似的 k 个患者，即新患者的最近的邻居。然后，将最近邻中最常见类别的标签分配给新患者。为了说明这种方法，我们在之前散点图中添加了一个新的数据点来表示新患者，即图 6.2 中的黑色方块。我们还用样本数据集中 20 个现有患者的唯一标识符来标注每个现有点。

如果 k 设置为 1，我们识别最接近新数据点的一个现有数据点。通过目测，可以看到他要么是病人 11，要么是病人 9。假设是病人 9，这个病人没有心脏病。因此，将新病人归类为也不患有心脏病。然而，如果 k 设置为 3，新病人的 3 个最近邻居是病人 9、11 和 5。由于这 3 名患者中最常见的类别是心脏病，所以将新患者也归类为患有心脏病。

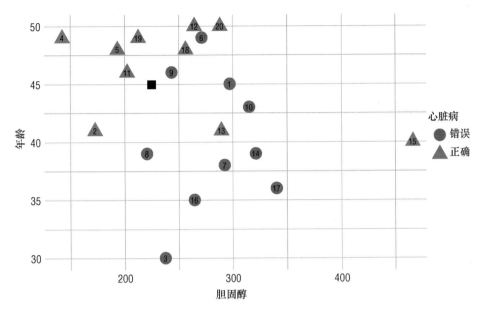

图 6.2 从数据集中抽样 20 名患者和新分类患者（黑色方块）的年龄与胆固醇水平的散点图

6.2.1 发现最近邻居

正如前面的例子所示，k 的值对新的未标记例子的分类有很大影响。本章后面将讨论选择适当的 k 值的方法。前面例子说明的另一件事是正确识别待预测样本的最近邻居的重要性。在这个例子中，我们通过目测来做到这一点。然而，可以想象，这不是一个非常精确的方法。此外，当只考虑两个维度时，很容易识别在视觉上彼此接近的点，例如图 6.2 中使用了年龄和胆固醇。然而，如果我们决定在数据集中包含更多的维度来表示额外的变量，很快就会遇到一些明显的挑战。为了量化两点之间的距离，k 近邻算法使用了一个适用于二维以上数据的距离函数。这种度量被称为欧几里得距离。

欧几里得距离是多维空间中两点坐标之间的直线距离。数学上，定义两点 p 和 q 之间的欧几里得距离如下：

$$\text{dist}(p,q) = \sqrt{(p_1 - q_1)^2 + (p_2 - q_2)^2 + \cdots + (p_n - q_n)^2} \tag{6.1}$$

其中，n 表示 p 和 q 的变量数，使得 p_1 和 q_1 表示 p 和 q 的第一个变量的值；p_2 和 q_2 表示 p 和 q 的第二个变量的值；p_n 和 q_n 表示 p 和 q 的第 n 个变量的值。

新患者（P_{new}）的年龄是 45 岁，胆固醇水平为 225，而患者 11（P_{11}）是 46 岁，胆固醇水平为 202，为了仅使用年龄和胆固醇变量来计算新患者和患者 11 之间的距离，进行以下计算：

$$\text{dist}(P_{\text{new}}, P_{11}) = \sqrt{(45 - 46)^2 + (225 - 202)^2} = 23.02 \tag{6.2}$$

这个例子说明了欧几里得距离的一个重要概念。具有较大值或具有更大范围的变量倾向于对距离计算产生不相称的影响。例如，在第 5 章中研究的捐赠者数据集使用 k 近邻。该数据集的两个变量是 numberChildren 和 totalGivingAmount。假设捐助者 A 有 4 个孩子，捐赠总额为 5000 美元，捐助者 B 有两个孩子，捐赠总额 6000 美元，为了仅使用 numberChildren 和 totalGivingAmount 来计算这两个捐助者之间的距离，计算如下：

$$\text{dist}(A,B) = \sqrt{(4-2)^2 + (5000-6000)^2} = 1000.002 \qquad (6.3)$$

结果表明，捐赠者 A 和捐赠者 B 之间的距离几乎是两个捐赠者的 totalGivingAmount 变量值之间的绝对差（1000 美元）。numberChildren 在距离计算的最终结果中几乎没有意义。为了克服该方法的局限性，常见的做法是在使用 k 近邻算法之前对变量进行缩放或标准化。因此，在这个例子中，如果使用第 3 章中引入的最小 – 最大标准化方法，则捐赠者 A 的 numberChildren 和 totalGivingAmount 的标准化变量值分别为 0.500 和 0.526。捐赠者 B 的 numberChildren 和 totalGivingAmount 的标准化特征值分别为 0.167 和 0.632。使用这些标准化值来计算两个捐赠者之间的距离，结果如下：

$$\text{dist}(A,B) = \sqrt{(0.500-0.167)^2 + (0.526-0.632)^2} = 0.349 \qquad (6.4)$$

距离不再受到一个变量对另一个变量的不成比例的影响。事实上，使用最小 – 最大标准化，可以看到无论原始变量的大小如何，在特定变量的值列表中，两个数据点之间的距离越远，它们的距离对总体距离计算的影响就越大。

现在，回到最初的例子。将最小 – 最大标准化方法应用于新患者的变量，年龄和胆固醇值分别为 0.750 和 0.250。对患者 11 做同样的处理，年龄和胆固醇值分别为 0.818 和 0.206。将它们替代在公式（6.2）中计算，得出 P_{new} 和 P_{11} 之间的距离如下：

$$\text{dist}(P_{\text{new}}, P_{11}) = \sqrt{(0.750-0.818)^2 + (0.250-0.206)^2} = 0.081 \qquad (6.5)$$

将这种方法应用于样本中所有 20 名患者的数据点得到的结果如表 6.1 所示，该结果显示了每个现有患者与新患者之间的距离（按距离升序排序）：

表 6.1　对 20 名患者应用最小 – 最大标准化方法的结果

Patient	Age	Cholesterol	Age（Normalized）	Cholesterol（Normalized）	Distance to P_{new}	heartDisease
11	46	202	0.818	0.206	0.081	TRUE
9	46	243	0.818	0.306	0.088	FALSE
5	48	193	0.909	0.184	0.172	TRUE
18	48	256	0.909	0.337	0.182	TRUE
1	45	297	0.773	0.437	0.188	FALSE
2	41	172	0.591	0.133	0.197	TRUE
19	49	212	0.955	0.231	0.205	TRUE
13	41	289	0.591	0.417	0.231	TRUE
6	49	271	0.955	0.374	0.239	FALSE
10	43	315	0.682	0.481	0.240	FALSE
8	39	220	0.500	0.250	0.250	FALSE
12	50	264	1.000	0.357	0.272	TRUE
4	49	142	0.955	0.061	0.279	TRUE
20	50	288	1.000	0.415	0.300	TRUE
7	38	292	0.455	0.425	0.343	FALSE
14	39	321	0.500	0.495	0.350	FALSE
16	35	264	0.318	0.357	0.445	FALSE
17	36	340	0.364	0.541	0.484	FALSE
15	40	466	0.545	0.847	0.631	TRUE
3	30	237	0.091	0.291	0.660	FALSE

结果表明，患者 11 最接近假设的新患者（最近的邻居），而患者 3 距离新患者最远。这些结果与图 6.2 中看到的结果是一致的。

6.2.2　标记未标记数据

在确定假设的新患者 P_{new} 的最近邻居之后，下一步是为患者分配一个类别标签。这就是 k 近邻中引入 k 值的地方。正如前面提到的，k 代表为了给新的未标记样本分配一个类别标签而引用的预先存在的已标记邻居的数量。在例子中，如果将 k 设置为 1，那么我们将仅基于 P_{new} 的单个最近邻居（患者 11）的类别标签为 P_{new} 分配一个类别标签。因此，P_{new} 将被分配一个为真的类别标签。

可以想象，k 可以取任意整数值，它的最大值是数据集（训练数据）中已有标记样本的数量。假设将 k 设置为 3，这意味着需要考虑与新患者的 3 个最近邻居。从之前的距离表中，可以看到 3 个最近的邻居是患者 11、9 和 5，其类别标签分别为真、假和真。我们按照 k 近邻中的多数票给新患者分配一个标签。在这种情况下，3 个最近的邻居中有两个为真，使得大多数类别为真，因此新患者被分配了为真的类别标签。

需要注意的是，当处理只有两个类别的数据时，如果 k 的值是偶数，有可能出现平分的情况。例如，对于某个假设的数据集，k 的值设置为 6，6 个最近邻居的类别标签分别为真、真、假、真、假和假（3 个为真，3 个为假）。在这种情况下，多数票将从两个选项中随机选择。为了将这种情况的可能性降至最低，在实践中通常将 k 值设置为奇数。

6.2.3　选择合适的 k

为 k 选择一个合适的值会影响模型对未知数据的可泛化程度。k 的值越高，模型受到数据中的噪声或异常值的影响就越小。然而，较高的 k 值也增加了模型无法捕获数据中某些重要模式的可能性。图 6.3（a）说明了当 k 取值较大时对决策边界（虚线）的影响。基于决策边界，可以看到线上方的所有数据点都标记为真，而下面的点都被标记为假。在极端情况下，将 k 值设置为训练数据中的样本数，这意味着，无论其最近邻居的类别是什么，每个未标记的样本都将被分配给大多数类别的标签。

较低的 k 值允许更复杂的决策边界，这些决策边界更接近数据中的模式。然而，这也意味着 k 值越低，异常值和噪声数据对模型的影响就越大，如图 6.3（b）所示。因此，至关重要的是为 k 选择一个值，在识别数据中的小但重要的模式和不过拟合数据中的噪声之间提供良好的平衡。

需要注意的是，在选择 k 的最佳值时，数据越复杂和不规则，k 的适当值就越小。在实践中，有几种常见的方法来选择 k 的适当值。一种方法是将 k 值设置为训练样本数的平方根。然而，这种方法应该被视为 k 值的起点，而不是经验基础。更常见的方法是通过使用几个 k 值来评估模型在测试数据中的性能。通过这种方法来选择实现最佳预测性能的 k 值。目前，预测性能的概念限制在预测准确性上。第 9 章将探讨除预测准确性之外的其他衡量指标。

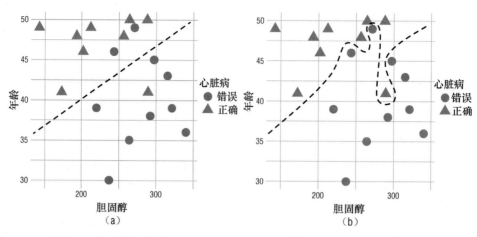

图 6.3 最大值 k（a）和最小值 k（b）对模型决策边界（虚线）的影响

6.2.4 k 近邻模型

现在对 k 近邻算法的工作原理有了更好的理解，是时候将理论知识付诸实践了。本节将利用 R 语言使用 k 近邻算法来解决本章开头介绍心脏病检测问题。首先需要导入和预览数据。

```
> library(tidyverse)
> heart <- read_csv("heart.csv", col_types = "nffnnffnfnfnff")
> glimpse(heart)

Observations: 920
Variables: 14
$ age            <dbl> 63, 67, 67, 37, 41, 56, 62, 57, 63, 53, 57, 56, 56, 44, ...
$ sex            <fct> male, male, male, male, female, male, female, female, ma...
$ painType       <fct> Typical Angina, Asymptomatic, Asymptomatic, Non-Anginal ...
$ restingBP      <dbl> 145, 160, 120, 130, 130, 120, 140, 120, 130, 140, 140, 1...
$ cholesterol    <dbl> 233, 286, 229, 250, 204, 236, 268, 354, 254, 203, 192, 2...
$ highBloodSugar <fct> TRUE, FALSE, FALSE, FALSE, FALSE, FALSE, FALSE, FALSE, F...
$ restingECG     <fct> Hypertrophy, Hypertrophy, Hypertrophy, Normal, Hypertrop...
$ restingHR      <dbl> 150, 108, 129, 187, 172, 178, 160, 163, 147, 155, 148, 1...
$ exerciseAngina <fct> FALSE, TRUE, TRUE, FALSE, FALSE, FALSE, FALSE, TRUE, FAL...
$ STdepression   <dbl> 2.3, 1.5, 2.6, 3.5, 1.4, 0.8, 3.6, 0.6, 1.4, 3.1, 0.4, 1...
$ STslope        <fct> Downsloping, Flat, Flat, Downsloping, Upsloping, Upslopi...
$ coloredVessels <dbl> 0, 3, 2, 0, 0, 0, 2, 0, 1, 0, 0, 0, 1, 0, 0, 0, 0, 0, 0,...
$ defectType     <fct> FixedDefect, Normal, ReversibleDefect, Normal, Normal, N...
$ heartDisease   <fct> FALSE, TRUE, TRUE, FALSE, FALSE, FALSE, TRUE, FALSE, TRU...
```

数据预览结果显示，有 920 个观测值和 14 个变量。获得数据之后，需要做一些探索性数据分析。summary() 函数为我们提供了数据统计分布的总体视图，并识别异常值、噪声和缺失数据的任何潜在问题。

```
> summary(heart)

     age             sex                   painType          restingBP
 Min.   :28.00   male   :206   Typical Angina    : 46   Min.   :  0.0
 1st Qu.:47.00   female :714   Asymptomatic      :496   1st Qu.:120.0
```

```
Median  :54.00          Non-Anginal Pain :204    Median  :130.0
Mean    :53.51          Atypical Angina  :174    Mean    :132.1
3rd Qu. :60.00                                   3rd Qu. :140.0
Max.    :77.00                                   Max.    :200.0
                                                 NA's    :59
   cholesterol        highBloodSugar        restingECG        restingHR
Min.   :  0.0      TRUE :138     Hypertrophy     :188    Min.   : 60.0
1st Qu.:175.0      FALSE:692     Normal          :551    1st Qu.:120.0
Median :223.0      NA's : 90     waveAbnormality:179    Median :140.0
Mean   :199.1                    NA's           :  2    Mean   :137.5
3rd Qu.:268.0                                            3rd Qu.:157.0
Max.   :603.0                                            Max.   :202.0
NA's   : 30                                              NA's   :55
exerciseAngina   STdepression            STslope     coloredVessels
FALSE:528       Min.   :-2.6000    Downsloping: 63    Min.   :0.0000
TRUE :337       1st Qu.: 0.0000    Flat       :345    1st Qu.:0.0000
NA's : 55       Median : 0.5000    Upsloping  :203    Median :0.0000
                Mean   : 0.8788    NA's       :309    Mean   :0.6764
                3rd Qu.: 1.5000                        3rd Qu.:1.0000
                Max.   : 6.2000                        Max.   :3.0000
                NA's   :62                             NA's   :611
              defectType     heartDisease
FixedDefect      : 46     FALSE:411
Normal           :196     TRUE :509
ReversibleDefect :192
NA's             :486
```

1. 处理缺失数据

结果表明，数据集的 14 个变量中有 10 个缺失数据。在前几章中，我们试图通过使用指示变量或使用第 3 章中介绍的插补方法来解决这些缺失值。这一次，我们将使用在第 3 章中介绍的另一种方法，即简单地从数据集中删除缺失数据。为此，使用 dplyr 包中的 filter() 函数将数据集限制为仅包含没有缺失值的记录，所涉及的 10 个变量中的任何一个（即 !is.na()）。

```
> heart <- heart %>%
   filter(!is.na(restingBP) & !is.na(cholesterol) & !is.na(highBloodSugar) &
!is.na(restingECG) & !is.na(restingHR) & !is.na(exerciseAngina) & !is.
na(STdepression) & !is.na(STslope) & !is.na(coloredVessels) & !is.
na(defectType))
```

2. 数据标准化

正如之前所学到的，具有较大值或具有较大范围的变量往往会不成比例地影响欧几里得距离的计算。因此，在使用 k 近邻之前对变量进行标准化是很重要的。对于我们的数据，使用第 3 章中介绍的最小 - 最大标准化方法来处理。就像我们第 3 章中所做的一样，我们要做的第一件事是为标准化函数编写并执行代码，即标准化过程。

```
> normalize <- function(x) {
+    return((x - min(x)) / (max(x) - min(x)))
+ }
```

然后，将标准化函数应用于每个数值变量，以标准化它们在 0 ～ 1 范围内的数值。

```
> heart <- heart %>%
   mutate(age = normalize(age)) %>%
   mutate(restingBP = normalize(restingBP)) %>%
```

```
mutate(cholesterol = normalize(cholesterol)) %>%
mutate(restingHR = normalize(restingHR)) %>%
mutate(STdepression = normalize(STdepression)) %>%
mutate(coloredVessels = normalize(coloredVessels))
```

再次运行 summary() 函数表明，数值变量的取值范围现在都在 0 和 1 之内。

```
> summary(heart)
      age             sex                        painType        restingBP
 Min.   :0.0000   male  :201   Typical Angina  : 23   Min.   :0.0000
 1st Qu.:0.3958   female: 98   Asymptomatic    :144   1st Qu.:0.2453
 Median :0.5625                Non-Anginal Pain: 83   Median :0.3396
 Mean   :0.5317                Atypical Angina : 49   Mean   :0.3558
 3rd Qu.:0.6667                                       3rd Qu.:0.4340
 Max.   :1.0000                                       Max.   :1.0000
  cholesterol       highBloodSugar        restingECG      restingHR
 Min.   :0.0000   TRUE : 43     Hypertrophy    :146   Min.   :0.0000
 1st Qu.:0.2392   FALSE:256     Normal         :149   1st Qu.:0.4695
 Median :0.3060                 waveAbnormality:  4   Median :0.6183
 Mean   :0.3163                                       Mean   :0.5979
 3rd Qu.:0.3782                                       3rd Qu.:0.7214
 Max.   :1.0000                                       Max.   :1.0000
 exerciseAngina STdepression           STslope       coloredVessels
 FALSE:200      Min.   :0.0000   Downsloping: 21   Min.   :0.0000
 TRUE : 99      1st Qu.:0.0000   Flat       :139   1st Qu.:0.0000
                Median :0.1290   Upsloping  :139   Median :0.0000
                Mean   :0.1707                     Mean   :0.2241
                3rd Qu.:0.2581                     3rd Qu.:0.3333
                Max.   :1.0000                     Max.   :1.0000
             defectType heartDisease
 FixedDefect       : 18 FALSE:160
 Normal            :164 TRUE :139
 ReversibleDefect:117
```

3. 处理分类变量

点 A 和点 B 之间的欧几里得距离计算为这两个点的坐标之间的平方差之和的平方根［见公式（6.1）］。应用于 k 近邻，每个点都是数据集中的一个记录，每个坐标都由每个记录的变量表示。

计算两个变量之间的差异意味着这些变量是数值型变量。那么，如何计算分类变量之间的距离呢？一种常见的方法是将它们编码为虚拟变量，其中一个新的虚拟变量表示原始分类变量的每个唯一值。例如，数据集中的性别变量有两个值：男性和女性。为了将这个变量表示为虚拟变量，创建两个名为 sex_male 和 sex_female 的新变量。如果患者为男性，则 sex_male 变量的值为 1，如果患者为女性，则 sex_male 变量的值为 0。如果患者为女性，则 sex_female 变量的值为 1，如果患者为男性，则 sex_female 变量的值为 0。方便的是，这些新虚拟变量的值也与标准化数字变量具有相同的取值范围（0 和 1）。

除了手动将我们的每个分类变量编码为虚拟变量之外，R 中的 dummies 包还提供一个名为 dummy.data.frame() 的函数，它可以自动地大规模地将每个分类变量编码为虚拟变量，而不需要手动进行。但在这样做之前，还需要做几件事。首先是将数据集从 tibble 转换为数据框。这是一个重要的步骤，因为一些机器学习函数（如 dummy.data.frame()）需要将数据作为数据框传递给它。

```
> heart <- data.frame(heart)
```

需要做的第二件事是从剩下的数据中分离出类别标签，称此新数据集为 heart_labels。这很重要，因为不想为类别创建虚拟变量。

```
> heart_labels <- heart %>% select(heartDisease)
> heart <- heart %>% select(-heartDisease)
```

在创建虚拟变量之前，需要列出最初的变量值，这样之后就可以将它们与创建的新变量进行比较。

```
> colnames(heart)

[1] "age"             "sex"           "painType"       "restingBP"
[5] "cholesterol"     "highBloodSugar" "restingECG"     "restingHR"
[9] "exerciseAngina" "STdepression"   "STslope"        "coloredVessels"
[13] "defectType"
```

现在准备创建虚拟变量。为此，我们将数据集 heart（没有类别标签）传递给 dummy.data.frame() 函数。并指定分隔符（sep="_"）用于组合原始变量名称及其值以创建新变量名称。

```
> library(dummies)
> heart <- dummy.data.frame(data=heart, sep="_")
> colnames(heart)

 [1] "age"                      "sex_male"
 [3] "sex_female"               "painType_Typical Angina"
 [5] "painType_Asymptomatic"    "painType_Non-Anginal Pain"
 [7] "painType_Atypical Angina" "restingBP"
 [9] "cholesterol"              "highBloodSugar_TRUE"
[11] "highBloodSugar_FALSE"     "restingECG_Hypertrophy"
[13] "restingECG_Normal"        "restingECG_waveAbnormality"
[15] "restingHR"                "exerciseAngina_FALSE"
[17]  "exerciseAngina_TRUE"     "STdepression"
[19] "STslope_Downsloping"      "STslope_Flat"
[21] "STslope_Upsloping"        "coloredVessels"
[23] "defectType_FixedDefect"   "defectType_Normal"
[25] "defectType_ReversibleDefect"
```

新变量名称列表显示现在有 25 个变量，其中 19 个是新创建的虚拟变量。

4. 分割数据

到目前为止，我们已经处理了原始数据集中的缺失值，将它们排除在分析之外，并且对数值变量进行了标准化处理，这样某些变量就不会主导距离计算，然后将分类变量编码为虚拟变量，以便它们可以包含在距离计算中。接下来要做的是将数据分成训练数据集和测试数据集。测试数据将作为未标记数据集，而训练数据将作为现有的标记样本。使用 sample() 函数，将 75% 的数据划分为训练数据，25% 划分为测试数据。

```
> set.seed(1234)
> sample_index <- sample(nrow(heart), round(nrow(heart)*.75), replace = FALSE)
> heart_train <- heart[sample_index, ]
> heart_test <- heart[-sample_index, ]
```

对类别标签做同样的划分。

```
> heart_train_labels <- as.factor(heart_labels[sample_index, ])
> heart_test_labels <- as.factor(heart_labels[-sample_index, ])
```

请注意对于类别标签，需要使用 as.factor() 函数将数据从数据框转换为因子向量。这是下面将要使用 knn() 函数的要求。

5. 对未标记数据进行分类

现在已经准备好使用 R 中的 k 近邻方法标记未标记数据。为此，使用 class 包中的 knn() 函数。该函数需要输入 4 个参数。第一个参数（train）是训练数据集，第二个参数（test）是测试数据集，第三个参数（cl）是训练数据的类别标签列表，最后一个参数（k）是要考虑的邻居数量。将 k 设置为 15，这大约是 224 的平方根（数据中的训练样本的数量）。

```
> library(class)
> heart_pred1 <-
  knn(
    train = heart_train,
    test = heart_test,
    cl = heart_train_labels,
    k = 15
  )
```

使用 head() 函数，对预测进行预览。

```
> head(heart_pred1)

[1] FALSE TRUE FALSE FALSE FALSE FALSE
Levels: FALSE TRUE
```

输出结果提供了测试数据集中前 6 个样本的预测标签的有序列表。

6.2.5　评估模型

现在已经将标签分配给未标记样本（heart_test），接下来看看模型在预测正确的标签方面做得有多好。为了做到这一点，需要将测试数据（heart_pred1）的预测标签与测试数据（heart_test_labels）的实际标签进行比较。就像第 5 章中所做的那样，使用 table() 函数创建一个实际标签与预测标签比较的混淆矩阵。

```
> heart_pred1_table <- table(heart_test_labels, heart_pred1)
> heart_pred1_table

                  heart_pred1
heart_test_labels FALSE TRUE
            FALSE    30    5
            TRUE      9   31
```

预测准确性为 81.33%，如下所示：

```
> sum(diag(heart_pred1_table)) / nrow(heart_test)

[1] 0.8133333
```

考虑到我们只是简单地将 k 设置为训练样本数的平方根，这是一个相当好的性能。在 6.2.6 节中，我们将尝试改变 k 的值，看看是否可以提高模型的性能。

---

k 近邻预测数值响应

本章中用来说明 k 近邻的样本问题是一个具有分类响应变量（分类）的预测问题。然而，值得注意的是，k 近邻也可以应用于目标是预测数值型响应变量（回归）的问题。在这种情况下，寻找最近邻的过程与前面讨论的方法相同。然而，对于回归问题，我们使用 k 近邻的平均（或加权平均）响应值作为预测响应值，而不是使用多数投票来给未标记的数据分配标签。因此，如果 k 值设置为 3，并且新样本的 3 个最近邻居的响应值为 4、6 和 5，则新样本的响应变量的值将是 3 个邻居的平均值，即 5。

对于 k 近邻回归问题，评估预测准确性的方法也是不同的。回归问题中用均方根误差（RMSE）代替计算准确性（用正确预测的总和除以测试样本的数量）来度量预测准确性。在数学上，RMSE 的定义如下：

$$\text{RMSE} = \sqrt{\frac{\sum_{i=1}^{n}(\hat{y}_i - y_i)^2}{n}}$$

其中 $\hat{y}_i$ 是预测响应，y_i 是实际响应，n 是未标记样本的数量（测试样本的数量）。

6.2.6 改进模型

这一次，让我们尝试将 k 值设置为 1，看看这对预测准确性是否有显著的影响。

```
> heart_pred2 <-
   knn(
     train = heart_train,
     test = heart_test,
     cl = heart_train_labels,
     k = 1
     )
> heart_pred2_table <- table(heart_test_labels, heart_pred2)
> sum(diag(heart_pred2_table)) / nrow(heart_test)

[1] 0.6666667
```

输出结果表明，将 k 设置为 1 对预测准确性有负面影响。其结果从 81.33% 下降到了 66.67%。所以，这次尝试另一种方法，把 k 设置为 40。

```
> heart_pred3 <-
   knn(
     train = heart_train,
     test = heart_test,
     cl = heart_train_labels,
     k = 40
     )
> heart_pred3_table <- table(heart_test_labels, heart_pred3)
> sum(diag(heart_pred3_table)) / nrow(heart_test)

[1] 0.76
```

将 k 值设置为 40 比设置为 1 的预测准确性更高。但是，由于预测准确性为 76%，不如原来的方法（k=15）。图 6.4 显示了运行以前的代码，并将 k 值从 1 更改为 40 时预测准确性的变化。结果表明，在预测准确性方面，k 的最佳表现值为 7。在 k=7 时，预测准确性为 82.7%。

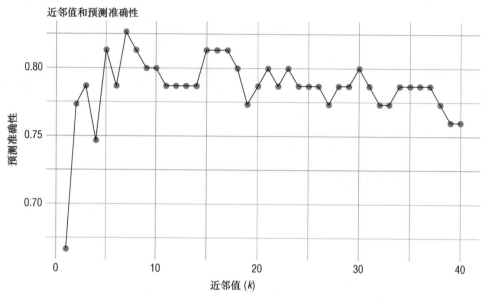

图 6.4　我们的模型对 1 ～ 40 之间的 k 近邻值的预测准确性

6.2.7　优缺点

正如我们所看到的，k 近邻分类方法是简单而有效的。本节将讨论这种方法的优缺点。以下是优点。

- k 近邻分类方法很容易理解和实现，而且它是非常有效的。
- 它没有对基础数据分布做出任何假设，这使得它能够应用于各种各样的问题。
- 训练阶段非常快。这是因为它没有建立模型，只是在需要时使用现有样本进行预测。
- 随着新数据的收集，k 近邻分类器进行调整，这使得它能够快速响应输入中的实时变化。

以下是缺点。

- 对于 k 近邻，合适的 k 的选择往往是任意的。
- 分类阶段相当缓慢。这是因为距离计算是在分类阶段计算的。数据集越大，速度越慢。
- 该算法没有处理缺失的数据。
- k 近邻不擅长处理不平衡数据。
- 没有预处理，k 近邻无法处理名义或异常数据。

6.3 案例研究：重新分析捐赠者数据集

在本章的案例研究中，让我们再看看 5.1 节介绍的问题。对于这个问题，调查目标是帮助退伍军人组织根据他们的人口统计信息、以前的捐赠历史和对以前邮件的回应来确定哪些捐赠者最有可能回应邮件。第 5 章使用 logistic 回归来解决这个问题。本章将尝试使用 k 近邻来解决这个问题。

6.3.1 导入数据

首先导入和预览数据。

```
> library(tidyverse)
> donors <- read_csv("donors.csv", col_types = "nnnnnnnnnnnnffffffffff")
> glimpse(donors)

Observations: 95,412
Variables: 22
$ age                      <dbl> 60, 46, NA, 70, 78, NA, 38, NA, NA, 65, NA, 75,...
$ numberChildren           <dbl> NA, 1, NA, NA, 1, NA, 1, NA, NA, NA, NA, 2,...
$ incomeRating             <dbl> NA, 6, 3, 1, 3, NA, 4, 2, 3, NA, 2, 1, 4, NA, 4...
$ wealthRating             <dbl> NA, 9, 1, 4, 2, NA, 6, 9, 2, NA, 0, 5, 2, NA, 6...
$ mailOrderPurchases       <dbl> 0, 16, 2, 2, 60, 0, 0, 1, 0, 0, 0, 3, 16, 0, 17...
$ totalGivingAmount        <dbl> 240, 47, 202, 109, 254, 51, 107, 31, 199, 28, 2...
$ numberGifts              <dbl> 31, 3, 27, 16, 37, 4, 14, 5, 11, 3, 1, 2, 9, 12...
$ smallestGiftAmount       <dbl> 5, 10, 2, 2, 3, 10, 3, 5, 10, 3, 20, 10, 4, 5, ...
$ largestGiftAmount        <dbl> 12, 25, 16, 11, 15, 16, 12, 11, 22, 15, 20, 15,...
$ averageGiftAmount        <dbl> 7.741935, 15.666667, 7.481481, 6.812500, 6.8648...
$ yearsSinceFirstDonation  <dbl> 8, 3, 7, 10, 11, 3, 10, 3, 9, 3, 1, 1, 8, 5, 4,...
$ monthsSinceLastDonation  <dbl> 14, 14, 14, 14, 13, 20, 22, 18, 19, 22, 12, 14,...
$ inHouseDonor             <fct> FALSE, FALSE, FALSE, FALSE, TRUE, FALSE, FALSE,...
$ plannedGivingDonor       <fct> FALSE, FALSE, FALSE, FALSE, FALSE, FALSE, FALSE...
$ sweepstakesDonor         <fct> FALSE, FALSE, FALSE, FALSE, FALSE, FALSE, FALSE...
$ P3Donor                  <fct> FALSE, FALSE, FALSE, FALSE, TRUE, FALSE, FALSE,...
$ state                    <fct> IL, CA, NC, CA, FL, AL, IN, LA, IA, TN, KS, IN,...
$ urbanicity               <fct> town, suburb, rural, rural, suburb, town, town,...
$ socioEconomicStatus      <fct> average, highest, average, average, average, av...
$ isHomeowner              <fct> NA, TRUE, NA, NA, TRUE, NA, TRUE, NA, NA, NA, N...
$ gender                   <fct> female, male, male, female, female, NA, female,...
$ respondedMailing         <fct> FALSE, FALSE, FALSE, FALSE, FALSE, FALSE, FALSE...
```

原始数据集有 95 412 个样本和 22 个变量。其中 12 个变量是数值型变量，而其他 10 个变量是分类变量。待预测的分类变量称为 respondedMailing。

6.3.2 探索和准备数据

有了数据之后，首先做一些初步的数据分析，以更好地理解它。为了简单起见，对变量范围进行限制，只使用数据集中的数值型变量作为响应变量的预测变量。

```
> donors <- donors %>%
    select(
      age,
```

```
    numberChildren,
    incomeRating,
    wealthRating,
    mailOrderPurchases,
    totalGivingAmount,
    numberGifts,
    smallestGiftAmount,
    largestGiftAmount,
    averageGiftAmount,
    yearsSinceFirstDonation,
    monthsSinceLastDonation,
    respondedMailing
)
```

1. 处理缺失数据

新数据集的统计汇总表明，数据集中存在缺失值（NA），并且预测变量的范围很大。

```
> summary(donors)

      age           numberChildren   incomeRating      wealthRating
 Min.   : 1.00    Min.   :1.00     Min.   :1.000    Min.   :0.00
 1st Qu.:48.00    1st Qu.:1.00     1st Qu.:2.000    1st Qu.:3.00
 Median :62.00    Median :1.00     Median :4.000    Median :6.00
 Mean   :61.61    Mean   :1.53     Mean   :3.886    Mean   :5.35
 3rd Qu.:75.00    3rd Qu.:2.00     3rd Qu.:5.000    3rd Qu.:8.00
 Max.   :98.00    Max.   :7.00     Max.   :7.000    Max.   :9.00
 NA's   :23665    NA's   :83026    NA's   :21286    NA's   :44732


 mailOrderPurchases totalGivingAmount numberGifts      smallestGiftAmount
 Min.   :  0.000    Min.   :  13.0    Min.   :  1.000  Min.   :   0.000
 1st Qu.:  0.000    1st Qu.:  40.0    1st Qu.:  3.000  1st Qu.:   3.000
 Median :  0.000    Median :  78.0    Median :  7.000  Median :   5.000
 Mean   :  3.321    Mean   : 104.5    Mean   :  9.602  Mean   :   7.934
 3rd Qu.:  3.000    3rd Qu.: 131.0    3rd Qu.: 13.000  3rd Qu.:  10.000
 Max.   :241.000    Max.   :9485.0    Max.   :237.000  Max.   :1000.000


 largestGiftAmount averageGiftAmount yearsSinceFirstDonation
 Min.   :   5      Min.   :   1.286  Min.   : 0.000
 1st Qu.:  14      1st Qu.:   8.385  1st Qu.: 2.000
 Median :  17      Median :  11.636  Median : 5.000
 Mean   :  20      Mean   :  13.348  Mean   : 5.596
 3rd Qu.:  23      3rd Qu.:  15.478  3rd Qu.: 9.000
 Max.   :5000      Max.   :1000.000  Max.   :13.000


 monthsSinceLastDonation respondedMailing
 Min.   : 0.00           FALSE:90569
 1st Qu.:12.00           TRUE : 4843
 Median :14.00
 Mean   :14.36
 3rd Qu.:17.00
 Max.   :23.00
```

首先处理缺失值，然后对变量值进行标准化处理。数据集中有 23 665 个样本，缺少年龄变量的样本。为了解决这些问题，使用均值插补法。

```
> donors <- donors %>%
  mutate(age = ifelse(is.na(age), mean(age, na.rm = TRUE), age))
> summary(select(donors, age))

    age
```

```
Min.   : 1.00
1st Qu.:52.00
Median :61.61
Mean   :61.61
3rd Qu.:71.00
Max.   :98.00
```

numberChildren 变量有 83 026 个缺失值。为了解决这些问题，使用中值插补法。

```
> donors <- donors %>%
    mutate(numberChildren = ifelse(is.na(numberChildren),
median(numberChildren, na.rm = TRUE), numberChildren))
> summary(select(donors, numberChildren))

numberChildren
 Min.   :1.000
 1st Qu.:1.000
 Median :1.000
 Mean   :1.069
 3rd Qu.:1.000
 Max.   :7.000
```

对于 incomeRating 和 wealthRating 的缺失值，这些样本将排除在数据集之外。正如第 5 章中提到的，财富评级的范围在 1 ～ 9 之间。然而，数据的统计汇总表明，有一些样本的财富评级为 0，也需要排除这些情况。

```
> donors <- donors %>%
    filter(!is.na(incomeRating) & !is.na(wealthRating) & wealthRating > 0)
> summary(select(donors, incomeRating,wealthRating))

 incomeRating wealthRating
Min.   :1.000 Min.   :1.000
1st Qu.:2.000 1st Qu.:4.000
Median :4.000 Median :6.000
Mean   :3.979 Mean   :5.613
3rd Qu.:5.000 3rd Qu.:8.000
Max.   :7.000 Max.   :9.000
```

2. 数据标准化

处理完缺失数据后。接下来需要做的是标准化数据的取值范围。就像以前一样，使用最小 - 最大标准化方法。为此，首先创建一个名为 normalize 的最小 - 最大标准化函数。

```
> normalize <- function(x) {
    return((x - min(x)) / (max(x) - min(x)))
 }
```

然后，将每个变量值传递给函数，以标准化它们的取值范围，使其在 0 ～ 1 之间。

```
> donors <- donors %>%
    mutate(age = normalize(age)) %>%
    mutate(numberChildren = normalize(numberChildren)) %>%
    mutate(incomeRating = normalize(incomeRating)) %>%
    mutate(wealthRating = normalize(wealthRating)) %>%
    mutate(mailOrderPurchases = normalize(mailOrderPurchases)) %>%
    mutate(totalGivingAmount = normalize(totalGivingAmount)) %>%
    mutate(numberGifts = normalize(numberGifts)) %>%
    mutate(smallestGiftAmount = normalize(smallestGiftAmount)) %>%
    mutate(largestGiftAmount = normalize(largestGiftAmount)) %>%
    mutate(averageGiftAmount = normalize(averageGiftAmount)) %>%
```

```
    mutate(yearsSinceFirstDonation = normalize(yearsSinceFirstDonation)) %>%
    mutate(monthsSinceLastDonation = normalize(monthsSinceLastDonation))

> summary(donors)

      age              numberChildren    incomeRating      wealthRating
 Min.   :0.0000    Min.   :0.00000    Min.   :0.0000    Min.   :0.0000
 1st Qu.:0.5155    1st Qu.:0.00000    1st Qu.:0.1667    1st Qu.:0.3750
 Median :0.6249    Median :0.00000    Median :0.5000    Median :0.6250
 Mean   :0.6308    Mean   :0.01483    Mean   :0.4965    Mean   :0.5766
 3rd Qu.:0.7526    3rd Qu.:0.00000    3rd Qu.:0.6667    3rd Qu.:0.8750
 Max.   :1.0000    Max.   :1.00000    Max.   :1.0000    Max.   :1.0000

 mailOrderPurchases totalGivingAmount  numberGifts       smallestGiftAmount
 Min.   :0.000000   Min.   :0.000000   Min.   :0.00000   Min.   :0.00000
 1st Qu.:0.004149   1st Qu.:0.004945   1st Qu.:0.01271   1st Qu.:0.00600
 Median :0.012448   Median :0.011834   Median :0.02966   Median :0.01000
 Mean   :0.025986   Mean   :0.016236   Mean   :0.03715   Mean   :0.01538
 3rd Qu.:0.033195   3rd Qu.:0.021018   3rd Qu.:0.05508   3rd Qu.:0.02000
 Max.   :1.000000   Max.   :1.000000   Max.   :1.00000   Max.   :1.00000

 largestGiftAmount  averageGiftAmount yearsSinceFirstDonation
 Min.   :0.000000   Min.   :0.00000   Min.   :0.0000
 1st Qu.:0.009045   1st Qu.:0.01405   1st Qu.:0.1818
 Median :0.012060   Median :0.02034   Median :0.5455
 Mean   :0.014689   Mean   :0.02362   Mean   :0.5235
 3rd Qu.:0.017085   3rd Qu.:0.02750   3rd Qu.:0.8182
 Max.   :1.000000   Max.   :1.00000   Max.   :1.0000

 monthsSinceLastDonation respondedMailing
 Min.   :0.0000          FALSE:45770
 1st Qu.:0.5217          TRUE : 2497
 Median :0.6087
 Mean   :0.6208
 3rd Qu.:0.6957
 Max.   :1.0000
```

统计汇总表明，变量都在 0 和 1 的范围内。

3. 分割和平衡数据

现在处理数据中的缺失值，并在对变量值进行了标准化之后，将数据分割成训练集和测试集。就像以前做的那样，使用 75:25 的比率来分割数据。在这样做之前，需要将数据转换为数据框。

```
> donors <- data.frame(donors)

> set.seed(1234)
> sample_index <- sample(nrow(donors), round(nrow(donors)*.75), replace = FALSE)
> donors_train <- donors[sample_index, ]
> donors_test <- donors[-sample_index, ]
```

原始（donors）、训练（donors_train）和测试（donors_test）数据集的类别分布表明，类别存在不平衡问题（请参阅第 3 章有关处理类别不平衡问题的资料）。

```
> round(prop.table(table(select(donors, respondedMailing), exclude = NULL)), 4) * 100

FALSE TRUE
94.83 5.17
> round(prop.table(table(select(donors_train, respondedMailing), exclude = NULL)),
4) * 100

FALSE TRUE
```

```
94.75 5.25
```

```
> round(prop.table(table(select(donors_test, respondedMailing), exclude = NULL)),
4) * 100
```

```
FALSE TRUE
95.04 4.96
```

使用来自 DMwR 包的 SMOTE() 函数来平衡训练数据。

```
> library(DMwR)
> set.seed(1234)
> donors_train <- SMOTE(respondedMailing ~ ., donors_train, perc.over =
100, perc.under = 200)
```

```
> round(prop.table(table(select(donors_train, respondedMailing),
exclude = NULL)), 4) * 100
```

```
FALSE TRUE
   50    50
```

随着原来的数据集被分割成训练集和测试集，并且训练数据是平衡的。现在需要将类别标签分割成单独的数据集。使用来自 tidyverse 的 pull() 函数，来创建新的向量以保存分类变量的标签（respondedMailing）。随后使用的 knn() 函数要求这些标签是因子，因此我们也使用 as.factor() 函数将向量值转换为因子。

```
> donors_train_labels <- as.factor(pull(donors_train, respondedMailing))
> donors_test_labels <- as.factor(pull(donors_test, respondedMailing))
```

在创建向量 donors_train_labels 和 donors_test_labels 为训练和测试数据保存类别标签之后，可以从训练和测试数据集中删除类别标签。

```
> donors_train <- data.frame(select(donors_train, -respondedMailing))
> donors_test <- data.frame(select(donors_test, -respondedMailing))
```

现在准备使用 k 近邻来使用训练数据标记我们未标记的测试样本。

6.3.3 建立模型

使用 class 包中的 knn() 函数将 k 设置为 5，使用训练数据和相应的类别标签来预测测试数据的标签。

```
> library(class)
> donors_pred <-
  knn(
    train = donors_train,
    test = donors_test,
    cl = donors_train_labels,
    k = 5
    )
```

```
> head(donors_pred)
```

```
[1] TRUE FALSE FALSE TRUE TRUE FALSE
Levels: FALSE TRUE
```

6.3.4 评估模型

让我们看看预测做得有多好。首先看到的是预测值和实际值的混淆矩阵，然后计算预测准确性。

```
> donors_pred_table <- table(donors_test_labels, donors_pred)
> donors_pred_table

                   donors_pred
donors_test_labels FALSE TRUE
             FALSE  6132 5337
             TRUE    278  320

> sum(diag(donors_pred_table)) / nrow(donors_test)

[1] 0.5346814
```

结果表明，使用 $k=5$ 可获得 53.47% 的预测准确性。这只比抛硬币稍微好一点，所以需要进行改进。回想一下，这个例子中只使用了数值型变量来进行预测，因此在下面的练习中，我们为读者提供了通过考虑分类变量来提高预测准确性的机会。

6.4 练习

练习 1. 检查下图。图表中心附近的正方形表示一个新的、未标记的点。使用 k 近邻算法，你将使用下列每个参数为点分配哪个类别？

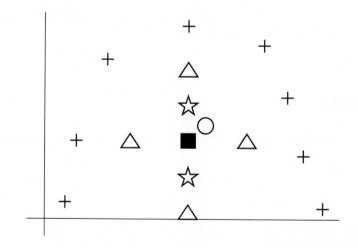

a. $k=1$

b. $k=3$

c. $k=7$

d. $k=15$

练习 2. 修改用于捐赠数据的代码，将分类变量纳入模型。这对模型的准确性有什么影响？

第 7 章

朴素贝叶斯

在第 6 章中，我们引入了 k 近邻分类器，作为懒惰学习者家族的一部分，它基于现有的相似数据点的最常见类别为新数据分配一个类别。在这一章中，介绍了一种新的分类器：朴素贝叶斯。它使用概率表来估计样本属于特定类别的可能性。

朴素贝叶斯方法的前提是，先前事件的概率可以很好地估计未来事件的概率。例如，今天的天气预报中，下雨的概率与前几天相同。所以，如果 10 天中有 4 天下雨，那么估计今天有 40% 的概率下雨。这种方法在一些领域和问题领域都很有用。在这一章中，将使用一个垃圾邮件过滤的例子来说明如何使用朴素贝叶斯分类器来根据之前相似的电子邮件被标记的情况去标记新的电子邮件。

在本章结束时，你将学到以下内容：

◆ 概率、联合概率和条件概率的基本原理；
◆ 朴素贝叶斯分类方法的工作原理以及与经典贝叶斯方法的区别；
◆ 如何用 R 语言构建朴素贝叶斯分类器，以及如何利用它来预测新数据的类别；
◆ 朴素贝叶斯方法的优点和缺点。

7.1 垃圾邮件分类

在本章探讨朴素贝叶斯方法时，将使用一个包含 1600 多封电子邮件的数据集，这些邮件被标记为 "ham"（合法邮件）或 "spam"（未经请求的商业电子邮件，又称垃圾邮件）。最初由联邦能源管理委员会（Federal Energy Regulatory Commission）发布的该数据集中的电子邮件来自安然（Enron）公司，作为该公司倒闭调查的一部分。

我们将使用的数据集可作为本书附带的电子资源的一部分提供给你。（有关访问电子资源的更多信息，请参阅前言。）

这个数据集使用的格式与你迄今为止在本书中遇到的其他数据集的格式不同。它是一个稀疏矩阵。这意味着它是一个由 1 和 0 组成的矩阵，其中绝大多数值都是 0。在本例中，矩阵中的每一行都表示来自 Enron 公司档案的一封电子邮件。每列代表一个可能出现在消息中的单词。如果行对应的电子邮件包含该列对应的单词，则每个字段的值为 1。例如，假设收到以下电子邮件：

"Hi，Let's get coffee"

连同作为回复发送的这封单独的回信：

"Great! Coffee sounds great!"

总之，这些信息可以用表 7.1 所示的矩阵表示。

表 7.1　两个样本消息的稀疏矩阵

message_id	coffee	get	great	Hi	lets	sounds
1	1	1	0	1	1	0
2	1	0	1	0	0	1

请注意，该表为消息中出现的每个唯一单词包含一列。列中包含删除了大写和标点符号的单词。这些值都是 0 或 1，而不考虑每个单词在消息中出现的次数。例如，第二条消息包含单词 great 两次，但该字段在矩阵中仍然包含 1。

当然，这是一个大大简化的例子。完整的 Enron 公司数据集包含 33 616 行，每行对应一封单独的电子邮件消息。它还包含 29 572 列，对应于消息中的唯一单词。

提示：为了减少列数，本书已经对这个数据集进行了一些清理。首先，从数据集中删除停止词，如 and、or、the、are 等这些词出现频率很高，但不会增加上下文的价值。其次，删除了至少 10 条独立消息中没有出现的单词。最后，从数据集中删除了数字，这样就可以只处理单词。这些是清理基于文本的数据集时所采取的常见操作。

Enron 数据集还包含一个列，其中包含每封邮件的标签，指出该邮件是垃圾邮件（"spam"）还是普通电子邮件（"ham"）。现在的任务是使用这个数据集开发一个模型，帮助预测新收到的邮件是垃圾邮件还是合法邮件。然后可以使用该模型对新邮件进行垃圾邮件过滤。在本章结束时，将创建一个使用朴素贝叶斯分类方法来实现这一点的模型。

7.2　朴素贝叶斯

朴素贝叶斯方法是以 18 世纪神职人员和数学家托马斯·贝叶斯命名的，他发展了描述事件概率的数学原理，以及如何根据附加信息修改这些概率。这些基本的数学原理如今被称为贝叶斯方法。在机器学习中，事件是预期的结果（或类别），如"真"或"假"、"是"或"否"、"spam"或"ham"。基于贝叶斯方法的分类器试图通过回答以下问题来预测未标记数据的类别："根据先前的证据，新的未标记样本最有可能的类别是什么？"它通过执行以下操作来实现这一点。

（1）查找与未标记样本具有相同变量值（或配置文件）的所有现有样本。

（2）确定这些样本最有可能属于的类别。

（3）将已标识的类别标签分配给未标记的样本。

这种分类方法使用条件概率的概念来确定样本的最可能类别。在详细介绍这个过程的工作原理之前，首先花点时间来了解一下朴素贝叶斯分类器使用的一些基本概念——概率、联合概率和条件概率。

7.2.1　概率

事件发生的概率是指事件发生的可能性。由于大多数事件不能完全确定地预测，事件发生的可能性通常用事件发生的概率来描述。例如，抛硬币时，有两种可能的结果：正面或反面。其中一个结果的概率，例如正面，是我们关心的结果的数量（正面）除以可能的结果总数（正面或反面）。因此，正面的概率是1/2。数学符号是$P(head)=$ 1/2。

我们还可以使用以前发生的事件来了解该事件在未来发生的可能性。在这种情况下，我们将事件发生的概率描述为事件先前发生的次数除以事件可能发生的总次数。事件可能发生的次数称为试验。

以天气预报为例，假设没有多普勒天气雷达数据，但想预测今天下午有阵雨的可能性。为此可以利用历史事件来预测。假设获得了数据集，其中包含过去一年清晨的天气状况，如气压、风速、温度和湿度。假设这个数据集也有一个布尔值，它指示在那几天的每天下午是否下雨。基于这一历史数据，如果确定10天清晨的天气状况与今天相同，而在这10天中有8天下午下雨，则可以说今天下午降雨的概率是8/10、0.8或80%。在这个例子中，事件是下午的降雨，试验是10次，事件发生的次数是8次。用数学术语来说，在这个例子中用来表示降雨概率的符号是$P(rainfall)=0.8$。

值得注意的是，试验中所有互斥事件结果的概率总和必须为1。互斥性意味着事件不能同时发生，也不能不发生。不能同时有雨又没有雨。因此，如果降雨$P(rainfall)$概率为0.8，则无降雨$P(\neg rainfall)$的概率为$1-0.8=0.2$。

注意： 在概率记数法中，符号¬用来表示变量的否定。因此，$P(\neg rainfall)$是降雨不会发生的概率。

7.2.2　联合概率

通常，我们不仅对单个事件的概率感兴趣，而且对作为试验一部分发生的几个事件的概率感兴趣。为了说明这个概念，让我们回到我们在垃圾邮件分类一章开头介绍的场景。这次，假设收到了以下4封电子邮件：

（1）"Hi，Let's get coffee"

（2）"Great! Coffee sounds great!"

（3）"Free coffee is great!"

（4）"Great coffee on Sale!

如果已知前两条消息是合法电子邮件（ham），后两条消息是未经请求的商业消息（spam），那么我们可以用稀疏矩阵表示电子邮件消息，如表7.2所示。

表 7.2 用稀疏矩阵表示电子邮件信息

message_id	coffee	free	get	great	hi	lets	sale	sounds	type
1	1	0	1	0	1	1	0	0	ham
2	1	0	0	1	0	0	0	1	ham
3	1	1	0	1	0	0	0	0	spam
4	1	0	0	1	0	0	1	0	spam

在这个场景中，每封电子邮件消息都是一个试验，每个单词，包括电子邮件类型（ham 或 spam）都是一个事件。有了这些信息，则可以评估多个事件同时发生的概率。这就是所谓的联合概率。例如，假设想知道垃圾邮件中也有 great 一词的概率。如果假设两个事件都是独立发生的，也就是说其中一个事件的发生不影响另一个事件的发生，那么两个事件 $P(\text{spam}, \text{great})$ 的联合概率是每个单独事件概率的乘积，即 $P(\text{spam}) \times P(\text{great})$。

基于建立的稀疏矩阵，可以计算垃圾邮件的概率 $P(\text{spam})$ 和有 great 一词的垃圾邮件的概率 $P(\text{great})$。垃圾邮件的概率是标记为垃圾邮件的邮件数除以邮件总数，$P(\text{spam})=2/4=0.5$。单词 great 的概率是单词 great 的消息数除以消息总数，$P(\text{great})=3/4=0.75$。因此，两个事件的联合概率 $P(\text{spam}, \text{great})=0.5 \times 0.75=0.375$。这可以解释为，一封邮件中有 great 这个词，同时也是垃圾邮件的概率是 37.5%。换言之，在每 8 封电子邮件中，预计会遇到 3 封包含"great"一词的邮件，而且碰巧也是垃圾邮件。

7.2.3 条件概率

事件独立性的概念在处理不相关的事件时是有实际意义的，例如降雨的概率和收到垃圾邮件的概率。然而，不能合理地得出这样的结论：一封邮件是垃圾邮件或合法邮件的概率，在某种程度上与邮件中某些词语的出现概率无关或相关。根据以往的经验，我们知道某些词可以预测垃圾邮件。

对于相依事件，我们不是简单地计算事件 A 和 B 发生的概率，而是在给定事件 B 发生的情况下确定事件 A 的概率。给定事件 B 条件下事件 A 的概率取决于事件 B 的概率，称为条件概率，记为 $P(A \mid B)$。这种关系可用贝叶斯定理表示，描述相依事件 A 和 B 之间的关系如下所示：

$$P(A \mid B) = \frac{P(A)P(B \mid A)}{P(B)} \tag{7.1}$$

这个公式有 4 个部分。第一部分是给定 B 发生 A 的条件概率，称为 $P(A \mid B)$，称为后验概率。在垃圾邮件样本中，因为邮件有单词 great 被认为是垃圾邮件的概率，称为 $P(\text{spam} \mid \text{great})$。

贝叶斯公式的第二部分被称为先验概率。在我们考虑任何附加信息之前，描述为事件 A 本身的概率，称为 $P(A)$。在垃圾邮件例子中，这表示任何先前邮件中消息是垃圾邮件的概率，即 $P(\text{spam})$，表示为在考虑其他证据之前认为垃圾邮件可能性的先验信念。根据 7.1 节的稀疏矩阵，可以看到，在这 4 封邮件中有两封被标记为垃圾邮件，即 $P(\text{spam})=2/4=0.5$。

贝叶斯公式的第三部分表示后验概率的倒数，这是假设在 A 发生条件下 B 的概率，

称为 $P(B|A)$。在我们的垃圾邮件例子中，这是单词 great 出现在任何以前的垃圾邮件中的可能性。稀疏矩阵显示有两封邮件被标记为垃圾邮件，并且都有 great 这个词，即 $P(great|spam)=2/2=1$。

贝叶斯公式的第四部分称为边际似然，代表事件 B 单独发生的概率，写为 $P(B)$。在垃圾邮件例子中，任何电子邮件消息都有 great 一词的可能性。根据稀疏矩阵，有三条消息包含单词 great，即 $P(great)=3/4=0.75$。

现在可以将贝叶斯定理［公式（7.1）］应用到垃圾邮件例子中。为了确定一封包含"great"一词的电子邮件是垃圾邮件的概率，执行以下操作：

$$P(spam|great) = \frac{P(spam)P(great|spam)}{P(great)} = \frac{0.5 \times 1}{0.75} = 0.667 \qquad (7.2)$$

这意味着，如果邮件中包含 great 一词，那么它是垃圾邮件的概率是 66.7%。

7.2.4　朴素贝叶斯分类

既然我们对贝叶斯定理是如何用来解释两个相依事件之间的关系有了基本理解，那么现在来探索一下这个思想是如何用于分类的。前面我们提到了一个基于贝叶斯方法的分类器，试图通过回答以下问题来预测未标记数据类别："基于先验证据，新的未标记样本最有可能的类别是什么？"一个样本最有可能的类别是它所属概率最高的类别。为了确定这一点，需要计算一个样本在给定其预测值的情况下属于每个类别的概率。假设该数据集由 n 个预测值表示为 $x_1, x_2 \cdots, x_n$ 和 m 个不同的类别值代表 $C_1, C_2 \cdots, C_m$，然后利用贝叶斯定理，样本属于类别 C_k 的条件概率表示如下：

$$P(C_k | x_1, x_2, \cdots, x_n) = \frac{P(C_k)P(x_1, x_2, \cdots, x_n | C_k)}{P(x_1, x_2, \cdots, x_n)} \qquad (7.3)$$

基于此计算的结果，然后将每个样本分配给它所属的条件概率最高的类别。

在前面的例子中，只观察一个单词 great 的出现，可以很容易地手动计算似然概率 $P(great | spam)$。当开始考虑额外变量时，计算的复杂性会显著增加。在这种情况下，考虑其他特征条件下计算每个变量的概率乘积。根据重复应用条件概率的链式规则，公式（7.3）中的似然度计算如下：

$$
\begin{aligned}
&P(x_1, x_2, \cdots, x_n | C_k) \\
&= P(x_1 | x_2, x_3, \cdots, x_n, C_k)P(x_2, x_3, \cdots, x_n | C_k) \\
&= P(x_1 | x_2, x_3, \cdots, x_n, C_k)P(x_2 | x_3, x_4, \cdots, x_n, C_k)P(x_3, x_4, \cdots, x_n | C_k) \\
&= \cdots \\
&= P(x_1 | x_2, x_3, \cdots, x_n, C_k)P(x_2 | x_3, x_4, \cdots, x_n, C_k) \cdots P(x_{n-1} | x_n, C_k)P(x_n | C_k)P(C_k)
\end{aligned}
\qquad (7.4)
$$

正如所见，这是一个烦琐的计算。在计算中考虑的预测变量越多，似然度就越难计算。想象一下使用这种方法来对真实世界中有几十个或几百个单词的电子邮件进行分类，那将非常低效！

为了克服这种低效率，朴素贝叶斯分类器做了一个朴素的假设即变量之间的类条件独立。

注意： 朴素假设是一种简单假设，它放松了指导方法的规则，以使其更易于操作。类别条件独立性假设是朴素的，因为每个特征出现的概率并不总是独立于其他特征。

这意味着事件是独立的，只要它们以相同的类别值为条件。前面提到过，一封邮件是垃圾邮件或合法邮件的概率与电子邮件中某些单词出现的概率有关。利用类别条件独立性，假设所有垃圾邮件中每个单词出现的概率都是相互独立的。对于 ham 消息，每个单词出现的概率也是相互独立的。考虑到这一点，那么现在得到的不是公式（7.4）中复杂的似然分解，而是：

$$P(x_1, x_2, \cdots, x_n \mid C_k) = P(x_1 \mid C_k)P(x_2 \mid C_k)P(x_3 \mid C_k)\cdots P(x_n \mid C_k) \tag{7.5}$$

这个公式大大简化了计算，并允许分类器在考虑其他变量时更容易缩放。应用于公式（7.3），朴素贝叶斯分类器计算样本属于类别 C_k 的条件概率，如下所示：

$$P(C_k \mid x_1, x_2, \cdots, x_n) = \frac{P(C_k)P(x_1 \mid C_k)P(x_2 \mid C_k)\cdots P(x_n \mid C_k)}{P(x_1, x_2, \cdots, x_n)} \tag{7.6}$$

现在通过一个例子说明。为了有助于接下来的说明，我们提供了一个频率表，如表 7.3 所示，其中显示了垃圾邮件和合法邮件的数量，其中包含单词 coffee、free、great 和 sale。

表 7.3　垃圾邮件和合法邮件数量频率表

Class	Word	Yes	No	Total
spam	coffee	10	10	20
	free	4	16	
	great	10	10	
	sale	8	12	
ham	coffee	15	65	80
	free	2	78	
	great	25	55	
	sale	5	75	

请注意，频率表不是对现有电子邮件中单词出现次数的统计，而是对每个单词出现的现有电子邮件的计数。因此，如果一个单词在一封电子邮件中出现不止一次，它仍然只会被算作一次。例如，第一行表示在被标记为垃圾邮件的 20 封电子邮件中，coffee 一词在其中 10 封邮件中至少出现一次，而在另外 10 封邮件中没有出现过。表格的最后一行指出，在现有的 80 封 ham 邮件中，sale 一词在 5 封邮件中至少出现一次，而在其他 75 封邮件中没有出现。

现在假设我们收到一封新电子邮件，上面写着"The Great Coffee Sale！"。那么如何分类这封电子邮件？去掉标点符号和停止词之后，我们只剩下三个词——coffee、great 和 sale。基于上面的频率表并使用朴素贝叶斯分类方法，首先需要计算出一条消息是垃圾邮件的条件概率，前提是它包含 coffee、great 和 sale，而不是 free(¬free)。具体如下：

$$P(\text{spam} \mid \text{coffee}, \neg\text{free}, \text{great}, \text{sale})$$
$$= \frac{P(\text{spam})P(\text{coffee} \mid \text{spam})P(\neg\text{free} \mid \text{spam})P(\text{great} \mid \text{spam})P(\text{sale} \mid \text{spam})}{P(\text{coffee}, \neg\text{free}, \text{great}, \text{sale})} \tag{7.7}$$

然后，我们还需要计算邮件是合法邮件的条件概率，前提是它包含 coffee、great 和 sale，而不是 free(¬free)：

$$P(\text{ham} \mid \text{coffee}, \neg\text{free}, \text{great}, \text{sale})$$
$$= \frac{P(\text{ham})P(\text{coffee} \mid \text{ham})P(\neg\text{free} \mid \text{ham})P(\text{great} \mid \text{ham})P(\text{sale} \mid \text{ham})}{P(\text{coffee}, \neg\text{free}, \text{great}, \text{sale})} \tag{7.8}$$

邮件是垃圾邮件的条件概率［公式（7.7）］应该与邮件是合法邮件的条件概率［公式(7.8)］进行比较。由于两个公式的分母是相同的，忽略它们来简化计算，只关注分子。没有分母，现在将这两个计算称为垃圾邮件可能性和合法邮件可能性。

垃圾邮件可能性是垃圾邮件的可能性除以它是垃圾邮件或合法邮件的可能性。类似地，某个特定邮件是合法邮件的概率是它是合法邮件的可能性除以垃圾邮件或合法邮件的可能性。使用频率表中的值可以计算出垃圾邮件的可能性，如下所示：

$$\left(\frac{20}{100}\right) \times \left(\frac{10}{20}\right) \times \left(\frac{16}{20}\right) \times \left(\frac{10}{20}\right) \times \left(\frac{8}{20}\right) = 0.016 \tag{7.9}$$

我们的消息是合法邮件的可能性计算如下：

$$\left(\frac{80}{100}\right) \times \left(\frac{15}{80}\right) \times \left(\frac{78}{80}\right) \times \left(\frac{25}{80}\right) \times \left(\frac{5}{80}\right) = 0.003 \tag{7.10}$$

因此，邮件是垃圾邮件的概率如下：

$$0.016/(0.016+0.003)=0.842 \tag{7.11}$$

邮件是合法邮件的概率如下：

$$0.003/(0.016+0.003)=0.158 \tag{7.12}$$

因此，根据现有的电子邮件的标签构建朴素贝叶斯分类方法，新邮件中写道"The Great Coffee Sale！"有 84.2% 的概率是垃圾邮件，15.8% 的概率是合法邮件。结果显示是垃圾邮件的概率高于合法邮件的概率，因此该邮件应归类为垃圾邮件。

7.2.5 可加性平滑

现在，考虑对前一个例子稍作修改。假设 sale 这个词没有出现在任何合法邮件的消息中。这意味着之前频率表的最后一行如表 7.4 所示。

表 7.4 频率表的最后一行

Class	Word	Yes	No	Total
ham	Sale	0	80	80

使用朴素贝叶斯方法，新消息是垃圾邮件的可能性仍然是 0.016。然而，现在消息是合法邮件的可能性如下：

$$\left(\frac{80}{100}\right) \times \left(\frac{15}{80}\right) \times \left(\frac{78}{80}\right) \times \left(\frac{25}{80}\right) \times \left(\frac{0}{80}\right) = 0 \tag{7.13}$$

这意味着收到的消息是合法邮件的概率如下所示：

$$0/(0.016+0)=0 \tag{7.14}$$

由于在计算中引入了一个零频率单词，合法邮件的可能性也将始终为零，而不管表中其他单词出现的频率如何。这意味着，对于任何没有 sale 这个词的新邮件，垃圾邮件的概率总是 100%。这显然是不正确的！

通过可加性平滑或拉普拉斯平滑解决这个问题，该方法包括在每个单词的概率计算中添加一个小数字，称为伪计数。通常设置数字为 1，从而确保每个类别中没有一个单词的出现概率为零。因此，给定类别频率 N，代替计算某个单词 x_i 的概率如下：

$$x_i\Big/N \tag{7.15}$$

现在计算如下：

$$\frac{x_i + \alpha}{N + \alpha d} \tag{7.16}$$

其中 a 是伪计数，d 是数据集中的变量（或单词）的数量。在上面的例子中应用加性平滑，给定合法邮件的销售概率 $P(\text{sale}|\text{ham})$ 如下：

$$\frac{0 + 1}{80 + (1 \times 4)} = 0.012 \tag{7.17}$$

使用这种方法，可以对一封新的邮件进行分类，邮件内容为 "The Great Coffee Sale!"，现在计算垃圾邮件的可能性如下：

$$\left(\frac{20}{100}\right) \times \left(\frac{11}{24}\right) \times \left(\frac{17}{24}\right) \times \left(\frac{11}{24}\right) \times \left(\frac{9}{24}\right) = 0.011\,2 \tag{7.18}$$

而合法邮件的可能性计算如下：

$$\left(\frac{80}{100}\right) \times \left(\frac{16}{84}\right) \times \left(\frac{79}{84}\right) \times \left(\frac{26}{84}\right) \times \left(\frac{1}{84}\right) = 0.000\,5 \tag{7.19}$$

因此，收到的邮件是垃圾邮件的概率如下：

$$0.011\,2/(0.011\,2 + 0.000\,5) = 0.957 \tag{7.20}$$

我们的消息是合法邮件的概率如下：

$$0.000\,5/(0.011\,2 + 0.000\,5) = 0.043 \tag{7.21}$$

用加性平滑法得到的结果更合理。引入零频率词并不能消除我们的后验概率。

使用朴素贝叶斯中的连续变量

你可能已经注意到，到目前为止我们用来说明朴素贝叶斯方法的机制的垃圾邮件过滤案例中只包含了分类变量。因为朴素贝叶斯方法是基于数据集中某个特定值出现的条件概率，所以它不能很好地处理连续变量（这些变量可能只在数据集中出现一次）。为了克服这一局限性，在将连续变量用于朴素贝叶斯模型之前，应将连续变量离散化（或分块）。回想一下在第 3 章作为数据准备的几种离散化方法。

7.2.6 朴素贝叶斯模型

在前面几节中，介绍了朴素贝叶斯分类器背后的理论原理。现在，用 R 来实践这个理论。在本节中将使用一个朴素贝叶斯分类器来解决本章开头介绍的问题，即将电子邮件标记为垃圾邮件或合法邮件。像往常一样，首先需要导入和预览用到的数据。

```
> library(tidyverse)
> email <- read_csv("email.csv")
> head(email)

# A tibble: 6 x 1,103
  message_index message_label ability abuse accept acceptance accepted access
```

			<dbl> <chr>		<dbl> <dbl> <dbl>			<dbl>		<dbl>		<dbl>
1	12 ham	0	0	0	0	0	0
2	21 ham	0	0	0	0	0	0
3	29 ham	0	0	0	0	0	0
4	43 ham	0	0	0	0	0	0
5	59 ham	0	0	0	0	0	0
6	68 ham	0	0	0	0	0	0

```
# ... with 1,095 more variables: account <dbl>, accounting <dbl>, accounts <dbl>,...
```

head() 命令提供数据集前 6 行的视图。输出显示数据集中有 1103 个变量。第一个变量是 message_index，它唯一地标识每个电子邮件。第二个变量是 message_label，它标识邮件是垃圾邮件还是合法邮件。这是将尝试预测的变量（类别）。R 中的许多机器学习算法要求分类变量是一个因子，所以让我们把这个变量转换成一个因子。

```
> email <- email %>%
    mutate(message_label = as.factor(message_label))
```

数据集中剩下的 1 101 个变量代表每个消息中可能出现的单词。让我们确定这些单词中哪一个最常出现在数据集中。为此，首先需要转换数据集，这样就不用为每个单词的计数设置一个列，而是有两个列，一列用于单词，另一列用于计数。为此，使用 tidyr 包（tidyverse 的一部分）中的 gather() 命令。gather() 命令将数据的列旋转成行。接下来传递 4 个参数给它。第一个参数是 key，它是保存原始列名称的新列名称，在本例中是单词。将此列命名为 word。第二个参数是 value，它是保存原始数据集中每个单词计数的新列名称，命名为 count。最后两个参数告诉 gather() 命令忽略 message_index 和 message_label，这是旋转过程中的变量。

```
> email %>%
    gather(word, count,-message_index, -message_label)

# A tibble: 1,850,781 x 4
   message_index message_label word    count
           <dbl> <fct>         <chr>   <dbl>
1             12 ham           ability     0
2             21 ham           ability     0
3             29 ham           ability     0
4             43 ham           ability     0
5             59 ham           ability     0
6             68 ham           ability     0
7             72 ham           ability     0
8            104 ham           ability     0
9            105 ham           ability     0
10           110 ham           ability     0
# ... with 1,850,771 more rows
```

下一步要做的是按单词对数据进行分组；求 count 变量的总和，称之为 occurrence；然后按出现的降序对结果进行排序。要按出现次数列出前 10 个单词，使用 dplyr 包中的 slice() 命令。

```
> email %>%
    gather(word, count, -message_index, -message_label) %>%
    group_by(word) %>%
```

```
summarize(occurrence = sum(count)) %>%
arrange(desc(occurrence)) %>%
slice(1:10)

# A tibble: 10 x 2
   word        occurrence
   <chr>            <dbl>
 1 enron              382
 2 time               366
 3 http               284
 4 information        279
 5 message            266
 6 email              251
 7 mail               250
 8 business           216
 9 company            212
10 day                208
```

从结果中我们可以看出，enron 是所有电子邮件中出现次数最多的单词。考虑到电子邮件来自 Enron 公司，这并不奇怪。另一个出现次数最多的词似乎是描述日常事务的词的组合。现在来看看，与垃圾邮件相比，合法邮件中出现在最前面的单词是有区别的。为此，我们过滤合法邮件或垃圾邮件来修改以前的代码。合法邮件消息出现的前 10 个单词如下：

```
> email %>%
    filter(message_label=='ham') %>%
    gather(word, count, -message_index, -message_label) %>%
    group_by(word) %>%
    summarize(occurrence = sum(count)) %>%
    arrange(desc(occurrence)) %>%
    slice(1:10)

# A tibble: 10 x 2
   word      occurrence
   <chr>          <dbl>
 1 enron            382
 2 pmto             191
 3 time             185
 4 message          169
 5 ect              165
 6 forwarded        162
 7 questions        160
```

```
 8 hou                   153
 9 amto                  147
10 call                  145
```

垃圾邮件中出现的前 10 个单词如下：

```
> email %>%
    filter(message_label=='spam') %>%
    gather(word, count, -message_index, -message_label) %>%
    group_by(word) %>%
    summarize(occurrence = sum(count)) %>%
    arrange(desc(occurrence)) %>%
    slice(1:10)

# A tibble: 10 x 2
    word        occurrence
    <chr>          <dbl>
 1 http            233
 2 time            181
 3 email           171
 4 information     148
 5 money           147
 6 company         141
 7 mail            137
 8 www             123
 9 free            121
10 business        120
```

结果显示，除了出现在两个列表中的单词 time 之外，两组中出现次数最多的单词有很大的不同。在合法邮件中，enron 仍然是出现频率最高的单词，而 http 是垃圾邮件中出现频率最高的单词。

1. 分割数据

下一步是用 75:25 的训练 - 测试分割比将数据拆分为训练集和测试集。然后，显示每个数据集的类别分布。

```
> set.seed(1234)
> sample_set <- sample(nrow(email), round(nrow(email)*.75), replace = FALSE)
> email_train <- email[sample_set, ]
> email_test <- email[-sample_set, ]

> round(prop.table(table(select(email, message_label))),2)

 ham spam
0.49 0.51
> round(prop.table(table(select(email_train, message_label))),2)

 ham spam
0.49 0.51

> round(prop.table(table(select(email_test, message_label))),2)

 ham spam
0.49 0.51
```

类别分布表明我们有一个非常平衡的数据集：49% 的记录是合法邮件，51% 的记录是垃圾邮件，整个数据集以及训练和测试子集都是平衡的数据集。

2. 训练模型

准备建立朴素贝叶斯模型。为此，使用 R 中 e1071 包中的 naiveBayes() 函数。该函数有 3 个参数。第一个参数是学习公式，具体说明如下：

```
message_label ~ .-message_index
```

这意味着分类器应该使用数据集中除 message_index 之外的所有其他变量来预测 message_label。第二个参数是用于训练模型的数据集 email_train。最后一个参数是用于拉普拉斯平滑的伪计数值。我们将此值设置为 1。

```
> library(e1071)
> email_mod <-
naiveBayes(message_label ~ .-message_index, data = email_train, laplace = 1)
```

7.2.7 评估模型

现在已经训练了模型，接着评估一下它在预测邮件是垃圾邮件还是合法邮件方面的表现如何。为此，使用 stats 包中的 predict() 函数，将三个参数传递给 predict() 函数。第一个参数是刚刚训练过的模型 email_mod。第二个参数是测试数据 email_test。最后一个参数是想要的预测类型。既可以得到预测的概率，也可以得到预测的类别标签。为了得到预测的概率，设置 type="raw"。

```
> email_pred <- predict(email_mod, email_test, type = "raw")
> head(email_pred)
           ham         spam
[1,]  1.000000e+00  0.00000e+00
[2,]  1.000000e+00  4.26186e-55
[3,]  0.000000e+00  1.00000e+00
[4,]  1.000000e+00  0.00000e+00
[5,]  3.050914e-202 1.00000e+00
[6,]  1.000000e+00  0.00000e+00
```

结果表明，对于前两条消息，消息是合法邮件的概率为 100% 或接近 100%。由于合法邮件的概率比垃圾邮件的概率大，所以将这两条消息归类为合法邮件。但是，对于第三条消息，该消息是垃圾邮件的概率是 100%，此邮件将被归类为垃圾邮件。查看下面 3 个结果的概率可以发现，这些消息将分别被分类为 ham、spam 和 ham。为了直接获得预测的类别标签而不是预测的概率，需要为 predict() 函数设置 type="class"。

```
> email_pred <- predict(email_mod, email_test, type = "class")
> head(email_pred)

[1] ham ham spam ham spam ham
Levels: ham spam
```

结果表明，预测的类别标签提供了与我们从预测概率中推断的结果相同的结果。有了类别预测，现在可以对照测试数据的标签来评估模型做得有多好。与之前所做的类似，首先基于实际值和预测值创建一个混淆矩阵，然后基于混淆矩阵计算模型的预测准确性。

```
> email pred table <- table(email_test$message_label, email_pred)
> email_pred_table
```

```
      email_pred
      ham spam
ham   203    2
spam   80  135
```

```
> sum(diag(email_pred_table)) / nrow(email_test)
```

```
[1] 0.8047619
```

模型预测准确性为 80.5%。对低预算的垃圾邮件过滤器来说还不错。不过，还有一些改进的余地。为了提高预测准确性，需要收集更多的训练样本。这不仅增加了所考虑的例子（样本）数量，还潜在地增加了考虑的单词（变量）的数量。

7.2.8　朴素贝叶斯分类器的优缺点

朴素贝叶斯分类器是一种强大而有效的分类方法，特别是对于文本数据。在本节中，我们来看看朴素贝叶斯分类器的一些优点和缺点，以便更好地了解它何时有用，何时不是最佳使用方法。

以下是一些优点。

- 朴素贝叶斯分类器的主要优点之一是其简单性和计算效率。
- 无须任何预处理，就可以直接处理分类变量。
- 当使用大量预测变量时，它通常比更复杂的分类器表现更好。
- 它可以很好地处理噪声和缺失的数据。

以下是一些缺点。

- 为了获得良好的性能，朴素贝叶斯需要大量的数据。
- 由于类条件独立的朴素假设，孤立地考虑计算的概率是不可靠的。属于特定类别的样本的计算概率必须相对于属于其他类别的同一样本的计算概率进行评估。
- 对于具有大量连续变量的数据集，该方法并不适用。
- 假设一个类别中的所有变量不仅是独立的，而且同等重要。

7.3　案例研究：重新审视心脏病检测问题

在本章的案例研究中，让我们再看一看第 6 章中介绍的第一个问题。我们解决这个问题的目的是检查现有患者的记录，并利用这些信息来预测特定患者是否可能患有心脏病。在那一章中，使用 k 近邻方法来进行预测。这一次，本章将用朴素贝叶斯方法来解决这个问题。

7.3.1　导入数据

从导入和预览数据开始。

```
> library(tidyverse)
> heart <- read_csv("heart.csv", col_types = "nffnnffnfnfnff")
```

```
> glimpse(heart)

Observations: 920
Variables: 14
$ age            <dbl> 63, 67, 67, 37, 41, 56, 62, 57, 63, 53, 57, 56, 56, 44, ...
$ sex            <fct> male, male, male, male, female, male, female, female, ma...
$ painType       <fct> Typical Angina, Asymptomatic, Asymptomatic, Non-Anginal ...
$ restingBP      <dbl> 145, 160, 120, 130, 130, 120, 140, 120, 130, 140, 140, 1...
$ cholesterol    <dbl> 233, 286, 229, 250, 204, 236, 268, 354, 254, 203, 192, 2...
$ highBloodSugar <fct> TRUE, FALSE, FALSE, FALSE, FALSE, FALSE, FALSE, FALSE, F...
$ restingECG     <fct> Hypertrophy, Hypertrophy, Hypertrophy, Normal, Hypertrop...
$ restingHR      <dbl> 150, 108, 129, 187, 172, 178, 160, 163, 147, 155, 148, 1...
$ exerciseAngina <fct> FALSE, TRUE, TRUE, FALSE, FALSE, FALSE, FALSE, TRUE, FAL...
$ STdepression   <dbl> 2.3, 1.5, 2.6, 3.5, 1.4, 0.8, 3.6, 0.6, 1.4, 3.1, 0.4, 1...
$ STslope        <fct> Downsloping, Flat, Flat, Downsloping, Upsloping, Upslopi...
$ coloredVessels <dbl> 0, 3, 2, 0, 0, 0, 2, 0, 1, 0, 0, 0, 1, 0, 0, 0, 0, 0, 0,...
$ defectType     <fct> FixedDefect, Normal, ReversibleDefect, Normal, Normal, N...
$ heartDisease   <fct> FALSE, TRUE, TRUE, FALSE, FALSE, FALSE, TRUE, FALSE, TRU...
```

结果显示有 920 个样本和 14 个变量。与垃圾邮件过滤案例相比，此时使用的变量要少得多。

7.3.2　探索和准备数据

现在有了数据，我们对正在处理的事情有了一个大致的了解。summary() 函数始终是快速获取数据汇总的好方法。

```
> summary(heart)

      age              sex                         painType          restingBP
 Min.   :28.00    male  :206    Typical Angina    : 46    Min.   :   0.0
 1st Qu.:47.00    female:714    Asymptomatic      :496    1st Qu.:120.0
 Median :54.00                  Non-Anginal Pain:204      Median :130.0
 Mean   :53.51                  Atypical Angina :174      Mean   :132.1
 3rd Qu.:60.00                                            3rd Qu.:140.0
 Max.   :77.00                                            Max.   :200.0
                                                          NA's   :59
  cholesterol     highBloodSugar              restingECG       restingHR
 Min.   :   0.0   TRUE :138     Hypertrophy    :188    Min.   :  60.0
 1st Qu.:175.0    FALSE:692     Normal         :551    1st Qu.:120.0
 Median :223.0    NA's : 90     waveAbnormality:179    Median :140.0
 Mean   :199.1                  NA's           :  2    Mean   :137.5
 3rd Qu.:268.0                                         3rd Qu.:157.0
 Max.   :603.0                                         Max.   :202.0
 NA's   :30                                            NA's   :55
 exerciseAngina   STdepression               STslope     coloredVessels
 FALSE:528       Min.   :-2.6000   Downsloping: 63    Min.   :0.0000
 TRUE :337       1st Qu.: 0.0000   Flat       :345    1st Qu.:0.0000
 NA's : 55       Median : 0.5000   Upsloping  :203    Median :0.0000
                 Mean   : 0.8788   NA's       :309    Mean   :0.6764
                 3rd Qu.: 1.5000                       3rd Qu.:1.0000
                 Max.   : 6.2000                       Max.   :3.0000
                 NA's   :62                            NA's   :611
           defectType      heartDisease
 FixedDefect    : 46       FALSE:411
 Normal         :196       TRUE :509
 ReversibleDefect:192
 NA's           :486
```

输出显示数据集中有一些缺失值。它还表明，一些数值变量比其他变量具有更广泛的取值范围。在第 6 章中，在应用 k 近邻方法之前，必须对缺失值进行插补并对数据进行标准化预处理。朴素贝叶斯方法不需要我们做任何一件事。朴素贝叶斯分类器忽略缺失数据，并且不要求将变量标准化为标准尺度。

下一步是分割数据。与我们在第 6 章中所做的类似，sample() 函数将 75% 的数据划分为训练数据集，剩下的 25% 作为测试数据集。

```
> set.seed(1234)
> sample_set <- sample(nrow(heart), round(nrow(heart)*.75), replace = FALSE)
> heart_train <- heart[sample_set, ]
> heart_test <- heart[-sample_set, ]

> round(prop.table(table(select(heart, heartDisease))),2)

FALSE  TRUE
 0.45  0.55

> round(prop.table(table(select(heart_train, heartDisease))),2)

FALSE  TRUE
 0.45  0.55

> round(prop.table(table(select(heart_test, heartDisease))),2)

FALSE  TRUE
 0.43  0.57
```

输出结果表明，新数据（heart_train 和 heart_test）的类别分布与原始数据集（heart）相似，并且数据不存在不平衡问题。因此，已经完成了数据准备阶段，并准备继续进行建模。

7.3.3 建立模型

与本章前面所做的类似，使用 e1071 包中的 naiveBayes() 函数来训练模型。

```
> library(e1071)
> heart_mod <- naiveBayes(heartDisease ~ ., data = heart_train, laplace
= 1)
```

要查看由模型生成的概率，我们只需调用模型。

```
> heart_mod

Naive Bayes Classifier for Discrete Predictors

Call:
naiveBayes.default(x = X, y = Y, laplace = laplace)

A-priori probabilities:
Y
    FALSE      TRUE
0.4521739 0.5478261
```

模型输出的第一组概率是每个类别的先验概率，称之为先验概率。请注意，这与训练数据的类别分布相同。在这些概率之后，输出显示每个变量的条件概率（为了简洁起见，只显示输出的一个子集）。

```
Conditional probabilities:
       age
Y           [,1]      [,2]
  FALSE 50.28846 9.361624
  TRUE  55.61640 8.661843

       sex
Y           male    female
  FALSE 0.2197452 0.7802548
  TRUE  0.2210526 0.7789474

       painType
Y      Typical Angina Asymptomatic Non-Anginal Pain Atypical Angina
  FALSE    0.05696203   0.26265823        0.32594937      0.35443038
  TRUE     0.04450262   0.76178010        0.16230366      0.03141361

       restingBP
Y           [,1]      [,2]
  FALSE 129.0404 16.39849
  TRUE  133.0632 20.73787
```

这些条件概率的格式取决于变量的数据类型。对于数值变量，例如年龄，输出显示每个类别变量（FALSE，TRUE）的平均值（[, 1]）和标准差（[, 2]）。然而，对于离散变量，例如性别，输出显示每个变量对于每个类别的条件概率。例如，输出结果显示 $P(\text{sex=male|FALSE})=0.219\ 745\ 2$ 和 $P(\text{sex=female|FALSE})=0.780\ 254\ 8$。

7.3.4 评估模型

根据训练数据构建模型，评估一下它对来自测试集中未见数据的表现。

```
> heart_pred <- predict(heart_mod, heart_test, type = "class")
> heart_pred_table <- table(heart_test$heartDisease, heart_pred)
> heart_pred_table

       heart_pred
        FALSE TRUE
  FALSE    78   21
  TRUE     13  118

> sum(diag(heart_pred_table)) / nrow(heart_test)

[1] 0.8521739
```

结果表明，该模型的预测准确性为 85.2%。这是相当好的，比之前对同一个数据集使用 k 近邻分类器得到的 82.7% 的准确性稍好一些。这似乎表明，如果只关心预测准确性，那么对于这个特定问题，朴素贝叶斯分类器是一种稍微好一点的方法。然而，正如我们将在第 9 章中看到的，仅仅预测准确性并不能说明全部情况。

7.4 练习

练习 1 和练习 2 使用表 7.5 所示的频率表。这是从一家提供不同级别会员资格的健身房收集的数据。标准会员资格允许会员每周参加 3 节课。精英会员资格允许会员每周参加不限数量的课程。旁听会员资格不包括课程，但会员可在支付每节课的费用后参加课程。

频率表按年龄（青少年、成人或老年人）、性别（男性或女性）和房屋拥有状况，显示了健身房购买每个会员计划的人数。

表 7.5　健身房购买每个会员计划人数频率表

Level	Teenager	Adult	Senior	Male	Female	Homeowner	Total
Drop-in	94	458	280	406	426	422	832
Standard	112	915	174	581	620	817	1201
Elite	20	250	95	60	305	270	365
Total	226	1623	549	1047	1351	1509	2398

练习 1．健身房正在招收一位成年女性房主作为新会员。

a．计算 Likelihood(Drop-in|Female,Adult,Homeowner)

b．计算 Likelihood(Standard|Female,Adult,Homeowner)

c．计算 Likelihood(Elite|Female,Adult,Homeowner)

d．此人最有可能选择哪个成员级别？

练习 2．这家健身房正在招收一位没有房子的男青少年作为新会员。

a．计算 Likelihood(Drop-in|Male,Teenage, ¬Homeowner)

b．计算 Likelihood(Standard|Female,Adult, ¬Homeowner)

c．计算 Likelihood(Elite|Female,Adult, ¬Homeowner)

d．此人最有可能选择哪个成员级别？

练习 3．在第 5 章中，我们使用 logistic 回归对潜在顾客的收入进行预测。在相同的收入数据集上，尝试用朴素贝叶斯方法提高模型的预测性。就像我们在第 5 章中所做的那样，把你的数据限制在分类变量上，别忘了平衡训练数据。预测准确性提高了吗？

第 8 章

决策树

在第 7 章中，介绍了朴素贝叶斯分类器作为一种机器学习方法，它使用先前事件的概率来预测未来事件的可能性。在本章中，将介绍一种不同类型的分类器，称为决策树。决策树分类器不使用先前事件的概率来预测未来事件，而是使用逻辑树状结构来表示预测器和目标结果之间的关系。

决策树是基于分而治之的方法构建的，在这种方法中，原始数据集被反复地分割成更小的子集，直到每个子集尽可能同质。本章的前一部分详细讨论这种递归分区方法。在本章的后面将讨论缩减决策树大小的过程，以使其对更广泛的用例集更有用。通过在 R 中训练一个决策树模型，讨论该方法的优点和缺点，并通过一个案例来结束这一章。

在本章结束时，你将学到以下内容：

- 决策树的基本组成部分以及如何解释它；
- 如何基于递归划分和测量不纯度过程构建决策树；
- 决策树的两种最流行的实现方式以及它们在测量不纯度方面的差异；
- 修剪决策树的原因和方式；
- 如何在 R 中建立决策树分类器以及如何用它来预测之前未见数据的类别；
- 决策树的优点和缺点。

8.1 预测许可证决策

在本章探讨决策树方法时，将使用来自加利福尼亚州洛杉矶市建筑与安全部的数据集。该数据集包含由有关部门做出的建筑许可证决定的信息，并包括项目性质的信息以及许可证是否通过一天的快速审批程序获得批准，或者是否被部门工作人员标记接受更广泛的审查。

当然，承包商更希望尽可能多的建筑项目通过快速流程完成。接下来的任务是分析数据，以确定许可证申请是否具有使其更有可能通过快速审查程序的特定变量。

我们将使用的数据集作为本书附带的电子资源的一部分提供给你。（有关访问电子资源的更多信息，请参阅前言。）

该数据集包括各种允许我们分析的数据。

- status 是许可证申请的当前状态。它可能具有 Finaled、Issued、Expired 和其他状态代码等值。
- permitType 包含所申请改进的性质，它可能具有 Electrical、Bldg-Alter/Repair、Plumbing 等。
- permitSubtype 是受许可证影响的建筑类型，它可能具有 1 或 2 个家庭住宅、商业、公寓等类型。
- initiatingOffice 是发起许可证申请的部门办公室位置。
- ZIP 是物业地址的邮政编码。
- valuation 是来自税务记录的财产评估值。
- floorArea 是物业的建筑面积。
- numberUnits 是多用途物业中住宅单元数。
- stories 表示建筑中的楼层数。
- contractorState 是申请许可证的承包商所在的州（如果适用）。
- licenseType 是对承包商持有的许可证类型进行分类的字段（如果适用）。
- zone 是物业的分区类别。
- year 和 month 分别是处理许可证申请的年和月。
- permitCategory 是我们想要预测的变量。它包含"计划审查"或"无计划审查"。

鉴于问题和提供的数据，接下来需要回答以下几个问题。
- 哪些变量最能预测许可证申请是否会被加急或标记为进一步审查？
- 根据可用的预测变量，我们能在多大程度上预测许可证申请是否会被标记为待审查？

在本章结束时，将使用决策树和相关技术回答这些问题。

8.2 决策树

决策树使用树状结构来表示预测变量和潜在结果之间的关系。决策树的潜在结果可以是离散（分类树）或连续（回归树）。如图 8.1 所示，决策树的结构类似于倒排文字树（或倒排树）。它从一个称为根节点的分区开始，然后随着树的分裂和增长，分区逐渐变小。在树分裂的每个点上，根据特定预测决定如何进一步划分数据。这些分割点称为决策节点，决策节点的结果被称为分支。随着数据被进一步分割，每个决策节点产生新的分支，这导致额外的决策节点，直到树终止。树的末端或末端节点称为叶节点。这些节点表示基于从根节点通过决策节点到叶节点做出的一组决策的预测结果。

图 8.1 显示了一个决策树，它描述了获得贷款的银行客户，以及他们是否有可能违约，这基于他们的贷款金额、收入以及他们是否拥有或租赁房屋等信息。这个树的逻辑可以很容易地解释为预测未来银行客户是否会违约的规则。根据树，其中一条规则如下：

IF（客户借款超过 40 000 美元）AND（客户拥有住房），THEN（客户不会违约）

决策树可以很容易地转换为简单易懂的 IF-THEN-ELSE 规则，这使得它们成为一种非常流行的分类方法，适用于透明度对于法律或合规性非常重要的情况，或者需要与非技术性利益相关者共享决策逻辑的情况。

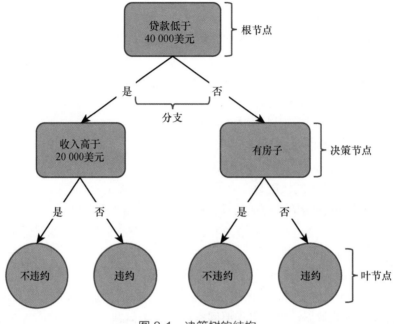

图 8.1　决策树的结构

决策树算法的两个最流行的实现是由布莱曼（Breiman）等人（1984）提出的分类和回归树（CART）和由计算机科学家罗斯·昆兰（J.Ross Quinlan）作为其原始 ID3 决策树算法的扩展而开发的 C5.0。这两种实现都使用类似于树构建的方法，称为递归分区。这种方法反复地将数据分割成越来越小的子集，直到满足某些停止标准。

8.2.1　递归分区

递归分区的过程从根节点的决策开始。决定是识别哪个变量最能预测目标结果（或类别）。为了确定这一点，该算法评估数据集中的所有变量，并尝试识别将导致分割的变量，以便生成的分区包含主要属于单个类别的样本。一旦识别出候选变量，数据就会根据变量的值进行分区。接下来，每个新创建的分区也基于分区内的样本集中最能预测目标结果的变量进行分割。这个分区过程一直递归地进行，直到一个分区中几乎所有的样本都属于同一个类别，数据集中的所有变量都已用尽，满足了指定的树大小，或者当额外的分区不再为树增加值时（稍后将详细介绍）。

为了帮助说明递归分区过程，假设有一家小型商业银行发放的 30 笔个人贷款的数据。数据集包括有关借款金额、客户的年收入以及客户是否拖欠贷款的信息。在数据集的 30 个客户中，16 个违约，14 个未违约。利用这些信息，创建了年收入与贷款金额的散点图，如图 8.2 所示。

接下来需要做的第一件事是确定这两个变量（年收入或贷款金额）中哪一个最能预测目标结果（违约或未违约）。理想的变量是使分区中的大多数数据点具有相同的类别。通过目测，决定将贷款 40 000 美元作为最佳分割。那么是怎么决定的呢？我们简单地（直观地）考虑了贷款金额和年收入的不同值，以确定可以在何处绘制一条垂直或水平线来划分数据点，以便每个划分中的大多数样本具有相同的类别（见图 8.3）。

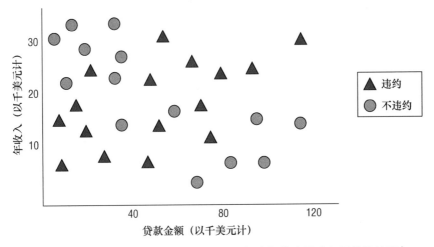

图 8.2　商业银行 30 个客户年收入与贷款金额散点图（包括贷款结果）

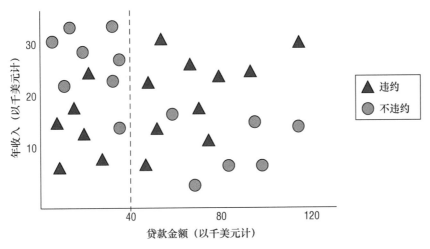

图 8.3　贷款金额小于或大于 40 000 美元的银行客户划分

　　通过我们选择的划分，得到了 14 个贷款金额在 40 000 美元以下的客户，16 个贷款金额在 40 000 美元或以上的客户。在贷款不到 40 000 美元的客户中，有 8 人没有违约，6 人违约。而对于贷款超过 40 000 美元的客户，有 10 人违约，6 人没有违约。

　　下一个划分是贷款不到 40 000 美元的客户群。在这些客户中，可以进一步将数据划分为年收入超过 20 000 美元的客户和年收入低于 20 000 美元的客户，如图 8.4 所示。

　　在这些贷款不到 40 000 美元、年收入超过 20 000 美元的客户中，有 7 人没有违约，1 人违约。而在那些贷款不到 40 000 美元、年收入低于 20 000 美元的客户中，有 5 人违约，1 人没有违约。如果在这里停止递归分区过程，那么将生成一个决策树，如图 8.5 所示。

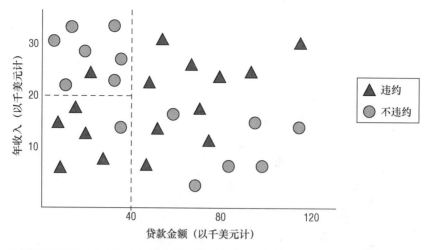

图 8.4　按贷款金额小于或大于 40 000 美元以及年收入小于或大于 20 000 美元划分的银行客户

如前所述，决策树可以相对容易地转换为一组指导未来业务决策的规则。基于已绘制的树（见图 8.5），可以通过跟踪从根模式到叶节点的树分支，得出以下 3 条规则。

- IF（客户贷款低于 40 000 美元）AND（客户年收入超过 20 000 美元），THEN（客户不会违约）。
- IF（客户贷款低于 40 000 美元）AND（客户年收入低于 20 000 美元），THEN（客户将违约）。
- IF（客户贷款超过 40 000 美元），THEN（客户将违约）。

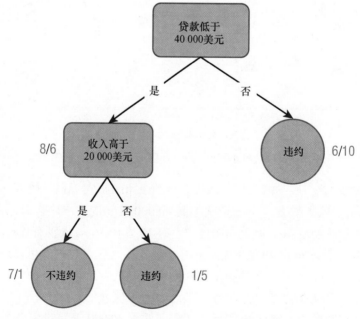

图 8.5　基于贷款金额和年收入的银行客户决策树。每个决策和叶节点显示违约的
客户数（红色数字）和不违约的客户数（绿色数字）

您可能已经注意到，图 8.5 中的决策树与图 8.1 中的决策树相似。唯一的区别是，图 8.5 中的决策树限制自己只使用贷款金额和年收入进行预测，而第一棵树也只使用房屋所有权作为一个预测。通过在分区过程中包含房屋所有权，则可以通过确保分区中更大比例的数据点属于同一类别来提高树的准确性。但是，这并不总是可取的，因为这可能会导致过拟合。正如我们在第 1 章所讨论的，当模型过拟合时，它会降低其推广到广泛问题的能力。

选择分割值

在递归分区过程中，不仅要选择分割的最佳变量，还要选择分割的最佳值。

对于离散变量，这是通过将变量值分组为两个子集进行比较来实现的。例如，具有 3 个离散值 {a，b，c} 的变量将被评估为 {a} 对 {b，c}；{b} 对 {a，c}；{c} 对 {a，b}。

对于连续变量，分割值基于连续值对之间的中点。例如，具有 4 个连续值的变量 {1，3，8，11} 将基于大于或小于 {2，5.5，9.5} 的分割值进行评估。

在刚才的例子中，尝试对数据进行分区，以便每个分区中的数据点大部分属于同一类别。该例通过目视检查手动完成。决策树算法在试图确定最佳分割时也会做类似的事情。它们使用一种通常被称为纯度或不纯度的定量度量方法。从这个意义上说，纯度意味着分区中的数据点属于同一类别的程度。所有数据点属于同一类别的分区被认为是纯分区，而一半数据点属于某一类别而另一半属于另一类别的分区被认为是不纯分区。一般来说，一个类别占主导越多，分区就越纯；一个类别占主导越少，分区就越不纯。因此，为了找到最佳分割，决策树算法试图找到在新分区中导致最少不纯度的分割。

决策树算法通常使用几种不纯度的定量度量。最常见的两个是熵和基尼。如前所述，两种最流行的决策树实现是 C5.0 和 CART。这两种算法的一个显著特征是它们使用的不纯度度量。C5.0 算法使用熵作为不纯度的度量，而 CART 算法使用基尼。在接下来的几节中，本书将解释这两种度量背后的思想，以及如何在递归分区过程中使用它们。

8.2.2　熵

熵是从信息论中借用的概念，当应用于决策树时，它表示分区中存在的不纯度或随机性水平的量化。一个分区中存在的不纯度越高，该分区的熵值就越高，反之亦然。在数学上，对于类级别为 $i=1，2，\cdots，n$ 的数据分区 D，熵定义如下：

$$\text{Entropy}(D) = -\sum_{i=1}^{n} p_i \times \log_2(p_i) \tag{8.1}$$

其中 p_i 表示类别标签为 i 的数据点的比例。熵值的范围从 0（当分区内的所有数据点都属于同一类别时）到 $\log_2(n)$（当所有 n 个类别都在分区中表示时）。因此，对于银行客户案例，有两个结果——违约和不违约——n 等于 2。这意味着它的分区的熵值将为 0 ～ 1($\log_2 2$)。

在该例使用 30 个银行客户的贷款数据演示递归分区过程中，得到了 16 个贷款超过 40 000 美元的客户的分区（见图 8.4 和图 8.5）。在这些客户中，有 10 人违约，6 人没有违约。从这个分区中数据点的比例来看，可以说有 62.5% 的人违约，37.5% 的人没有违约。因此，使用公式（8.1），该分区的熵如下：

$$\text{Entropy}(D) = -[0.625 \times \log_2(0.625) + 0.375 \times \log_2(0.375)] = 0.954\,4 \tag{8.2}$$

如前所述，具有两个可能值的分区的最大熵为 1。因此，熵值 0.954 4 说明在这个分区中有高度的不纯度。这表明树可以从额外的分区中受益。

8.2.3 信息增益

现在，假设选择继续前面例子中的递归分区过程。我们希望为贷款超过 40 000 美元的客户进一步划分数据点，以最小化熵。为了实现这一点，决策树算法将评估所有变量及其相应的值，以确定哪个分割将导致最大的熵减少。熵的减少被测量为分割 D_1 之前的分区的熵和分割 D_2 之后的分区的组合熵之间的差，这一措施被称为信息增益。从数学上讲，通过特定变量 F 分割的信息增益计算如下：

$$\text{InformationGain}(F) = \text{Entropy}(D_1) - \text{Entropy}(D_2) \tag{8.3}$$

需要注意的是，$\text{Entropy}(D_2)$ 是分割后所有分区的综合熵。因此，它被计算为每个新分区的熵的加权和，其中权重 w_i 基于分区 P_i 中数据点的比例。$\text{Entropy}(D_2)$ 计算如下：

$$\text{Entropy}(D_2) = \sum_{i=1}^{n} w_i \times \text{Entropy}(P_i) \tag{8.4}$$

考虑到这一点，为了进一步划分数据点，假设必须考虑两个可能的变量，按贷款等级和房屋所有权进行划分。与之前研究的变量（贷款金额和年收入）不同，这些新变量是离散的，而不是连续的。贷款等级有两个可能的值（A 和 B），房屋所有权也有两个可能的值（自有房和租房）。为了分割数据，决策树算法需要评估按贷款等级分割的信息增益，并将其与按房屋所有权分割的信息增益进行比较。无论哪个分割导致最高的信息增益（或熵的减少），都被选为分区的最佳分割。

图 8.6 显示了考虑的两个可能的分割选项，以及按类别标签划分到每个分区的数据点的数量。

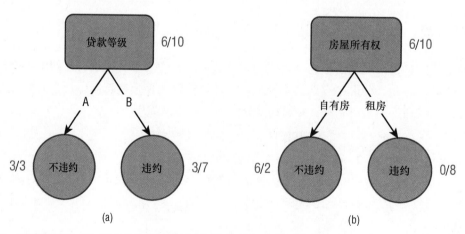

图 8.6　对贷款超过 40 000 美元的客户进行分割的候选变量。每个决策和叶节点显示违约的客户数（红色数字）和不违约的客户数（绿色数字）

利用这些信息，接下来通过一个例子来说明决策树算法如何计算信息增益并决定最佳分割。首先考虑的第一个变量是贷款等级 [见图 8.6（a）]。为了得到这种分割的信息增益，则需要计算分割前的熵（D_1）以及分割后的综合熵（D_2）。从公式（8.2）可知，分割前的熵为 0.954 4。分割后，左分区（贷款等级 =A）中，6 个客户中有 3 个没有违约，有 3 个违约。该分区的熵如下所示：

$$\text{Entropy(GradeA)} = -\left[\frac{3}{6} \times \log_2\left(\frac{3}{6}\right) + \frac{3}{6} \times \log_2\left(\frac{3}{6}\right)\right] = 1 \tag{8.5}$$

注意，对于这个分区，每个类别都是相等的表示，这意味着熵将处于最大值。在本例中，该值为 1。这意味着该分区处于最大不纯度状态。现在，让我们看看右边的分区（贷款等级 =B）。分割后，这个分区有 3/10 的客户没有违约，7/10 的客户有违约。因此，此分区的熵如下所示：

$$\text{Entropy(GradeB)} = -\left[\frac{3}{10} \times \log_2\left(\frac{3}{10}\right) + \frac{7}{10} \times \log_2\left(\frac{7}{10}\right)\right] = 0.8813 \tag{8.6}$$

从公式（8.4）中，分割后的组合熵（D_2）是每个新分区的熵的加权和，其中权重（w_i）是每个新分区中原始数据点的比例。在分割前的 16 个客户中，有 6 个（37.5%）在左分区（贷款等级 =A），10 个（62.5%）在右分区（贷款等级 =B）。分割后分区的组合熵如下：

$$
\begin{aligned}
\text{Entropy}(D_2) \\
&= (0.375 \times \text{Entropy(GradeA)} + 0.625 \times \text{Entropy(GradeB)}) \\
&= (0.375 \times 1 + 0.625 \times 0.8813) \\
&= 0.9258
\end{aligned} \tag{8.7}
$$

既然有了分割前的熵和分割后的组合熵，那么就可以按贷款等级计算分割的信息增益，如下所示：

$$\text{InformationGain(Loan Grade)} = 0.954\ 4 - 0.925\ 8 = 0.028\ 6 \tag{8.8}$$

接下来对基于房屋所有权的分割执行相同的步骤，以便获得分割的信息增益。

$$
\begin{aligned}
&\text{Entropy(Own)} \\
&= -\left[\frac{6}{8} \times \log_2\left(\frac{6}{8}\right) + \frac{2}{8} \times \log_2\left(\frac{2}{8}\right)\right] = 0.8113 \\
&\text{Entropy(Rent)} \\
&= -\left[\frac{0}{8} \times \log_2\left(\frac{0}{8}\right) + \frac{8}{8} \times \log_2\left(\frac{8}{8}\right)\right] = 0 \\
&\text{Entropy}(D_2) \\
&= (0.5 \times \text{Entropy(Own)} + 0.5 \times \text{Entropy(Rent)}) \\
&= (0.5 \times 0.8113 + 0.5 \times 0) \\
&= 0.4057
\end{aligned}
$$

$$\text{InformationGain(Home Ownership)} = 0.954\ 4 - 0.405\ 7 = 0.548\ 7 \tag{8.9}$$

通过比较基于贷款等级的分割与基于房屋所有权的分割的信息增益，很容易发现基于房屋所有权的分割具有更高的价值。因此，本例的决策树算法会选择这个分割作为最佳分割。需要注意的是，在公式（8.9）中，我们将分区的熵（房屋所有权 = 租房）计算为 0。这是熵的最低值，意味着分区处于最大纯度的状态。如果看一下图 8.6（b）中正确的分区，这是有意义的。该分区中的所有客户都违约了。

8.2.4 基尼不纯度

如前所述，熵和信息增益并不是构建决策树的唯一标准。分区内的不纯度也可以通过一种称为基尼不纯度的度量来量化。基尼系数代表一种衡量标准，即如果分区中的某个数据点根据分区中标签的分布被随机标记，该数据点被错误标记的频率。从数学上讲，对于等级为 $i=1$，2，$\cdots$，n 的数据分区 D，基尼不纯度计算如下：

$$\text{Gini Impurity}(D) = 1 - \sum_{i=1}^{n} p_i^2 \tag{8.10}$$

其中 p_i 表示类别标签为 i 的数据点的比例。与熵类似，分区内的随机性或不确定性程度越大，基尼不纯度越高。基尼系数的范围从 0（当一个分区内的所有数据点都属于同一类别时）到 $(n-1)/n$（当所有 n 个类别在该分区中被相等地表示时）。因此，以银行客户为例，有两个结果，违约和不违约，n 等于 2。这意味着其分区的基尼不纯度将在 0 ～ 0.5 的范围内。在递归分区过程中，基尼不纯度的变化与信息增益在决定最佳分割时使用的方式相同。

8.2.5 剪枝

前面曾提到递归分区过程会无限期地继续，直到遇到停止条件为止。一个这样的标准是，当一个分区内的所有样本都属于同一个类别时，它会发出停止分区过程的信号。另一种情况是数据集中的所有变量都已用尽。通常情况下，如果允许树不受限制地生长，直到它满足其中一个或两个条件，那么它可能已经太大，对训练数据过拟合。为了避免这种情况，决策树的大小通常在生长过程中或之后减小，以便更好地针对未见数据进行泛化，这个过程被称为修剪。

修剪可以在递归分区过程中通过设置每个分割点需要满足的条件来完成。这些标准可以是指定要考虑的变量的最大数量、决策节点的最大数量、每个分区中数据点的最小数量等形式，这种剪枝方法称为预剪枝。它的吸引力在于可以防止创建不必要的分支和节点，从而节省计算周期。然而，这种方法的主要缺点是，如果过早停止树的生长，可能会遗漏数据中的某些模式。

预剪枝的另一种方法是后剪枝。顾名思义，这里的想法是允许决策树尽可能大地增长，然后减小其大小。这个过程包括连续地将决策节点指定为叶节点或全部除去它们。在计算时间方面，与预剪枝相比，后剪枝是一种效率较低的方法。然而，它确实提供了更有效地发现数据中重要模式的显著好处。

到目前为止，本章讨论的两种决策树算法（CART 和 C5.0）处理修剪的方式略有不同。C5.0 算法在模型构建过程中对如何处理修剪做出了几个内部假设。它采用了后修剪的方法，允许树尽可能大地增长，从而使其对训练数据进行过拟合。然后它返回到树的节点和分支，并尝试通过移除、替换或移动对树的性能没有显著影响的分支和节点来减小整个树的大小。

另一方面，CART 算法使用一个称为复杂度的参数来度量修剪过程。复杂度参数可以被看作在递归分区过程中将节点添加到决策树中的成本度量。此成本指标可以采用从 0 到无穷大的值，并且随着向决策树中添加更多节点而变小。当用于修剪时，将指定复杂度参数阈值。对于预剪枝，在分区过程的每个阶段，决策树算法评估向树中添加额外节点的成本。如果此成本超过指定的复杂度参数值，将不会创建节点。

在后剪枝方法中，复杂度参数的使用是不同的。在这种方法中，可以将整个决策树看作一系列连续的子树。例如，具有 5 个节点的决策树可以被认为是 5 个不同的决策树组成的序列，其节点大小分别为 1、2、3、4 和 5。当从一个单节点的树到一个有两节点的树时，需要计算这样做的成本（复杂度参数）以及树的错误率。对每个连续的树重复这一过程。然后比较错误率，选择错误率最低的树作为最终决策树。

8.2.6 建立分类树模型

现在已经对决策树背后的概念有了更好的理解，那么开始使用 R 将其付诸实践。在本节中，将使用基于 CART 算法的决策树函数来解决在本章开头介绍的问题。我们的目标是建立一个模型，根据申请的特点预测许可证申请是否会经过快速审查程序。

首先导入并预览数据。

```
> library(tidyverse)
> permits <- read_csv("permits.csv", col_types = "ffffffnnnnffff")
> glimpse(permits)

Observations: 971,486
Variables: 15
$ status          <fct> Permit Expired, Permit Finaled, Permit Finaled,...
$ permitType      <fct> Plumbing, Plumbing, Plumbing, Plumbing, Electri...
$ permitSubtype   <fct> 1 or 2 Family Dwelling, 1 or 2 Family Dwelling,...
```

```
$ permitCategory   <fct> No Plan Check, No Plan Check, No Plan Check, No...
$ initiatingOffice <fct> INTERNET, INTERNET, INTERNET, INTERNET, INTERNE...
$ ZIP             <fct> 90046, 90004, 90021, 90029, 90039, 90039, 91406...
$ valuation       <dbl> NA, NA, NA, NA, NA, NA, NA, NA, NA, NA, NA, NA,...
$ floorArea       <dbl> NA, NA, NA, NA, NA, NA, NA, NA, NA, NA, NA, NA,...
$ numberUnits     <dbl> NA, NA, NA, NA, NA, NA, NA, NA, NA, NA, NA, NA,...
$ stories         <dbl> NA, NA, NA, NA, NA, NA, NA, NA, NA, NA, NA, NA,...
$ contractorState <fct> CA, CA, CA, CA, CA, CA, CA, CA, CA, CA, CA, CA,...
$ licenseType     <fct> C36, C36, C36, C36, C10, C36, C10, C10, C20, C3...
$ zone            <fct> R1-1, R2-1, M2-2D, R1-1-HPOZ, R1-1, R1-1VL, R1-...
$ year            <fct> 2013, 2013, 2013, 2013, 2013, 2013, 2013, 2013,...
$ month           <fct> 1, 1, 1, 1, 1, 1, 1, 1, 1, 1, 1, 1, 1, 1, 1,...
```

根据 glimpse() 命令的输出，可以看到数据集由 971 486 个样本和 15 个变量组成。正如在本章开头提到的，试图预测的变量（类别）是 permitCategory。输出的结果还显示，一些变量（表示为 NA）有许多缺失值。接下来对数据集进行统计汇总，以便更好地了解缺失数据、异常值和噪声可能带来的问题。为此，需要使用 summary() 函数。

```
> summary(permits)

          status                  permitType
Permit Finaled:644876   Electrical       :274356
Issued       :196696    Bldg-Alter/Repair:222644
Permit Expired: 54706   Plumbing         :185189
CofO Issued  : 43917    HVAC             : 96490
Permit Closed: 12832    Fire Sprinkler   : 38404
(Other)      : 18419    (Other)          :154363
NA's         : 40       NA's             :    40
               permitSubtype           permitCategory
initiatingOffice
1 or 2 Family Dwelling:542641   No Plan Check:646957   METRO    :289327
Commercial           :248659    Plan Check   :324489   VAN NUYS :283862
Apartment            :161264    NA's         :    40   INTERNET :251721
Onsite               : 12536                           WEST LA  : 76451
Special Equipment    :  5299                           SOUTH LA : 37615
(Other)              :  1047                           (Other)  : 32470
NA's                 :    40                           NA's     :    40
     ZIP            valuation                floorArea            numberUnits
90045  : 25362   Min.   :        0    Min.   :-154151    Min.   :-147.0
90049  : 21111   1st Qu.:     2100    1st Qu.:     32    1st Qu.:   0.0
91331  : 17270   Median :     8000    Median :    500    Median :   0.0
91367  : 16631   Mean   :   153474    Mean   :   3869    Mean   :   1.8
90026  : 16109   3rd Qu.:    30000    3rd Qu.:   2180    3rd Qu.:   1.0
(Other):874902   Max.   :525000000    Max.   :1788210    Max.   : 910.0
NA's   :   101   NA's   :  602487    NA's   : 888698    NA's   :927409
     stories       contractorState        licenseType            zone
Min.   :  -3.0   CA     :809934    B        :327643    R1-1  :179475
1st Qu.:   0.0   TN     :  3670    C10      :175364    R3-1  : 51635
Median :   1.0   GA     :  3666    C36      :125550    RS-1  : 41478
Mean   :   1.6   WA     :  3597    C20      : 73022    R2-1  : 26992
3rd Qu.:   2.0   FL     :  3236    C16      : 37949    RA-1  : 25430
Max.   :4654.0   (Other): 13663    (Other)  : 98788    (Other):644096
NA's   :891769   NA's   :133720    NA's     :133170    NA's  :  2380
     year            month
2018   :175912    4    : 92875
2017   :169791    3    : 91715
2016   :156165    8    : 84622
2015   :148824    10   : 83117
2014   :132524    1    : 82425
```

```
(Other):188230  (Other):536692
NA's :    40  NA's :    40
```

汇总输出显示，大多数变量确实都有缺失数据。这不是决策树算法的问题，它们能够很好地处理缺失的数据，而不需要进行插补。这是因为，在递归分区过程中，仅根据观察到的变量值进行分割。如果一个观测值缺少所考虑的变量的值，那么它将被忽略。

还可以从汇总输出中注意到，一些数值变量（如 valuation 和 floorArea）具有广泛的值和可能的异常数据。对于之前讨论过的一些机器学习方法，这些方法可能会有问题，需要进行修正。决策树不是这样的，它们能够稳健地处理异常值和噪声数据。

正如你开始看到的，决策树在数据准备方面的要求很少。然而，汇总统计确实指出了一些与变量在逻辑上不一致的地方。例如，floorArea 的最小值是 −154 151。对于建筑面积来说，这不是一个合理的值。在 valuation、numberUnits 和 stories 变量的最小值方面也看到了类似的问题。虽然这些不一致性对于决策树算法来说不是问题，但是如果将决策树用于业务决策，它们将导致不合理的决策规则。为了解决这些不一致，只需将它们的值设置为 NA，就可以将它们视为缺失数据。

```
> permits <- permits %>%
    mutate(valuation = ifelse(valuation < 1, NA, valuation)) %>%
    mutate(floorArea = ifelse(floorArea < 1, NA, floorArea)) %>%
    mutate(numberUnits = ifelse(numberUnits < 1, NA, numberUnits)) %>%
    mutate(stories = ifelse(stories < 1, NA, stories))
```

汇总统计数据还表明，stories 变量的最大值存在问题。网上快速搜索发现，洛杉矶最高的建筑（威尔希尔大中心）只有 73 层。因此，通过将值设置为 NA，将大于 73 的任何值视为缺失数据。

```
permits <- permits %>%
    mutate(stories = ifelse(stories > 73, NA, stories))

> summary(select(permits, valuation, floorArea, numberUnits, stories))

   valuation          floorArea         numberUnits        stories
 Min.   :        1  Min.   :       1  Min.   :  1.0    Min.   : 1.0
 1st Qu.:     3000  1st Qu.:     397  1st Qu.:  1.0    1st Qu.: 1.0
 Median :     9801  Median :    1296  Median :  1.0    Median : 2.0
 Mean   :   164723  Mean   :    5105  Mean   :  5.6    Mean   : 1.8
 3rd Qu.:    32700  3rd Qu.:    2853  3rd Qu.:  1.0    3rd Qu.: 2.0
 Max.   :525000000  Max.   : 1788210  Max.   :910.0    Max.   :63.0
 NA's   :   627686  NA's   :  908545  NA's   :954847   NA's   :914258
```

决策树算法在选择哪些变量对预测最终结果很重要、哪些不重要方面做得很好。因此，变量选择作为数据准备步骤是不必要的。然而，为了简化我们的说明，只使用 permitType、permitSubtype 和 initiatingOffice 变量作为最终结果的预测值，这由 permitCategory 变量表示。使用 dplyr 包中的 select() 命令，将数据集简化为以下 4 个变量：

```
> permits <- permits %>%
  select(
    permitType,
    permitSubtype,
    initiatingOffice,
    permitCategory
  )
```

作为本章结束练习的一部分，你将有机会通过考虑数据集中的一些附加变量来改进决策树模型的性能。

1. 分割数据

流程的下一个阶段是将数据分割成训练集和测试集。使用 sample() 函数，将 80% 的原始数据划分为训练集，将剩余的 20% 划分为测试集。

```
> set.seed(1234)
> sample_set <- sample(nrow(permits), round(nrow(permits)*.80), replace
= FALSE)
> permits_train <- permits[sample_set, ]
> permits_test <- permits[-sample_set, ]

> round(prop.table(table(select(permits, permitCategory))),2)

No Plan Check    Plan Check
        0.67           0.33
> round(prop.table(table(select(permits_train, permitCategory))),2)

No Plan Check    Plan Check
        0.67           0.33
> round(prop.table(table(select(permits_test, permitCategory))),2)

No Plan Check    Plan Check
        0.67           0.33
```

2. 训练模型

现在准备建立最终模型。如前所述，将使用 CART 算法来解决案例问题。CART 算法作为 rpart 包的一部分在 R 中实现。这个包提供了一个类似命名的函数 rpart()，可以用它来训练模型。此函数接受 3 个主要参数：第一个参数是预测公式，将其指定为 permitCategory ~ .。这意味着模型应该使用数据集中的所有其他变量作为 permitCategory 变量的预测值。作为第二个参数，将其指定为类别，这意味着正在构建一个分类树。最后一个参数是将用于构建模型的训练数据集。

```
> library(rpart)
> permits_mod <-
   rpart(
     permitCategory ~ .,
     method = "class",
     data = permits_train
   )
```

8.2.7 评估模型

现在已经训练了决策树模型，接下来把它可视化。为此，从 rpart.plot 包中使用 rpart.plot() 函数。见图 8.7。

```
> library(rpart.plot)
> rpart.plot(permits_mod)
```

决策树的结构可以告诉我们很多关于数据的信息。例如，在树中评估变量的顺序是重要的。我们的树从根节点上的 **permitType** 分割开始。这说明，在模型中使用的变量中，

permitType 最能预测最终结果。离根节点越远，变量对最终结果的预测性就越差。这意味着在 permitType 之后，initiatingOffice 是下一个最具预测性的变量，其次是 permitSubtype。

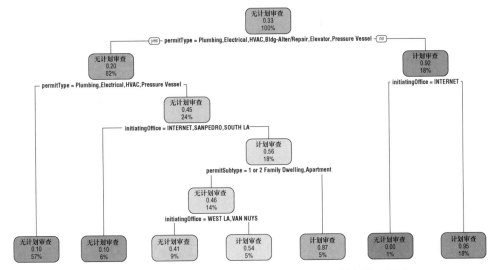

图 8.7　使用 R 中的 rpart.plot() 函数来实现决策树的可视化

除了遇到变量的顺序外，颜色和节点标签在理解数据时也很有用。回想一下，树的根节点表示第一次分割前的原始数据集，而每个后续节点（决策节点和叶节点）代表前一次分割后原始数据集的子分区。

通过查看每个节点中的标签，了解了它们所代表的每个分区的一些信息。例如，根节点的标签为无计划审查、0.33 和 100%。底部标签（100%）表示分区代表了多少原始数据。中间的数字（0.33）表示该分区中的应用程序被标记为进一步审查（计划审查）的概率。因为该概率小于 0.5，所以节点被标记为无计划审查，这是该节点上的顶部标签。另一种解读方式是，根据所有的数据，新的许可证申请被加速的概率是 67%，而被标记为进一步审查的概率是 33%。这些数字和之前得到的类别分布数字是一致的。现在，如果沿着树最左边的分支向下到叶节点，可以了解到，如果许可证用于管道、电气、暖风空调和压力容器工程，新许可证申请被标记为进一步审查的可能性进一步降低，从 33%降低到 10%。

当使用决策树进行分类时，树的节点和分支说明了在对以前未分类的数据进行分类时可以采用的逻辑决策路径。当遇到新数据时，根据每个决策节点上的特定分割标准对其进行评估，并选择路径，直到遇到终端节点并分配标签。向左的路径（或分支）表示与分割标准一致，而向右的路径表示与分割标准不一致。例如，树的最右边路径说明，如果有一个新的建筑许可证申请，用于消防喷头维修（permitType=Fire Sprinkler），而该申请不是在互联网上启动（initiatingOffice!=INTERNET），则将标记为进一步审查（计划审查）。

现在，来看看模型在测试中如何处理这个过程。与前几章中所做的类似，通过将类型参数设置为 class，将模型（permits_mod）传递给 predict() 函数以对测试数据（permits_test）进行分类。之后，基于预测创建一个混淆矩阵并计算模型的预测准确性。

```
> permits_pred <- predict(permits_mod, permits_test, type = "class")
> permits_pred_table <- table(permits_test$permitCategory, permits_pred)
> permits_pred_table

               permits_pred
                No Plan Check Plan Check
  No Plan Check        121929       7357
  Plan Check            19054      45949

> sum(diag(permits_pred_table)) / nrow(permits_test)

[1] 0.8640278
```

结果表明，该模型对测试数据的预测准确性为86.4%。那么如何提高这一性能？很容易想到几种方式。首先要记住，决策树算法是非参数的。非参数模型的性能可以随着额外数据的考虑而提高。所以，要么调整现有数据的训练与测试数据的比率，要么收集更多的数据。第二种方法是考虑模型的附加变量。回想一下，在这个模型中只使用了4个特性。在本章练习中，你将有机会探索这种方法。

回归树

决策树也可用于解决回归问题（具有数值结果的问题）。回归树的工作原理与分类树相似，只是稍有修改。

在分类树中，终端节点的标签基于属于该节点的训练样本的多数投票。在回归树中，叶节点的值是节点中训练样本输出值的平均值。

在分类树中，不纯度通常用熵或基尼来衡量。然而，对于回归树，不纯度通常被测量为与节点平均值的平方偏差（或平方误差）之和。换句话说，从节点的均值中减去节点内训练样本的结果，求平方，然后求和。当所有值都相同时，节点内的不纯度为零。

8.2.8　决策树的优缺点

与其他机器学习方法相比，本节将列出决策树的优缺点。

以下是一些优点：

* 决策树易于理解和解释。树的逻辑结构是直观的，对于非专业人士来说很容易遵循并从中推导出业务规则。

* 与其他一些方法不同，决策树可以更好地处理离散或连续变量。

* 决策树能够很好地处理缺失、噪声和异常数据。这样可以最大限度地减少对大量数据准备的需要。

* 在递归分区过程的每个阶段，选择最能减少不纯度的变量。这导致不重要的变量被忽略，而重要的变量被选择。变量选择不是必需的。

- 决策树在大多数问题上表现良好，在小型和大型数据集上都很有用。然而，与其他非参数模型一样，当它们遇到更多的例子时，确实有改进的趋势。

以下是一些缺点：

- 对于使用信息增益的 C5.0 算法，在递归分区过程中选择哪些变量进行分割往往偏向于具有大量类别的变量。
- 决策树是非参数模型。这意味着它们不会对数据的形式做出假设，而是根据现有数据进行建模。因此，数据中的微小变化可能导致树结构发生巨大变化。
- 如果没有适当的补救，决策树很容易对训练数据进行过拟合。如果过度修剪，它们也可能不适合。
- 决策树仅限于轴平行分割（如图 8.3 和图 8.4 所示），这限制了它们在某些问题领域的实用性。
- 虽然决策树很容易理解，但非常大的树可能很难解释。

8.3 案例研究：重新审视收入预测问题

在本章的案例研究中，让我们再来看看第 5 章中介绍的收入预测问题。对于这个问题，目标是利用金融服务公司现有客户的信息来开发一个模型，预测客户的收入是否达到或超过 50 000 美元。这个问题的动机是从最近购买的潜在客户数据库中识别潜在的高收入客户。在第 5 章中用 logistic 回归来解决这个问题。这次将使用分类树。

8.3.1 导入数据

从导入数据开始。像往常一样，使用 readr 包中的 read_csv() 函数，它是 tidyverse 包的一部分。

```
> library(tidyverse)
> income <- read_csv("income.csv", col_types = "nffnfffffnff")
> glimpse(income)

Observations: 32,560
Variables: 12
$ age                <dbl> 50, 38, 53, 28, 37, 49, 52, 31, 42, 37, 30, 23, 32,...
$ workClassification <fct> Self-emp-not-inc, Private, Private, Private, Privat...
$ educationLevel     <fct> Bachelors, HS-grad, 11th, Bachelors, Masters, 9th,...
$ educationYears     <dbl> 13, 9, 7, 13, 14, 5, 9, 14, 13, 10, 13, 13, 12, 11,...
$ maritalStatus      <fct> Married-civ-spouse, Divorced, Married-civ-spouse, M...
$ occupation         <fct> Exec-managerial, Handlers-cleaners, Handlers-cleane...
$ relationship       <fct> Husband, Not-in-family, Husband, Wife, Wife, Not-in...
$ race               <fct> White, White, Black, Black, White, Black, White, Wh...
$ gender             <fct> Male, Male, Male, Female, Female, Female, Male, Fem...
$ workHours          <dbl> 13, 40, 40, 40, 40, 16, 45, 50, 40, 80, 40, 30, 50,...
$ nativeCountry      <fct> United-States, United-States, United-States, Cuba,...
$ income             <fct> <=50K, <=50K, <=50K, <=50K, <=50K, <=50K, >50K, >50...
```

该数据集由 32 560 个客户组成。每个客户有 12 个变量，其中一个是收入水平（≤ 50K

或 >50K）。收入变量是我们感兴趣的输出。

8.3.2　探索和准备数据

为了数据探索和准备，首先使用 summary() 函数获取数据的统计汇总。

```
> summary(income)
```

```
      age              workClassification    educationLevel  educationYears
 Min.   :17.00   Private        :22696   HS-grad      :10501   Min.   : 1.00
 1st Qu.:28.00   Self-emp-not-inc: 2541   Some-college: 7291   1st Qu.: 9.00
 Median :37.00   Local-gov      : 2093   Bachelors    : 5354   Median :10.00
 Mean   :38.58   ?              : 1836   Masters      : 1723   Mean   :10.08
 3rd Qu.:48.00   State-gov      : 1297   Assoc-voc    : 1382   3rd Qu.:12.00
 Max.   :90.00   Self-emp-inc   : 1116   11th         : 1175   Max.   :16.00
                 (Other)        :  981   (Other)      : 5134
               maritalStatus              occupation          relationship
 Married-civ-spouse :14976   Prof-specialty :4140   Husband      :13193
 Divorced           : 4443   Craft-repair   :4099   Not-in-family : 8304
 Married-spouse-absent:  418   Exec-managerial:4066   Wife         : 1568
 Never-married      :10682   Adm-clerical   :3769   Own-child    : 5068
 Separated          : 1025   Sales          :3650   Unmarried    : 3446
 Married-AF-spouse  :   23   Other-service  :3295   Other-relative :  981
 Widowed            :  993   (Other)        :9541
                race          gender       workHours         nativeCountry
 White            :27815   Male  :21789   Min.   : 1.00   United-States:29169
 Black            : 3124   Female:10771   1st Qu.:40.00   Mexico       :  643
 Asian-Pac-Islander: 1039                 Median :40.00   ?            :  583
 Amer-Indian-Eskimo:  311                 Mean   :40.44   Philippines  :  198
 Other            :  271                  3rd Qu.:45.00   Germany      :  137
                                          Max.   :99.00   Canada       :  121
                                                          (Other)      :1709
     income
 <=50K:24719
 >50K : 7841
```

结果表明，问号（?）表示的某些变量的数据缺失。在以前的方法中试图处理这些缺失的值。然而，正如前面所了解的，决策树不会受到缺失数据的不利影响，因此可以保持原样，在这里可以不关心异常值、噪声或标准化。接下来的步骤是将数据分成训练集和测试集，使用sample()函数，将原始数据按照75∶25的比例分别划分为训练子集和测试子集。

```
> set.seed(1234)
> sample_set <- sample(nrow(income), round(nrow(income)*.75), replace = FALSE)
> income_train <- income[sample_set, ]
> income_test <- income[-sample_set, ]

> round(prop.table(table(select(income, income), exclude = NULL)), 4) * 100

<=50K >50K
75.92 24.08

> round(prop.table(table(select(income_train, income), exclude = NULL)), 4) * 100

<=50K >50K
75.78 24.22

> round(prop.table(table(select(income_test, income), exclude = NULL)), 4) * 100
```

```
<=50K >50K
76.33 23.67
```

数据分区的类别分布表明有一个类别不平衡的问题。为了解决这个问题，需要使用 DMwR 包中的 SMOTE() 函数。

```
> library(DMwR)
> set.seed(1234)
> income_train <- SMOTE(income ~ ., data.frame(income_train), perc.over = 100,
perc.under = 200)

> round(prop.table(table(select(income_train, income), exclude = NULL)), 4) * 100

<=50K >50K
   50    50
```

8.3.3　建立模型

现在可以开始训练决策树模型了。为此，再次使用 R 中 rpart 包中的 rpart() 函数。

```
> library(rpart)
> income_mod <-
  rpart(
    income ~ .,
    method = "class",
    data = income_train
  )
```

8.3.4　评估模型

rpart.plot 包中 rpart.plot() 函数允许创建分类树的可视化视图（见图 8.8）。

```
> library(rpart.plot)
> rpart.plot(income_mod)
```

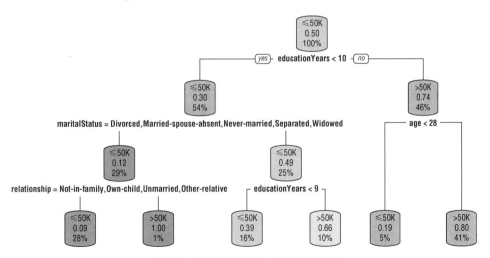

图 8.8　预测客户收入水平的分类树

查看图 8.8 中的树结构，你会注意到在原始数据中的 11 个预测变量中，我们的模型只使用了其中的 4 个（educationYears、age、maritalStatus 和 relationship）。该算法评估所有可用的变量，选择预测最终结果的变量进行分割，而忽略其余的变量。基于所创建的树，可以创建一组业务规则来管理如何标记新客户。例如，按照这棵树的路径，我们可以说，受过 10 年或更长时间教育且年龄超过 28 岁的客户年收入超过 50 000 美元的可能性高达 80%。然而，受过不到 10 年教育、从未结过婚，并将非家庭成员列为近亲的客户，其年收入不超过 50 000 美元的可能性为 91%（1−0.09）。

有了以上的模型，就可以标记测试数据中的例子并评估模型的性能。为此，根据该模型创建了一组预测，将模型的预测与测试数据的实际标签进行比较，创建了一个混淆矩阵，然后用它来计算模型的预测准确性。

```
> income_pred <- predict(income_mod, income_test, type = "class")
> income_pred_table <- table(income_test$income, income_pred)
> income_pred_table

        income_pred
         <=50K >50K
<=50K 4732 1481
>50K    553 1374

> sum(diag(income_pred_table)) / nrow(income_test)

[1] 0.7501229
```

该模型的预测准确性为 75%。这比使用 logistic 回归处理同一问题的 73.85% 的准确性稍好。值得注意的是，logistic 回归模型只考虑了分类变量，而分类树模型考虑了数据中的所有变量。

8.4 练习

练习 1. 使用在案例研究中构建的决策树（如图 8.8 所示）来预测以下每个人的收入水平：

  a. 一名受过 16 年教育的已婚 30 岁女性

  b. 一名受过 12 年教育的离异 45 岁男性

  c. 一名受过 8 年教育的已婚 40 岁女性

练习 2. 尝试在决策树中加入其他变量以提高建筑许可证模型的准确性。你在预测准确性方面有什么改进？

练习 3. 本章讨论的 C5.0 算法采用不同的方法来构建决策树。使用 R 中的 C50 包和在本章中使用的相同变量来构建建筑许可数据集的决策树模型。你取得了什么成果？它们与本章的结果和练习 2 的结果有何不同？

第四部分　模型的评估和改进

第 9 章

评估模型

在第 4～8 章中，介绍了一些最常见的监督机器学习方法。对于每种技术，首先解释了它们背后的基本原理，然后说明如何使用它们在 R 中建立模型。对于回归例子，我们使用了几种度量方法来评估模型与观测数据的拟合程度，这就是所谓的拟合优度。对于分类示例，我们使用了一个简单的度量，即预测准确性，来评估模型的性能。预测准确性很容易计算，只需将正确的预测数除以总预测数。然而，它并不总是能提供一个模型估计未来性能的完整画面。

在本章中，将讨论预测准确性的一些局限性，并介绍一些其他度量标准，为模型性能提供更多的视角。在此之前，本章将探讨一些不同的方法来划分数据，以便从给定的模型或一组模型中获得对未来性能的最佳估计。

在本章结束时，你将学到以下内容：

◆ 不同的重抽样方法，作为评估模型未来性能的一种手段；
◆ 不同重抽样技术的优缺点；
◆ 如何用准确性以外的指标评估模型性能；
◆ 如何可视化模型性能。

9.1 评估未来表现

在构建模型的过程中，目标是使用观测数据开发一个模型，该模型最好地估计一组预测变量 X 和响应值 Y 之间的关系。模型解释 X 和 Y 之间关系的程度称为拟合优度，为了评估模型对数据的拟合程度，本书量化了模型预测响应值 Y 和观测响应值 Y 之间的差异（见图 9.1）。模型的预测响应和用于建立模型的数据的观测响应值之间的差异被称为再代入误差。

虽然再代入误差提供模型如何很好地估计数据集中预测变量和响应变量之间的关系的评估，但它并不提供模型在未来新数据中的表现。问题是我们是在模型已经看到的数据上测试模型。这相当于一位教授向学生展示他们第二天将要参加考试的答案，然后用这个考试来评估他们在课堂上的表现。如果教授想真正评估学生的知识，她需要问他们以前没有见过的新问题。

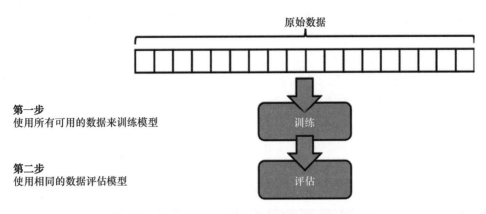

图9.1 使用所有观测数据的模型构建和评估过程

为了在机器学习领域实现这一点，需要根据没有参与训练模型的数据来评估我们的模型。因此，本书没有使用整个数据集来训练和评估模型，而是将原始数据分成两个分区，这样就可以使用一个分区（训练数据）来构建模型，并使用另一个分区（测试数据）来评估模型对以前未见的数据的表现（见图9.2）。这种方法被称为留出法，这是本书在前面章节中使用的方法。

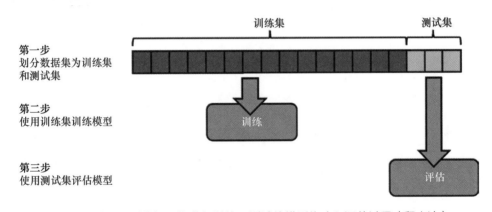

图9.2 使用观测数据子集进行训练和测试的模型构建和评估过程（留出法）

通常，使用留出法时，保留 1/4 ~ 1/3 的原始数据用于测试，而剩余数据则用于训练模型。但是，根据可用数据的多少，这些比例可能会有所不同。留出法有两个重要的原则需要牢记。首先，在创建训练和测试分区时，两个数据集必须相互独立，并且是原始数据（或试图解决的问题）的代表性样本。这里的独立性意味着，如果从原始数据集中选择一个样本作为训练数据的一部分，它也不能作为测试数据的一部分，反之亦然。第二个原则是，在模型构建过程中，任何时候都不应该允许模型在测试数据的性能影响模型的选择或用于优化模型的参数。

例如，可以尝试使用训练数据构建多个模型，然后选择对测试数据表现最好的模型作为最终模型。虽然这听起来像是一种合乎逻辑的方法，但它的问题是，它不能为我们提供一个关于模型在以前未见的数据下如何运行的无偏估计。为了避免这个限制，需要一个独立的数据集而不是测试集来帮助改进模型。该数据集通常称为验证数据，验证数据被反复地使用于优化或选择模型，以便测试数据被保留下来，并且只在最后用于估计最终模型的未来性能。图 9.3 说明模型构建和评估过程中包含的验证数据。

在实践中，训练集、验证集和测试集之间的分割通常分别为 50:25:25，并且每个分区彼此独立。在有大量可用数据的情况下，这种方法非常有效。使用一半的原始数据（50%）来训练模型。然后使用 25% 的原始数据来评估模型的性能。使用相同的训练和验证数据集多次重复训练和验证过程，以创建基于不同参数的多个模型。一旦决定了最终模型，就使用剩余 25% 的原始数据（测试数据）来估计模型未来的性能。

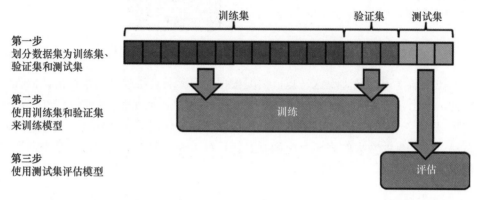

图 9.3　使用训练和验证数据来优化和选择模型的模型构建和评估过程。
测试数据用于估计最终模型的未来性能

这种方法的问题是，当没有大量数据可处理时，所有或部分数据分区可能无法充分代表原始数据集。例如，假设目标是开发一个模型来预测银行客户是否会拖欠贷款。观察数据的类别分布为 95% 不违约和 5% 违约。对于足够小的数据集，用于生成训练、验证和测试分区的随机抽样方法可能会导致样本不能均匀地表示原始数据集的类别分布。即使使用分层抽样方法，某些分区也可能有太多或太少的原始数据集中存在的易于预测或难以预测模式的例子。

9.1.1　交叉验证

为了减少留出法的一些问题，经常使用一种称为重复留出法或重抽样的技术。这种技术需要重复使用原始数据的不同样本来训练和验证模型。在过程最后，对模型在不同迭代中的性能进行平均，以产生模型的整体性能估计。在接下来的章节中，我们将讨论一些最常见的方法来实现这种被称为交叉验证的重抽样技术。

1. k 折交叉验证

在所有的交叉验证方法中，最常用的是 k 折交叉验证。在这种方法中，在测试数据被隔离之后，剩余的数据被分成 k 个大小近似相等的完全独立的随机分区。这些分区被称为折。折表示在重复保持的每个 k 次迭代中验证模型的数据。尽管 k 可以设置为任何值，但在实践中，k 通常设置为 5 或 10。为了说明 k 折交叉验证是如何工作的，来看一个 $k=5$ 的例子，如图 9.4 所示。

当 k 设置为 5 时，数据被分割成 5 个大小大致相等的独立折（fold1、fold2、fold3、fold4 和 fold5）。可以将此视为将 5 个标签中的一个分配给数据集中的每个样本。在第一次迭代中，所有标记为 fold1 的样本都被保留下来，而剩余数据则用于训练模型。然后根据未见数据评估模型的性能（fold1）。在第二次迭代中，标记为 fold2 的样本作为验证数据，而其余样本用于训练模型。然后使用剩余的每个折再重复此过程 3 次。在每个 k 次迭代中，使用不同的验证集，到第五次迭代结束时，数据集中所有样本都将用于训练和验证。这个过程称为对模型性能的 k 个估计。k 折交叉验证估计计算为 k 个估计的平均值。

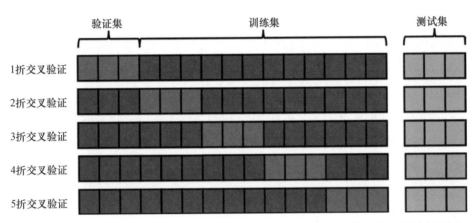

图 9.4 k=5 的 k 折交叉验证法（5 折交叉验证）。一组 n 个样本被分成 5 个独立的折

k 折交叉验证方法的一个轻微变体称为分层交叉验证。顾名思义，这种方法背后的思想是确保每个折的类别分布代表整个数据集的类别分布。

为了说明如何在 R 中实现 k 折交叉验证，现在再看一看收入预测问题，该问题在第 5 章中介绍过，然后在第 8 章中重新讨论。其目的是利用金融服务公司现有客户的信息开发一个模型，预测客户的收入是否达到 50 000 美元或以上。首先要做的第一件事就是导入和预览数据。

```
> library(tidyverse)
> income <- read_csv("income.csv", col_types = "nffnfffffnff")
> glimpse(income)

Observations: 32,560
Variables: 12
$ age                <dbl> 50, 38, 53, 28, 37, 49, 52, 31, 42, 37, 30, 23, 32,...
$ workClassification <fct> Self-emp-not-inc, Private, Private, Private, Privat...
$ educationLevel     <fct> Bachelors, HS-grad, 11th, Bachelors, Masters, 9th, ...
$ educationYears     <dbl> 13, 9, 7, 13, 14, 5, 9, 14, 13, 10, 13, 13, 12, 11,...
$ maritalStatus      <fct> Married-civ-spouse, Divorced, Married-civ-spouse, M...
$ occupation         <fct> Exec-managerial, Handlers-cleaners, Handlers-cleane...
$ relationship       <fct> Husband, Not-in-family, Husband, Wife, Wife, Not-in...
$ race               <fct> White, White, Black, Black, White, Black, White, Wh...
$ gender             <fct> Male, Male, Male, Female, Female, Female, Male, Fem...
$ workHours          <dbl> 13, 40, 40, 40, 40, 16, 45, 50, 40, 80, 40, 30, 50,...
$ nativeCountry      <fct> United-States, United-States, United-States, Cuba, ...
$ income             <fct> <=50K, <=50K, <=50K, <=50K, <=50K, <=50K, >50K, >50...
```

现在有了数据，需要将其划分为训练集和测试集。这与在前几章中所做的相似。这次唯一的区别是，将使用 caret 包中名为 createDataPartition() 的新函数。caret 包对本章和第 10 章的工作将变得越来越重要，稍后将详细介绍。createDataPartition() 函数的作用是：从原始数据中创建分层随机样本，并采用 3 个主要参数。第一个参数（*y*）指定类别或因变量，第二个参数（*p*）指定应分配给训练集的样本比例，第三个参数（list）指定返回结果的格式。这个参数可以是 TRUE，也可以是 FALSE。如果为 TRUE，则函数的结果作为列表（单行）返回；如果为 FALSE，则结果作为矩阵（多行）返回。注意，这里再次使用 set.seed() 函数，就像在前面的章节中所做的那样。通过设置种子值，可以确保每次运行代码时获得相同的数据分区。

```
> library(caret)
> set.seed(1234)
> sample_set <- createDataPartition(y = income$income, p = .75, list = FALSE)
> income_train <- income[sample_set,]
> income_test <- income[-sample_set,]
```

首先知道这个数据集是不平衡的，所以就像本书在第 5 章中所做的那样，使用 DMwR 包中的 SMOTE() 函数来平衡训练数据。

```
> library(DMwR)
> set.seed(1234)
> income_train <-
    SMOTE(income ~ .,
          data.frame(income_train),
          perc.over = 100,
          perc.under = 200)
```

有了平衡的训练数据，现在就可以使用 *k* 折交叉验证方法来训练和验证模型。为此，将使用 caret 包中的 train() 函数。此函数接受许多参数，这些参数为训练过程提供信息。前两个参数是训练公式和训练数据，这两个参数与以前看到的差不多。第三个参数（metric）指定要用于评估模型的性能度量的类型。现在将其设置为准确性（在本章后面，将探讨其他性能度量）。下一个参数（method）指定要使用的训练方法或算法。这里将其设置为 rpart，它告诉 train() 函数要使用 CART 分类树算法（参见第 8 章）。注意，这里还加载了 rpart 包。第五个参数（trControl）是指定要使用重抽样技术的地方。此参数的值是基于 trainControl() 函数的返回值指定的，该函数允许用户控制训练过程的多个部分。这里指定重抽样方法是 cv，这意味着交叉验证，迭代次数是 5。这有效地告诉训练函数使用 5 折交叉验证重抽样技术来估计性能。

```
> library(rpart)
> set.seed(1234)
> income_mod <- train(
    income ~ .,
    data = income_train,
    metric = "Accuracy",
    method = "rpart",
    trControl = trainControl(method = "cv", number = 5)
  )
```

要查看每个迭代的性能结果，请参考创建的模型的重抽样对象（income_mod），并按重抽样列对结果进行排序。

```
> income_mod$resample %>%
  arrange(Resample)

  Accuracy    Kappa Resample
1 0.7963868 0.5927808    Fold1
2 0.7861395 0.5722789    Fold2
3 0.7333192 0.4666383    Fold3
4 0.7309245 0.4618247    Fold4
5 0.7774235 0.5548469    Fold5
```

如你所见,输出显示了5折中每折的准确性。模型准确性是这5折的平均值,即0.764 838 7(或76.5%),如下代码所示:

```
> income_mod$resample %>%
  arrange(Resample) %>%
  summarise(AvgAccuracy = mean(Accuracy))

  AvgAccuracy
1   0.7648387
```

2. 留一法交叉验证

另一种常见的交叉验证方法是留一法交叉验证(Leave-One-Out Cross-Validation,LOOCV)方法。该方法本质上是 k 折交叉验证, k 设置为 n(数据集中的样本数)。

如图9.5所示,在LOOCV方法中,在第一次迭代过程中,第一个样本用于验证,而其余的数据用于训练模型。然后,针对所给出的单个样本,对模型的性能进行了评估。这个过程重复 $n-1$ 次,直到数据集中的所有样本都被用于验证。在最后一次迭代之后,将从每次迭代中得到 n 个模型性能的估计。这些估计的平均值用作模型性能的LOOCV估计。

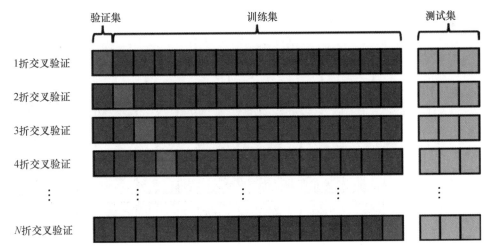

图9.5 留一法交叉验证(LOOCV)方法。在每次迭代中,只有一个例子的一组 n 个样本用于验证

这种方法有两个好处。第一个好处是,它确保每次训练模型时使用最大数据量。这有助于提高模型的准确性。第二个好处是,这种方法是确定的。这意味着每次执行流程时,模型的性能都是相同的。与随机抽样来创建 k 个子集的 k 折交叉验证方法不同,LOOCV使用的分割没有随机性。现在对模型进行各种可能的观察组合训练。

这种方法也有一些明显的缺点。最明显的是计算成本高。由于该方法需要对模型进行 n 次训练和验证，因此对于复杂的模型和大型数据集来说可能会变得相当昂贵或不可行。LOOCV 的另一个缺点是，从本质上讲，它保证了验证数据集不分层。通过使用单个样本进行验证，验证集的类别分布不可能模仿整个数据集的类别分布。

为了在 R 中实现 LOOCV，我们对 k 折交叉验证做了两个微小的修改。将 trainControl() 函数中的 method 设置为 LOOCV，并且不指定 number 参数。

```
> library(rpart)
> set.seed(1234)
> income_mod <- train(
  income ~ .,
  data = income_train,
  metric = "Accuracy",
  method = "rpart",
  trControl = trainControl(method = "LOOCV")
)
```

提示：重要的是，忽略交叉验证的计算成本很高。因此，在大型数据集上运行可能会花费大量的时间。在这里选择不对训练集运行它，因为数据集中有 23 524 个样本，需要构建和评估 23 524 个不同的模型。有点多了。实际上，这种方法应该只用于小数据集。

3. 随机交叉验证

随机交叉验证或蒙特卡罗交叉验证方法是交叉验证的另一种常见方法。这种方法类似于 k 折交叉验证，但有一个显著的区别。在这种方法中，不像在 k 折交叉验证中所做的那样，在过程开始创建一组折（验证集），而是在每次迭代中创建组成验证集的随机样本（见图 9.6）。

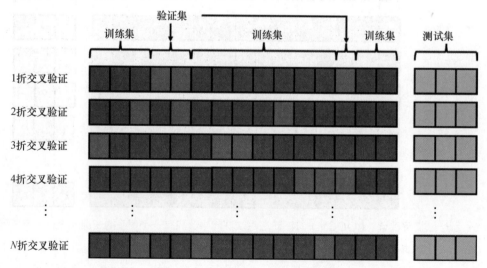

图 9.6　随机交叉验证方法。训练集和验证集在每次迭代中都是独立创建的

在第一次迭代中，使用无放回随机抽样来构建验证集。该数据集用于验证，其余数据用

于训练模型。在第二次迭代中，随机选择一个新的独立验证集。由于抽样方法的随机性，在以前的迭代中，作为新验证集的一部分而被选择一些样本也可能被选择作为验证集的一部分。因此，这种方法的缺点之一是，有些样本可能会多次用于验证，而有些样本可能永远不会使用。另外，这种方法相对于 k 折交叉验证的主要优点是，训练集和验证集的大小与交叉验证迭代次数无关。与 k 折和留一法交叉验证类似，模型性能的随机交叉验证估计是模型在所有迭代中的平均性能。

与 LOOCV 类似，要在 R 中实现随机交叉验证，还需要对 trainControl() 函数的参数做一些细微的更改。在 caret 包中，随机交叉验证称为 Leave-Group-Out 交叉验证（LGOCV）。因此，这次将 method 设置为 LGOCV，保持百分比（p）设置为 0.1，数字参数设置为 10。这说明模型随机选择 90% 的样本作为训练数据，并在 10 次不同的迭代中使用剩余的 10% 作为验证数据。

```
> library(rpart)
> set.seed(1234)
> income_mod <- train(
    income ~ .,
    data = income_train,
    metric = "Accuracy",
    method = "rpart",
    trControl = trainControl(method = "LGOCV", p = .1, number = 10)
 )

> income_mod$resample %>%
    arrange(Resample)

    Accuracy      Kappa   Resample
1  0.7652811  0.5305621  Resample01
2  0.7821445  0.5642891  Resample02
3  0.7811053  0.5622107  Resample03
4  0.7825224  0.5650449  Resample04
5  0.7597544  0.5195087  Resample05
6  0.7666982  0.5333963  Resample06
7  0.7361833  0.4723666  Resample07
8  0.7780350  0.5560699  Resample08
9  0.7384979  0.4769957  Resample09
10 0.7639112  0.5278224  Resample10
```

9.1.2　自助抽样

本书介绍的第二种重抽样技术称为自助抽样或自助。自助抽样的基本思想是使用随机抽样和替换方法从原始数据创建一个训练数据集（见第 3 章）。这种技术的一个版本，称为 0.632 自助法，包括随机抽样一个有 n 个样本的数据集，n 次不同的替换，以创建另一个也有 n 个样本的数据集。这个新数据集用于训练，而原始数据中没有被选为训练数据的一部分样本用于验证。

图 9.7 提供了一个自助抽样技术的示例。从一个包含 10 个样本的原始数据集开始，首先必须分离测试数据。这由样本 8、9 和 10 表示。现在只剩下 7 个样本（$n=7$）的数据集。为了使用自助抽样来估计模型的性能，所以对数据进行了 7 次替换抽样。这将创建新的训练集，由样本 5、2、7、4、2、2 和 7 组成。不出所料，该训练数据中有重复。在抽样的 7 个样本中，有 3 个样本从未被选中（样本 1、3 和 6）。这些样本现在成为验证数据。

有了训练和验证数据，就可以对模型性能进行训练和评估。

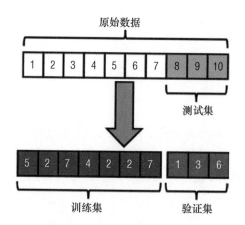

图 9.7 　自助抽样方法。训练集是通过有放回的随机抽样创建的。
未作为训练集一部分的样本用于验证

　　这里描述的 0.632 自助技术导致了对验证数据的相当悲观的性能估计。这是因为，通过使用有放回抽样来创建训练数据，样本被选择的概率统计上显示为 63.2%。因此，当训练数据仅为可用数据的 63.2% 时，该模型的性能可能比 100% 甚至 90% 可用数据训练的模型差。考虑到这一点，0.632 自助技术将模型的最终性能作为训练（再代入误差）和验证（错误分类误差）数据集性能的函数。自助法性能估计值计算如下：

$$\text{error}_{\text{bootstrap}}=0.632\times\text{error}_{\text{validation}}+0.368\times\text{error}_{\text{training}}$$
（9.1）

　　为了帮助说明这个过程，假设根据使用 0.632 自助法生成的数据来训练和评估一个模型。在训练阶段，模型的再代入或训练错误率为 5%（过于乐观）。然而，当根据验证集评估模型的性能时，最终的错误分类率是 50%（过于悲观）。模型的 0.632 自助法错误率计算如下：

$$\text{error}_{\text{bootstrap}}=0.632\times0.5+0.368\times0.05=0.3344$$
（9.2）

　　因此，该模型的预测准确性不是 50%，而是 66.56%（1-0.334 4）。与交叉验证重抽样技术类似，对训练集和验证集使用不同的样本多次重复自助法过程，并对所有迭代中的模型性能进行平均，以获得对模型性能的总体估计。

0.632 自助法

　　0.632 自助法的名字来源于这样一个事实：当使用有放回的抽样时，选择某个特定样本作为训练集一部分的概率为 63.2%。那么是怎么得到的这个数字呢？从 n 个样本的数据集中，选择特定样本的概率为 $1/n$。因此，它不会被选取的概率是 $1-1/n$。因为在有放回的抽样时，选择一个样本的概率保持不变，对于一个足够大的数据集，不选择一个特定样本的试验概率是 $(1-1/n)^n$，这大约等于 e^{-1} 或 0.368，其中 e 是自然对数的底。因此，对于一个相当大的数据集，如果使用有放回的抽样，36.8% 的样本将不会被选为训练集，因此将被选为测试集。这意味着数据集中 63.2%（0.632）的样本会被选为训练集的一部分。

为了在 R 中实现 0.632 自助重抽样技术，在前面几节中对各种交叉验证方法所做的工作的基础上进行改进。这次，我们只需将 method="boot632" 参数传递给 trainControl() 函数。这次，将迭代次数设置为 3。

```
> library(rpart)
> set.seed(1234)
> income_mod <- train(
    income ~ .,
    data = income_train,
    metric = "Accuracy",
    method = "rpart",
    trControl = trainControl(method = "boot632", number = 3)

> income_mod$resample %>%
  arrange(Resample)

    Accuracy      Kappa Resample
1 0.7828512 0.5655476 Resample1
2 0.7367153 0.4720543 Resample2
3 0.7353111 0.4701254 Resample3
```

与交叉验证相比，自助法作为一种重抽样技术有几个优点。它更快、更简单，并且通过使用有放回的抽样来生成训练数据，自助法往往是估计小数据集的模型性能的更好方法。然而，该技术的一个缺点是，与随机交叉验证方法类似，原始数据集中的某些样本可能被多次用于验证或训练，而某些样本可能根本就不会被使用。这意味着模型可能永远也不会根据数据中的某些模式进行学习和评估。

9.2 超越预测准确性

到目前为止，本书一直使用预测准确性来衡量模型的未来性能。对于预测准确性，只需计算分类器正确预测的数量，然后除以数据集中的样本数。例如，对于第 7 章中的垃圾邮件过滤器，在我们必须分类的 420 个样本中正确地预测了其中 338 个是合法或垃圾邮件。因此，模型的预测准确性为 80.5%（338/420）。虽然这看起来是相当不错的表现，但是仅仅看预测准确性是有欺骗性的。为了理解是如何做到的，需要仔细观察该模型的混淆矩阵。在此之前，先来快速复习一下混淆（或分类）矩阵。

如图 9.8 所示，两类混淆矩阵（"是"和"否"的类别）由 4 个单元格组成。真正例（TP）和真反例（TN）单元格分别表示正确预测为"是"或"否"的样本数。假正例（FP）和假反例（FN）单元格分别表示错误预测为"是"或"否"的样本数。如果将垃圾邮件的预测指定为正预测，将合法邮件消息的预测指定为负预测，那么将得到图 9.9 中的混淆矩阵。

根据混淆矩阵，可以看到数据集中的 205 封电子邮件实际上是合法邮件，而模型正确预测了 203 封，但有 2 封被误分类为垃圾邮件，对合法邮件的预测准确性是 99%。这意味着垃圾邮件过滤器会在每 100 封合法邮件中错误地标记 1 封作为垃圾邮件，因此需要定期检查垃圾邮件文件夹，以确保没有重要的内容被错误地标记为垃圾邮件。虽然不理想，但这不是一个大问题。混淆矩阵还显示，在数据集中的 215 封垃圾邮件中，垃圾邮件过滤器正确标记 135 封，错误标记 80 封，这是 37% 的错误分类率。这意味着垃圾邮件过滤器将允许超过 1/3 的垃圾邮件发送到收件箱。不用说，大多数用户不会对允许这么多垃圾邮件进入收件箱的垃圾邮件过滤器印象深刻。

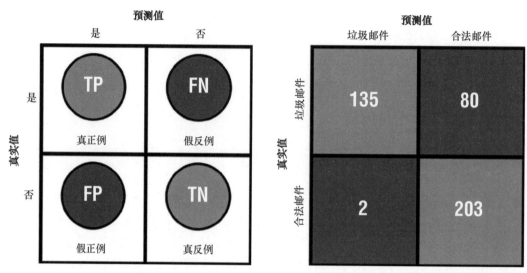

图 9.8　显示实际值与预测值的混淆矩阵　　　　图 9.9　垃圾邮件过滤器的混淆矩阵

在这里看到，尽管垃圾邮件过滤器的预测准确性为 80.5%，但当仔细观察其单独针对正面样本或单独针对负面样本的性能时，会得到一个略有不同的视角。需要注意的是，有几种方法可以评估模型的性能，关键是基于效用的性能评估。这意味着用于评估模型的性能度量应该基于模型的预期目的。在接下来的章节中，我们将介绍模型性能的其他度量，这些度量超出预测准确性的基本度量。

9.2.1　Kappa

假设在第 7 章中没有使用朴素贝叶斯算法来构建垃圾邮件过滤器，而是使用分层随机抽样的方法将邮件标记为垃圾邮件或合法邮件。使用这种方法，预测的类别分布将类似于训练数据的类别分布。因此，数据越不平衡，这样的分类器就越有可能在大多数时间简单地猜测多数类别的标签从而获得高准确性。为了解释仅凭偶然就能做出正确预测的可能性，Cohen's Kappa 系数（或 Kappa 统计量）经常被用来衡量表现。

Kappa 可以被认为是对预测准确性的一种调整，只考虑偶然正确预测的可能性。为此，首先在假设预测是随机的情况下，计算预测值与实际值之间的期望或偶然一致性概率（p_e）。然后，使用这种度量来调整模型的预测准确性（p_a）。Kappa 计算如下：

$$\kappa = \frac{p_a - p_e}{1 - p_e} \tag{9.3}$$

为了说明 Kappa 如何计算，来参考图 9.9 中的结果。根据混淆矩阵，预测准确性（也称为实际一致的比例）如下：

$$p_a = \frac{TP + TN}{TP + TN + FP + FN} = \frac{135 + 203}{135 + 203 + 2 + 80} = 0.805 \tag{9.4}$$

在 Kappa 统计量的背景下，p_a 值 0.805 说明，对于模型预测值和实际值在 80.5% 情况下是一致的。请注意该值与准确性相同。接下来需要计算的是期望一致概率（p_e）。这是预测值和期望值匹配的概率。要计算这个，请参考第 7 章中介绍的联合概率原理。现在从预测值和实际值都是合法邮件的联合概率开始。根据图 9.9，预测合法邮件的概率为 $\frac{203 + 80}{420} = 0.674$，邮件实际为合法邮件的概率为 $\frac{203 + 2}{420} = 0.488$。因此，预测值和实际值均为合法邮件的联合概率为 0.674×0.488=0.329。

现在，对预测值和实际值都是垃圾邮件的联合概率做同样处理。预测垃圾邮件的概率为 $\frac{2 + 135}{420} = 0.326$，而实际垃圾邮件的概率为 $\frac{80 + 135}{420} = 0.512$。因此，预测值和实际值都是垃圾邮件的联合概率为 0.326×0.512=0.167。由于合法邮件的预测概率和实际概率与垃圾邮件的预测概率和实际概率是互斥的，因此合法邮件或垃圾邮件的机会一致概率是这两种概率的总和。这意味着 p_e=0.329+0.167=0.496。将 p_a 和 p_e 的值应用于公式（9.3），我们模型的 Kappa 统计如下：

$$\kappa = \frac{0.805 - 0.496}{1 - 0.496} = 0.613 \tag{9.5}$$

这意味着该模型的预测准确性（仅根据偶然的正确预测进行调整）为 61.3%。Kappa 值范围为 0～1。高于 0.5 的值表示性能中等到非常好，而低于 0.5 的值表示性能一般到非常差。

R 中有几个包提供了计算 Kappa 的函数。出于上述的目的，我们将继续使用在本章前面介绍的 caret 包。caret 包提供了一套函数，当我们研究评估模型性能的不同方法时会发现这些函数非常有用。为了帮助我们进行说明，首先从第 7 章的垃圾邮件过滤器例子中加载环境变量，其中包括数据和值。

```
> load("spam.RData")
```

你会注意到，现在在全局环境中拥有了来自该例子的原始数据（email）、训练（email_train）和测试（email_test）数据集。现在还有之前训练的垃圾邮件过滤器模型（email_mod）以及模型对测试数据的预测（email_pred）。现在有了数据、模型和预测，可以创建一个混淆矩阵来评估模型的性能。

到目前为止，我们已经使用 table() 函数为训练的每个模型创建了混淆矩阵。但接下来，我们将使用 caret 包中 confusionMatrix() 函数。与 table() 函数类似，confusionMatrix() 函数接受表示预测值和实际值的参数。但是还需要一个额外参数，该参数指定哪些类别被视为正类。这里将垃圾邮件指定为模型的正类。

```
> spam_matrix <-
    confusionMatrix(email_pred, email_test$message_label, positive = "spam")
> spam_matrix

Confusion Matrix and Statistics

        Reference
```

```
Prediction ham spam
      ham  203   80
      spam   2  135

                    Accuracy : 0.8048
                      95% CI : (0.7636, 0.8416)
         No Information Rate : 0.5119
         P-Value [Acc > NIR] : < 2.2e-16

                       Kappa : 0.6127

      Mcnemar's Test P-Value : < 2.2e-16

                 Sensitivity : 0.6279
                 Specificity : 0.9902
              Pos Pred Value : 0.9854
              Neg Pred Value : 0.7173
                  Prevalence : 0.5119
              Detection Rate : 0.3214
        Detection Prevalence : 0.3262
           Balanced Accuracy : 0.8091

            'Positive' Class : spam
```

输出比从 table() 函数得到的要复杂得多。然而，在顶部也可以看到混淆矩阵，这与之前看到的相似。这里还能看到额外指标，为深入了解模型的性能提供帮助。0.804 8 的准确性与手工计算的相同，也与第 7 章中得到的相同。在准确性下面几行，可以看到 Kappa 值为 0.612 7，这与公式（9.5）中得到的值相同。

有时只需要准确性和 Kappa 值，而不是这里的详细输出。为此，需要从混淆矩阵的整体属性中提取这些值。整体属性将模型的准确性和 Kappa 值存储为单行表中的单独列。

```
> spam_accuracy <- as.numeric(spam_matrix$overall["Accuracy"])
> spam_accuracy

[1] 0.8047619

> spam_kappa <- as.numeric(spam_matrix$overall["Kappa"])
> spam_kappa

[1] 0.6127291
```

9.2.2 查准率和查全率

有时，不仅想知道模型在正确预测正确类别方面的表现，还想知道模型的可信度或模型预测的相关性。为此，本书使用了两种不同的度量标准，即查准率（precision）和查全率（recall）。查准率，也被称为正预测值，是模型做出的确实为正的正预测的比例。高查准率的模型才是值得信赖的模型。对于上述的垃圾邮件过滤器，这意味着它识别为垃圾邮件都的绝大多数邮件都是真正的垃圾邮件。查准率计算如下：

$$precision = \frac{TP}{TP + FP}$$ （9.6）

应用于垃圾邮件过滤器混淆矩阵（见图 9.10），模型的查准率在下面的公式中计算。

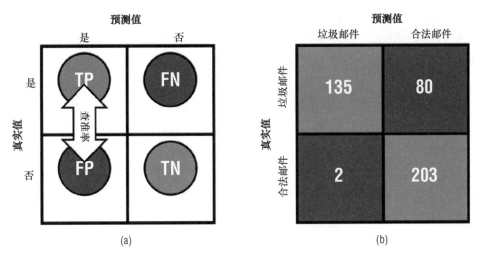

(a)　　　　　　　　　　　(b)

图 9.10 （a）查准率作为基于（b）垃圾邮件过滤器混淆矩阵的模型性能的度量

$$precision = \frac{135}{135 + 2} = 0.985 \tag{9.7}$$

第二个指标查全率，是数据集中被模型正确预测的正面例子的比例。高查全率的模型是有广度的模型。这是一个正确识别数据中大量正面例子的模型。以垃圾邮件过滤器为例，这意味着绝大多数垃圾邮件被正确地识别为垃圾邮件。查全率计算如下：

$$recall = \frac{TP}{TP + FN} \tag{9.8}$$

应用于垃圾邮件过滤器例子（见图 9.11），模型的查全率如下：

$$recall = \frac{135}{135 + 80} = 0.628 \tag{9.9}$$

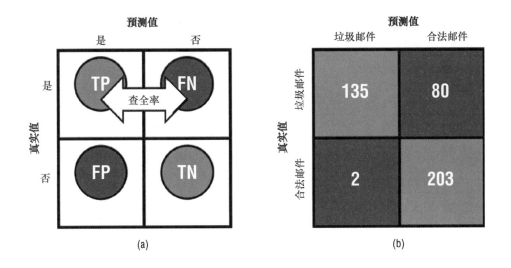

(a)　　　　　　　　　　　(b)

图 9.11 （a）查全率作为基于（b）垃圾邮件过滤器混淆矩阵的模型性能的度量

模型的查准率和查全率之间往往存在内在的权衡。通常，如果一个模型有很高的查全率，它就不会有这么高的查准率，反之亦然。回想一下（没有双关语的意思）之前，本书提到模型的性能应该基于效用来评估。这意味着，根据预期目标，模型的可信度可能比其广度更相关，或者覆盖更多样本的模型可能比具有高查准率的模型更相关。

有时，不是选择一个度量指标，而是将查准率和查全率合并到一个度量标准中，以便可以同时比较多个模型的性能。其中一个指标是 F-score（或 F- 测度）。F-score 代表查准率和查全率的调和平均，计算如下：

$$F\text{-score} = \frac{2 \times \text{precision} \times \text{recall}}{\text{precision} + \text{recall}}$$

（9.10）

根据公式（9.7）和公式（9.9）的结果，垃圾邮件过滤器的 F-score 如下：

$$F\text{-score} = \frac{2 \times 0.985 \times 0.628}{0.985 + 0.628} = 0.767$$

（9.11）

如果不能正确理解，这种衡量标准可能相当具有欺骗性。通过使用查准率和查全率的调和平均值，假设查准率和查全率对我们的问题同样重要，但情况并非总是如此。因此，重要的是，在比较基于 F-score 的几种模型时，还应考虑模型性能的其他度量标准。

9.2.3　灵敏度和特异性

查准率和查全率都是从正类来评估模型的性能。有时，评估模型的性能也很重要，不仅要看它在一个类别中的表现，还要看它在区分不同类别方面的表现。例如，在关于垃圾邮件过滤器的例子中，一个过度许可的模型可以很好地识别大多数或所有的垃圾邮件（高查全率），但这样做，它可能会阻止过多的垃圾邮件。根据模型在识别正类方面的表现以及在识别负类方面的表现来评估模型的性能，为我们提供了一个更平衡的模型性能视图。灵敏度和特异性是提供这些信息的两个性能指标。

模型的灵敏度是它正确识别的实际正面样本的比例（见图 9.12），也被称为真正例率，其公式与查全率相同。应用于垃圾邮件过滤器，一个模型具有高的灵敏度，说明该模型可以很好地识别大多数垃圾邮件。灵敏度计算如下：

$$\text{sensitivity} = \frac{\text{TP}}{\text{TP} + \text{FN}}$$

（9.12）

使用图 9.12 中的数字，计算垃圾邮件过滤器的灵敏度如下：

$$\text{sensitivity} = \frac{135}{135 + 80} = 0.628$$

（9.13）

特异性也称为真反例率，是模型正确识别的实际负面样本的比例（见图 9.13）。就垃圾邮件过滤器而言，一个具有高特异性的模型能够正确识别大多数合法邮件。模型的特异性计算如下：

$$\text{specificity} = \frac{\text{TN}}{\text{TN} + \text{FP}}$$

（9.14）

将此公式应用于垃圾邮件过滤器的结果中，得到以下结果：

$$\text{specificity} = \frac{203}{203 + 2} = 0.99$$

（9.15）

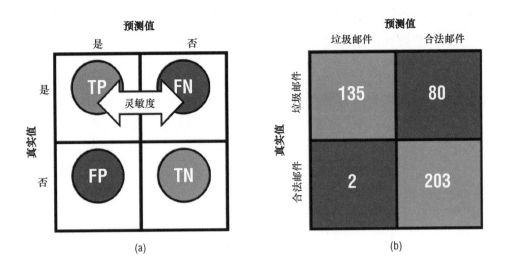

图 9.12 （a）灵敏度作为基于（b）垃圾邮件过滤器混淆矩阵的模型性能度量

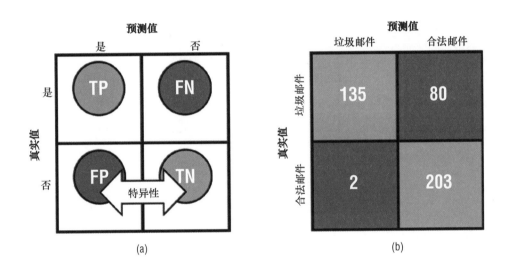

图 9.13 （a）特异性作为基于（b）垃圾邮件过滤器混淆矩阵的模型性能度量

　　灵敏度和特异性的值范围为 0 ～ 1，值越高表示性能越好。类似于查准率和查全率，在模型的价值和这两个标准之间经常有一个权衡。因此，如果调整模型以增加其中一个度量，那么改进将以牺牲另一个度量为代价。公式（9.13）和公式（9.15）的结果说明，99% 的合法消息被模型正确识别，而只有 62.8% 的垃圾邮件消息被正确标记。如果目标只是为了避免无意中过滤合法消息，那么我们有一个相当不错的模型。

　　然而，如果目标是避免允许过多的垃圾邮件通过，那么还有一些工作要做。目前我们的模型将允许 37.2% 的垃圾邮件通过。如果调整模型以增加灵敏度，则很可能会看到模型的特异性下降。现在的目标是尝试不同的模型，直到找到一个平衡点来满足试图解决的问题。

可以使用 caret 包提供的函数计算 R 中模型的灵敏度、特异性、查准率、查全率和 *F*-score。与我们必须从混淆矩阵中提取的准确性和 Kappa 值不同，caret 为这些额外的指标提供了特定的函数。

为了说明这是如何工作，我们将继续使用在第 7 章构建的垃圾邮件过滤器中加载的数据。为了得到模型的灵敏度和特异性，使用 sensitivity() 和 specificity() 函数。这两个函数都要求我们指定预测的类别值以及实际的类别值，就像对混淆矩阵所做的那样。类似地，sensitivity() 函数要求指定正类值，而 specificity() 函数要求指定负类值。

```
> spam_sensitivity <-
    sensitivity(email_pred, email_test$message_label, positive = "spam")
> spam_sensitivity

[1] 0.627907


> spam_specificity <-
    specificity(email_pred, email_test$message_label, negative = "ham")
> spam_specificity

[1] 0.9902439
```

输出的结果与公式（9.13）和公式（9.15）中手动计算的灵敏度和特异性相匹配。还可以从 posPredValue() 函数中获得模型的查准率。caret 包不提供显式函数来获得查全率，但是要知道查全率与灵敏度是相同的度量，因此也使用 sensitivity() 函数来获取查全率。

```
> spam_precision <-
    posPredValue(email_pred, email_test$message_label, positive = "spam")
> spam_precision

[1] 0.9854015

> spam_recall <- spam_sensitivity
> spam_recall

[1] 0.627907
```

这些结果也与公式（9.7）和公式（9.9）中手动计算的查准率和查全率相匹配。根据这些值，还可以计算 *F*-score，得到与公式（9.11）相同的结果。

```
> spam_fmeasure <-
    (2 * spam_precision * spam_recall) / (spam_precision + spam_recall)
> spam_fmeasure

[1] 0.7670455
```

在本节中介绍了 Kappa、查准率、查全率、*F*-score、灵敏度和特异性。这些度量中的每一个都从不同的角度评估模型的性能。因此，为特定问题选择哪种性能指标在很大程度上取决于用户的需求。有时，正确对待正面的类别是最重要的，而有时负面的类别更重要。有时，更关心的是确保模型正确区分不同的类别。最重要的是需要注意，预测准确性并不总是足够的，必须经常根据需要考虑其他性能指标。

9.3 可视化模型性能

到目前为止，我们只是简单地根据模型预测与评估数据集中观察到的标签匹配程度来评估模型性能。这种方法假设底层机器学习算法做出的预测是二元决策。事实并非完全如此。在分类过程中，算法实际上估计单个样本属于特定类别的概率，这些概率也称为倾向性。属于特定类别的样本倾向与阈值或截止值进行比较，阈值或截止值由算法或用户设置。如果属于所讨论的类别的概率高于阈值，则该样本被分配给该类别。对于大多数分类算法，默认的两类截止值是 0.5。但是，可以使用大于或小于 0.5 的阈值。可以想象，调整分类器的阈值将对其真正例（灵敏度）率和真反例（特异性）率产生影响。了解分类器的灵敏度和特异性如何随样本的变化而变化，可以让我们更好地了解模型性能。

可视化可以帮助描绘这幅图画。我们可以探索模型在不同条件下的性能，而不是简单地看单一性能指标。在下面部分，我们将讨论一种最流行的模型性能可视化方法。

9.3.1 接收者操作特性曲线

接收者操作特性（ROC）曲线通常用于直观地表示模型的真正例率（TPR）和所有可能阈值的假正例率（FPR）之间的关系。ROC 曲线已经使用了一段时间，并在第二次世界大战期间引入，当时雷达和无线电操作员使用它们来评估接收器辨别真假信号的能力。这类似于它们今天在机器学习中的使用方式。模型的 ROC 曲线（如图 9.14 中的绿线所示）用于评估模型在正确区分评估数据集中的正类和负类方面的表现。ROC 曲线显示了分类器在 y 轴上的真正例率和在 x 轴上的假正例率。请注意，假正例率等于 1 减去真反例率（或 1− 特异性）。

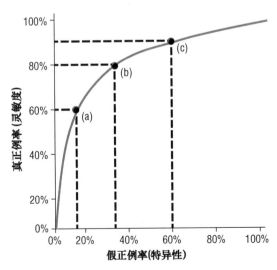

图 9.14　样本分类器的 ROC 曲线

图9.14所示的ROC曲线为我们提供了分类器在不同阈值下的性能。例如，在阈值（a）处，我们看到分类器的TPR为60%，而FPR为15%。如果我们将此应用到垃圾邮件过滤器的例子中，这意味着在此阈值下，该模型能够正确分类60%的垃圾邮件（正类），而错误分类15%的合法邮件邮件（负类）。沿着曲线上升到阈值（b）和（c）时，可以看到随着分类器正确识别正类的能力的提高，其对负类的误分类率也提高了。在阈值（c）下，分类器的TPR现在为90%，FPR也增加到60%。这说明了分类器正确识别阳性类别（灵敏度）和正确识别阴性类别（特异性）的能力之间存在的内在权衡。

ROC曲线的形状提供了对分类器区分正类和负类的能力。图9.15显示了3种不同分类器的ROC曲线。由黑色虚线表示的分类器是没有预测值的分类器。该分类器以相同的速率识别评估数据集中的正例和负例，而不考虑阈值。它的表现不比偶然好，用红色虚线表示的分类器是一个理想的分类器。它能够识别所有的正面例子，而不会错分任何负面例子。在实践中，大多数分类器介于两个极端之间，如绿色ROC曲线所示。分类器的ROC曲线越接近红线越好。相反，分类器的ROC曲线越接近黑线，它就越差。

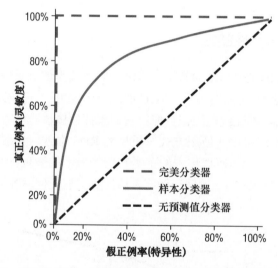

图9.15　样本分类器、完美分类器和无预测值分类器的ROC曲线

R中有几个包提供了一些工具，使用户能够绘制分类器的ROC曲线。对于本书的例子，将使用名副其实的ROCR包提供的函数。我们还将使用第7章中介绍的垃圾邮件过滤器例子中的数据和值。从加载环境变量开始。

```
> load("spam.RData")
```

你会注意到，加载的对象之一是email_pred，它包含针对测试数据的预测类别。为了创建ROC曲线，我们需要的不是预测的类别值，而是一个样本属于特定类别的预测概率。获得这些预测概率的方法因分类器而异。对于大多数分类器，这被指定为predict()函数中的参数。请务必参考你正在使用的分类器的R文档来获取详细信息。在第7章中，我们使用 e1071 包构建了朴素贝叶斯模型。对于那个特定的分类器，在 predict() 函数中指定 type="raw" 以获得预测的概率。

```
> library(e1071)
> email_pred_prob <- predict(email_mod, email_test, type = "raw")
> head(email_pred_prob)

              ham          spam
[1,]  1.000000e+00  0.00000e+00
[2,]  1.000000e+00  4.26186e-55
[3,]  0.000000e+00  1.00000e+00
[4,]  1.000000e+00  0.00000e+00
[5,]  3.050914e-202 1.00000e+00
[6,]  1.000000e+00  0.00000e+00
```

有了这些数据，现在可以在 ROCR 包中生成所谓的预测对象。预测对象将输入数据转换为 ROCR 包使用的标准格式。为了创建一个预测对象，使用 prediction() 函数并将模型的预测概率（仅适用于正类，即垃圾邮件）和来自评估数据集的实际类别值传递给它。

```
> library(ROCR)
> roc_pred <-
  prediction(
    predictions = email_pred_prob[, "spam"],
    labels = email_test$message_label
    )
```

既然有了预测对象，我们就从中创建一个性能对象。性能对象提供了一种针对 ROCR 包中的预测对象执行不同类型评估的方法。为了建立一个 ROC 曲线，需要两个评估值：不同临界值下的真正例率和假正例率。通过 performance() 函数传递 3 个参数给来获得：第一个参数是刚刚创建的预测对象；第二个参数（measure）设置为 tpr，这意味着在可视化的 y 轴上表示 TPR；第三个参数（x.measure）指定在 x 轴上需要的度量，在此设置为 fpr。

```
> roc_perf <- performance(roc_pred, measure = "tpr", x.measure = "fpr")
```

有了性能对象，现在能够使用 plot() 函数绘制 ROC 曲线。现在给这个函数传递 4 个参数：第一个参数是性能对象；第二个参数是图的标题（main）；第三个（col）和第四个（lwd）参数是美学参数，分别指定 ROC 曲线的颜色和宽度。使用 abline() 函数，还绘制了一条对角参考线，表示没有预测值的分类器。将 5 个参数传递给函数，它们指定线条的截距（a）、斜率（b）、宽度（lwd）、类型（lty）和颜色（col）。

```
> plot(roc_perf, main = "ROC Curve", col = "green", lwd = 3)
> abline(a = 0, b = 1, lwd = 3, lty = 2, col = 1)
```

图 9.16 显示了在 R 中创建的 ROC 曲线。可以看到，它更倾向于一个完美的分类器，而不是对角参考线。曲线越接近于完美分类器，它在识别评估数据中的正值方面就越好。

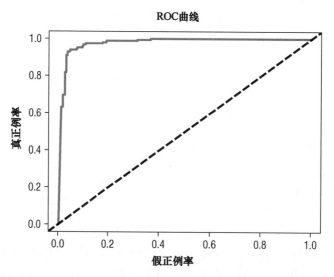

图 9.16　用 R 生成的垃圾邮件过滤器例子的 ROC 曲线

9.3.2　曲线下面积

ROC 曲线有时被归纳为一个称为曲线下面积（AUC）的量。顾名思义，AUC 是 ROC 曲线下总表面积的量度。AUC 值的范围从 0.5（对于没有预测值的分类器）到 1.0（对于完美分类器）。分类器的 AUC 可以被解释为分类器将随机选择的正样本排列在随机选择的负样本之上的概率。

在 R 中，还可以使用 ROCR 包来计算分类器的 AUC。事实上，这里使用了与 ROC 曲线相同的 performance() 函数，但参数略有不同。传递给它的第一个参数是预测对象，就像以前做的那样。但是，这次将 measure 参数设置为 auc，并且没有为 x.measure 设置值。

```
> auc_perf <- performance(roc_pred, measure = "auc")
```

auc 性能对象在 R 中称为 S4 对象。这些类型的对象将其属性存储在插槽中。存储在插槽中的数据不能使用用于其他对象（如数据框）的标准 $ 运算符访问。要访问存储在插槽中的值，使用了 R 基础包中的 slot() 函数和 unlist() 函数，它将列表简化为一个值向量。

```
> spam_auc <- unlist(slot(auc_perf,"y.values"))
> spam_auc
```

```
[1] 0.9800567
```

垃圾邮件过滤器的 AUC 为 0.98，这表明分类器在区分正类和负类方面做得相当好。

值得注意的是，两个不同的分类器有可能具有相似的 AUC 值，但具有不同形状的 ROC 曲线（见图 9.17）。因此，在评估模型性能时不仅要使用 AUC 度量，还要将其与 ROC 曲线的检查相结合，以确定哪个分类器更好地满足业务目标。例如，对于图 9.17 中表示的两个分类器，假设它们具有相似的 AUC 值，如何确定哪个分类器更好？答案取决于业务目标。如果目标是将假正例率保持在 20% 以下，同时正确分类高达 60% 的真正例，那么分类器 B 是更好的选择。在 60% 的真正例率下，分类器 B 的假正例率低于 20%，而分类器 A 的假正例率约为 30%。然而，如果目标是正确分类至少 90% 的真正例，那么分类器 A 在该范围内提供更好的假正例率。当真正例率为 90% 时，分类器 A 的假正例率为 50%，而分类器 B 的假正例率约为 70%。

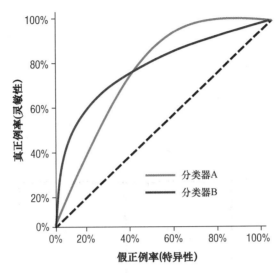

图 9.17　具有相似 AUC 值的两个分类器的 ROC 曲线

评估数值预测

到目前为止，本书讨论的性能度量都与离散值的预测（分类）有关。当谈到连续值的预测（回归）时，预测不是对就是错。相反，预测值根据与实际值的接近程度或距离而有所不同。因此，用于评估回归模型性能的度量标准侧重于量化预测值和实际值之间的差异。

量化回归模型预测误差的常用方法是均方根误差（Root Mean Square Error，RMSE）。假设测试数据集中第 i 个样本实际值和预测值分别由 y_i 和 y_j 表示。因此，预测误差 e_i 被计算为 $y_i - y_j$。第 i 个样本的 RMSE 计算为 $\sqrt{\dfrac{1}{n}\sum_{i=1}^{n} e_i^2}$。RMSE 倾向于夸大异常值的影响，所以有时会使用被称为平均绝对误差（Mean Absolute Error，MAE）的度量的修改。MAE 的计算方法是：$\dfrac{1}{n}\sum_{i=1}^{n}|e_i|$。有时，更重要的是看相对误差，而不是预测值和实际值之间的绝对差。在这种情况下经常使用 e_i/y_i 代替 e_i 来表示 RMSE 和 MAE。

9.4 练习

练习 1．你正在使用 10 000 个观测值的原始数据集构建机器学习模型。数据集包括 10 个自变量和 1 个因变量。自变量是分类数据和数值数据的混合，而因变量是二元变量。

如果你使用了以下每种验证技术，在模型构建中会发生多少次迭代？假设 $k=5$，number=3 表示这些值相关的情况。

- a．留出法。
- b．k 折交叉验证。
- c．LOOC。
- d．LGOCV。
- e．自助法。

练习 2．考虑以下混淆矩阵：

		预测值	
		垃圾邮件	合法邮件
真实值	垃圾邮件	197	53
	合法邮件	16	234

计算以下值：

- a．预测准确性（p_a）；
- b．预期一致性概率（p_e）；
- c．Kappa（κ）；
- d．查准率；
- e．查全率；
- f．F-score；
- g．灵敏度；
- h．特异性；
- i．假正例率；
- j．真正例率；

k. 假反例率；

l. 真反例率。

练习 3. 你最近构建了 3 个机器学习模型来执行分类任务，发现这些模型具有如图 9.18 所示的 ROC 曲线。

a. 哪种模型对你的数据表现最好？

b. 你会如何在模型 A 和 C 之间做出选择？

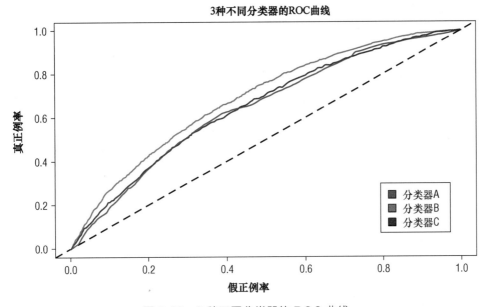

图 9.18　3 种不同分类器的 ROC 曲线

第 10 章

改进模型

在第 9 章中，介绍了几种常用方法来评估和估计机器学习的未来性能。作为讨论的一部分，我们解释了交叉验证和自助法背后的思想，这是两种最流行的重抽样技术。本书还讨论预测准确性作为模型性能唯一衡量标准的局限性，并介绍了其他性能指标，如 Kappa、查准率、查全率、*F*-score、灵敏度、特异性、接收者操作特征曲线（ROC）和曲线下面积（AUC）等。

在第 9 章中，为了说明模型性能评估如何在 R 中工作，使用了一个名为 caret 的功能强大的包。在本章中将继续依赖该包提供的一些函数，来研究不同技术以提高机器学习模型性能。本书讨论的技术将基于两种主要方法：第一种方法侧重于通过优化单个模型来提高性能，而第二种方法侧重于利用几个次优模型的能力来提高性能。

在本章结束时，你将学到以下内容：

◆ 如何通过调整单个机器学习模型的参数来提高性能；

◆ 如何通过将几个弱机器学习模型集成在一起以创建一个更强大的单元来提高性能。

10.1 调整参数

大多数机器学习技术都需要在学习过程开始之前设置一个或多个参数，这些参数通常称为超参数。在前几章中遇到过超参数，但当时并有这样称呼它们。例如，在第 6 章中，当使用 *k* 近邻方法时，必须在模型构建过程之前设置超参数 *k*。在第 8 章中，虽然没有明确地为决策树模型设置复杂度参数，但 rpart() 函数默认选择了一个值。复杂度参数是一个超参数。每个超参数的选择对任何特定模型的性能都有显著影响。因此，为模型的超参数确定适当的值并在构建过程之前设置它们是非常重要的。在机器学习中识别和设置模型最佳超参数的过程称为参数调整或超参数调整。

10.1.1 自动参数调整

为模型的超参数设置适当的值可能是一项相当艰巨的任务。一种系统的方法包括首先创建一个可能的超参数网格以进行评估，然后在网格中进行搜索，以识别导致特定模型的最佳性能的超参数的组合。搜索过程包括基于网格中的每个超参数组合构建模型，评估每个模型的性能，并基于选择的评估方法和指标选择具有期望性能的模型。这种迭代搜索过程通常称为网格搜索。图 10.1 中演示了网格搜索过程。

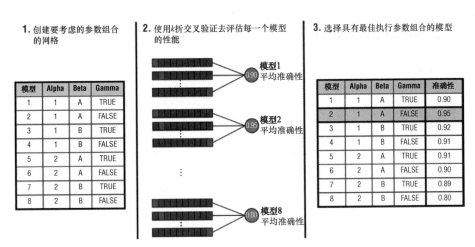

图 10.1　网格搜索过程显示了 8 个具有不同参数组合的模型，每个模型都使用 k 折交叉验证进行评估。选择具有最佳性能参数组合的模型（模型 2）

　　R 中的 caret 包提供了一套强大的工具来执行网格搜索，并作为一个包装器，为 R 中可用的几个机器学习模型和函数提供统一的接口。要使用 caret 包进行自动参数调整，首先要做的是决定要使用的机器学习算法。caret 包称其为 method，例如在第 9 章中当使用 caret 来训练基于 CART 算法的决策树模型时，将 train() 函数的 method 参数设置为 rpart。这告诉 caret 使用 rpart 提供的机器学习算法包来训练模型。请注意，首先必须加载 rpart 包才能工作。这是因为 caret 包实际上并没有训练模型；相反，它在幕后调用 rpart 包来训练模型。因此，在选择要使用的 caret 方法时，在调用 caret 中的 train() 函数之前，还要安装并加载实现该方法的包，这一点很重要。

　　在确定打算使用的机器学习方法（和底层包）之后，接下来要做的就是确定该方法提供的可调参数。这因方法而异。caret 包支持的可用方法和可调参数的完整列表可在 GitHub 网站上找到。图 10.2 显示了 rpart 方法的 caret 包文档，结果表明该方法实现了 CART 算法（Model），可用于分类和回归（Type），依赖于 rpart 包（Libraries），并提供了一个可调参数 cp（Tuning Parameters）。

　　除了使用 caret 包文档网站外，如果知道方法的名称，还可以找出 R 中特定方法支持哪些参数。为此，可以将方法名传递给由 caret 提供的 modelLookup() 函数。如前所述，cp 是 R 中 rpart 包实现的 CART 决策树算法的复杂度参数。因此，为了找出 rpart 方法支持哪些参数，可通过调用 modelLookup("rpart")。

```
> library(caret)
> library(rpart)
> modelLookup("rpart")

  model parameter               label forReg forClass probModel
1 rpart        cp Complexity Parameter   TRUE     TRUE      TRUE
```

在决定了一个方法并为它确定了可调参数之后，就可以继续参数调整过程。为了说明这是如何做到的，我们重新讨论第 9 章中的收入预测问题。与我们在那一章中所做的相似，首先导入并分割 75% 的数据作为训练集，剩余的 25% 作为测试集。

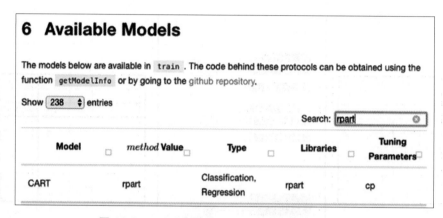

图 10.2　rpart 方法的 caret 包支持的可调参数

```
> library(tidyverse)
> income <- read_csv("income.csv", col_types = "nffnffffffnff")

> set.seed(1234)
> sample_set <- createDataPartition(y = income$income, p = .75, list =
FALSE)
> income_train <- income[sample_set,]
> income_test <- income[-sample_set,]
```

从之前对收入数据集的探索中，可以知道它存在着不平衡数据问题。因此，通过使用 DMwR 包中的 SMOTE() 函数在模型构建过程之前平衡训练数据集。

```
> set.seed(1234)
> library(DMwR)
> income_train <-
    SMOTE(income ~ .,
         data.frame(income_train),
         perc.over = 100,
         perc.under = 200)
```

请注意 set.seed() 函数重复使用。这样做是为了确保代码生成的随机数序列保持不变，从而使抽样过程的结果保持一致，所以你可以在本书里复制结果。

　　提示：根据读者使用的 R 和相关软件包的版本，本章剩余部分的一些结果可能会略有不同，并且在模型训练阶段可能会出现错误。如果是，请使用错误提供的信息作为解决错误的指南。例如，如果错误为 "Error:package e1071 is required"，则安装并加载 e1071 包。

下一步是使用 caret 包提供的 train() 函数构建和调优模型。传递给函数的参数指定了训练公式、训练数据、性能评估指标（准确性）、训练算法（rpart）、重抽样技术（0.632 自助法）和重抽样迭代次数（3）。

```
> set.seed(1234)
> income_mod <- train(
```

```
  income ~ .,
  data = income_train,
  metric = "Accuracy",
  method = "rpart",
  trControl = trainControl(method = "boot632", number = 3)
)

> income_mod

CART

23524 samples
   11 predictor
    2 classes: '<=50K', '>50K'

No pre-processing
Resampling: Bootstrapped (3 reps)
Summary of sample sizes: 23524, 23524, 23524
Resampling results across tuning parameters:

   cp          Accuracy   Kappa
   0.02469818  0.7503711  0.50066598
   0.05347730  0.7109033  0.42185549
   0.41379017  0.5408935  0.08509881

Accuracy was used to select the optimal model using the largest value.
The final value used for the model was cp = 0.02469818.
```

模型的输出（income_mod）让我们对 train() 函数的作用有了一些了解。第一行显示了使用的学习算法，在本例中是 CART 决策树算法。接下来的 3 行描述用于构建模型的训练数据。训练数据包括 23 524 个样本和 11 个预测变量。该类有两个级别：<=50K 和 >50K。结果的下一部分显示了该过程中使用的预处理和重抽样技术。正如从传递的参数中预期的那样，生成了 3 个自助集合，每个集合中有 23 524 个样本。重抽样结果之后是一个部分，列出了评估每个模型的结果。每个模型由用于构建模型的参数和参数值、模型的准确性和模型的 Kappa 值表示。考虑 3 个不同的候选模型，每个模型的 cp 值不同。结果的最后一部分说明，在考虑的 3 个模型中，cp 值为 0.024 698 18 的模型被选中，因为它具有最高的准确性。

注意：train() 函数为超参数 cp 选择了 3 个不同的值。我们没有指定这些值。这是函数的默认行为。如果用户未指定参数值，则函数将为方法支持的每个参数随机选择最多 3 个值。这意味着对于具有 p 个不同参数的方法，train() 函数将创建最多 3^p 个待评估的候选模型。

训练模型完成后，可以根据测试数据评估模型的性能。为此，将模型和测试数据传递给 predict() 函数，然后使用 caret 包中的 confusionMatrix() 函数来生成性能指标。

```
> income_pred <- predict(income_mod, income_test)
> confusionMatrix(income_pred, income_test$income, positive = "<=50K")

Confusion Matrix and Statistics

          Reference
Prediction <=50K >50K
     <=50K  5077  880
```

```
              >50K    1102 1080

                        Accuracy : 0.7565
                          95% CI : (0.747, 0.7658)
            No Information Rate : 0.7592
            P-Value [Acc > NIR] : 0.7206

                           Kappa : 0.3588

       Mcnemar's Test P-Value : 6.902e-07

                     Sensitivity : 0.8217
                     Specificity : 0.5510
                  Pos Pred Value : 0.8523
                  Neg Pred Value : 0.4950
                      Prevalence : 0.7592
                  Detection Rate : 0.6238
          Detection Prevalence : 0.7319
              Balanced Accuracy : 0.6863

                 'Positive' Class : <=50K
```

结果表明，基于自动参数调整的模型预测准确性为 75.65%。这仅比我们在第 8 章中通过使用 rpart() 函数而不调整超参数所获得的 75% 的准确性稍微好一点。Kappa 值 0.358 8 告诉我们，如果只考虑偶然的正确预测，我们模型实际上并没有表现得那么好，还有改进的空间。对此将在 10.1.2 节中尝试这样做。

10.1.2 自定义参数调整

在前面的例子中，注意到 train() 函数在没有用户干预的情况下独立地选择了用于调优过程的超参数值。另外还了解到，默认过程将每个超参数的值限制为 3 个。幸运的是，与我们目前使用的方法相比，train() 函数确实为用户提供了更细粒度的参数调优过程控制。例如，我们可以指示函数在每个超参数中使用 3 个以上的值，只需将 tuneLength 参数设置为我们希望函数在每个超参数中评估值的数目。例如，为了将调优过程中评估的 cp 值的数量从 3 增加到 20，将 tuneLength 参数设置为 20。

```
> set.seed(1234)
> income_mod <- train(
    income ~ .,
    data = income_train,
    metric = "Accuracy",
    method = "rpart",
    trControl = trainControl(method = "boot632", number = 3),
    tuneLength = 20
  )

> income_mod

CART

23524 samples
   11 predictor
    2 classes: '<=50K', '>50K'
```

```
No pre-processing
Resampling: Bootstrapped (3 reps)
Summary of sample sizes: 23524, 23524, 23524
Resampling results across tuning parameters:

  cp          Accuracy   Kappa
  0.001190274 0.8249197  0.64984074
  0.001360313 0.8222101  0.64441434
  0.001530352 0.8212731  0.64253394
  0.001615372 0.8206107  0.64119274
  0.001870430 0.8188800  0.63775032
  0.002040469 0.8182132  0.63641601
  0.002125489 0.8178223  0.63563409
  0.002508077 0.8154395  0.63083335
  0.002805645 0.8116371  0.62323467
  0.002826900 0.8085719  0.61710439
  0.002975684 0.8025796  0.60507465
  0.003060704 0.8002352  0.60038852
  0.004591056 0.7890364  0.57813718
  0.004761095 0.7881606  0.57638567
  0.005356232 0.7866170  0.57330219
  0.005441251 0.7836144  0.56729702
  0.005738820 0.7809698  0.56201224
  0.024698181 0.7503711  0.50066598
  0.053477300 0.7109033  0.42185549
  0.413790172 0.5408935  0.08509881
```

Accuracy was used to select the optimal model using the largest value.
The final value used for the model was cp = 0.001190274.

正如预期的那样，结果显示创建并评估了 20 个不同的模型。在这些模型中，选择了 cp 参数为 0.001 190 274 的模型。另外也注意到，与前面的例子类似，结果表明性能最好的模型是 cp 值最小的模型。这是意料之中的，因为正如在第 8 章中讨论的，决策树的复杂度参数（cp）越小，树就越大，树就越能模拟数据中的模式。然而，我们知道决策树也有过拟合的倾向。这意味着，在 cp 的某个极限以下，准确性将开始下降。为了找到这个限制，可以将 tuneLength 的值扩展到 50、100 甚至更多，并让 train() 函数独立地考虑其他 cp 值。根据最佳 cp 值离我们的起点有多远，这可能会导致非常昂贵的计算成本。另一种不同的首选方法是明确指定想要考虑的 cp 值。

要指定参数调优过程中考虑的 cp 值，首先需要创建一个参数网格。根据 caret 包的规范，网格列必须表示正在使用方法的每个可调参数，网格列名称必须对应于以点为前缀的可调参数的名称，网格的每一行必须指定要评估的参数的组合。

为了说明这是如何工作的，考虑一个名为 zeta 的虚构方法，它有 3 个可调参数——alpha、beta 和 gamma。根据我们对 zeta 的理解和 zeta 的文档，知道 alpha 可以是 1 ~ 3 之间的任何整数值，beta 可以是 TRUE 或 FALSE，gamma 可以是任何连续值。要为 alpha 和 beta 的所有可能值以及 gamma 的值 4、4.5 和 5 创建参数网格，使用 R 函数 expand.grid()。该函数允许我们快速创建参数网格，而不必显式列出每个参数组合。传递给函数的第一个参数是参数 .alpha 的值列表 c(1, 2, 3)，这表示 alpha 参数的可能值。类似地，我们对 beta 参数做同样的处理。对于 gamma 参数，使用 seq() 函数创建一个 4 ~ 5 之间的值列表，增量为 0.5。该值列表被分配给名为 .gamma 的参数。

```
> expand.grid(
  .alpha = c(1, 2, 3),
  .beta = c(TRUE, FALSE),
  .gamma = seq(from = 4, to = 5, by = 0.5)
)

   .alpha .beta .gamma
1       1  TRUE    4.0
2       2  TRUE    4.0
3       3  TRUE    4.0
4       1 FALSE    4.0
5       2 FALSE    4.0
6       3 FALSE    4.0
7       1  TRUE    4.5
8       2  TRUE    4.5
9       3  TRUE    4.5
10      1 FALSE    4.5
11      2 FALSE    4.5
12      3 FALSE    4.5
13      1  TRUE    5.0
14      2  TRUE    5.0
15      3  TRUE    5.0
16      1 FALSE    5.0
17      2 FALSE    5.0
18      3 FALSE    5.0
```

结果显示在调整参数过程中要考虑 18 种不同的参数组合。回到使用 rpart 方法的收入预测的例子，假设决定评估 0.000 1 ～ 0.002 之间的 20 个复杂度参数值。使用 expand.grid() 函数为这些 cp 值创建参数网格，就像在虚构的例子中所做的那样。

```
> expand.grid(.cp = seq(from = 0.0001, to = 0.002, by = 0.0001))

      .cp
1  0.0001
2  0.0002
3  0.0003
4  0.0004
5  0.0005
6  0.0006
7  0.0007
8  0.0008
9  0.0009
10 0.0010
11 0.0011
12 0.0012
13 0.0013
14 0.0014
15 0.0015
16 0.0016
17 0.0017
18 0.0018
19 0.0019
20 0.0020
```

为什么选择只看 0.000 1 ～ 0.002 之间的值？好问题。根据我们以前的结果，最佳 cp 值在 0.002 以下。因此，我们决定尝试低于这个阈值的 20 个不同的 cp 值。为了便于说明，我们选择了 20 个。要评估值的数量 / 范围由用户自行决定。有了参数网格，现在可以指示 train() 函数在调整过程中只考虑这些参数。为此，将参数 grid 传递给 train() 函数的 tuneGrid 参数。

```
> set.seed(1234)
> income_mod <- train(
    income ~ .,
    data = income_train,
    metric = "Accuracy",
    method = "rpart",
    trControl = trainControl(method = "boot632", number = 3),
    tuneGrid = expand.grid(.cp = seq(from = 0.0001, to = 0.002, by =
0.0001))
  )

> income_mod
CART

23524 samples
   11 predictor
    2 classes: '<=50K', '>50K'

No pre-processing
Resampling: Bootstrapped (3 reps)
Summary of sample sizes: 23524, 23524, 23524
Resampling results across tuning parameters:

  cp      Accuracy   Kappa
  0.0001  0.8458971  0.6918087
  0.0002  0.8474552  0.6949238
  0.0003  0.8452231  0.6904421
  0.0004  0.8427255  0.6854406
  0.0005  0.8403488  0.6806960
  0.0006  0.8373673  0.6747242
  0.0007  0.8355844  0.6711520
  0.0008  0.8347887  0.6695676
  0.0009  0.8326862  0.6653719
  0.0010  0.8280034  0.6560078
  0.0011  0.8267913  0.6535846
  0.0012  0.8244087  0.6488197
  0.0013  0.8233899  0.6467654
  0.0014  0.8217246  0.6434373
  0.0015  0.8215546  0.6430969
  0.0016  0.8209079  0.6417870
  0.0017  0.8199552  0.6398810
  0.0018  0.8191755  0.6383398
  0.0019  0.8188072  0.6376045
  0.0020  0.8185886  0.6371667

Accuracy was used to select the optimal model using the largest value.
The final value used for the model was cp = 2e-04.
```

结果表明模型选择的 cp 值为 0.000 2。另外还注意到，这不是计算的最小 cp 值。这意味着最佳 cp 值接近这个值。为了确保不是简单地对训练数据过拟合，通过使用模型来预测测试数据的标签，并评估模型对训练过程中没有使用的未见样本的性能。

```
> income_pred <- predict(income_mod, income_test)
> confusionMatrix(income_pred, income_test$income, positive = "<=50K")

Confusion Matrix and Statistics

          Reference
Prediction <=50K >50K
```

```
            <=50K  5188   537
            >50K    991  1423

                    Accuracy : 0.8123
                      95% CI : (0.8036, 0.8207)
         No Information Rate : 0.7592
         P-Value [Acc > NIR] : < 2.2e-16

                       Kappa : 0.5242

     Mcnemar's Test P-Value : < 2.2e-16

                 Sensitivity : 0.8396
                 Specificity : 0.7260
              Pos Pred Value : 0.9062
              Neg Pred Value : 0.5895
                  Prevalence : 0.7592
              Detection Rate : 0.6374
        Detection Prevalence : 0.7034
           Balanced Accuracy : 0.7828

            'Positive' Class : <=50K
```

模型的预测准确性为 81.23%。这比最初的自动参数调整尝试中达到的 75.65% 的准确性要好。Kappa 值也从第一次尝试的 0.358 8 提高到了 0.524 2。这是一个显著的进步。我们还看到了其他性能指标的改进——灵敏度（或查全率）、特异性和查准率（标记为 Pos Pred Value）。

注意: 到目前为止，已经将 train() 函数的 metric 参数设置为 Accuracy。这告诉函数，在自动参数调整过程中，应选择具有高准确性的模型。值得注意的是，还可以使用 Kappa 指标作为性能的指标。为此，只需将 metric 参数设置为 Kappa。如果问题是回归问题，那么指标参数的可能值将是 RMSE 或 R^2。

10.2　集成方法

在 10.1 节中，使用超参数调整作为提高模型性能的手段。这背后的想法是，如果能找到模型超参数的最佳组合，那么该模型有效预测未来结果的能力将会提高。这是一种改进模型性能的方法。在本节中，将介绍另一种称为集成学习的方法。

集成学习假设可能并不总是能够为单个模型找到最优超参数集，并且即使找到了，模型也不总是能够捕获数据中的所有潜在模式。因此，我们不应简单地专注于优化单个模型的性能，而是应该使用几个互补的弱模型来构建一个更加有效和强大的模型。

集成学习有几种方法。所有这些都基于这样一个基本思想：通过召集不同的专家团队（在本例中是模型）来解决问题，我们将更为有效地学习。集成方法有 3 个主要特征。

- **如何选择模型：**大多数集成技术是由基于单一学习算法的弱学习器组成的。例如，可以有多个决策树学习器的集合，或者有多个 k 近邻（kNN）学习器的集合，这些类型的集合称为同质集成。然而，一些集成技术是基于不同的学习算法。在这样的集合中，可以有一个朴素贝叶斯学习器，再加上一个 logistic 回归学习器和一个决策树学习器，这些被描述为异质集成。

- **如何将任务分配给每个模型**：将多少训练数据分配给集合中的每个模型，由一组称为分配函数的规则决定。分配函数可以将数据中的样本或变量的全部或子集分配给集合中的任何特定模型。这也意味着每个样本可以分配给一个、多个或没有模型。通过改变传递给模型的输入，分配函数可以分配学习任务和使某些模型侧重于数据中的特定模式。

- **如何将每个模型的结果结合起来**：通过学习任务中使用不同的模型集，人们期望这些模型会为同一问题提供不同的答案。集成方法使用一组称为集成函数的规则来协调这些差异。在接下来的章节中，将讨论集成学习中常用的一些集成函数技术。

在本章的剩余部分，将探讨 3 种不同的集成学习方法：装袋、提升和堆叠。

10.2.1 装袋

最常见的集成学习方法之一是装袋，代表自助法的聚合。这个名字来源于这样一个事实，即装袋法集成对分配函数使用自助抽样方法，该方法用于生成分配给集成中每个模型的数据。装袋法通常由同质学习器组成，分别被独立和平行地训练（见图 10.3）。

装袋集成的组合功能有几种方式实现。对于分类问题，预测差异有时通过每个模型的投票来调和，然后集合返回获得多数票的类别值，这就是所谓的硬投票。例如，假设对于图 10.3 中所示的袋装集成，模型 1 为某特定样本预测"是"。但是，对于同一个样本，模型 2 和模型 3 都预测"否"。然后，组合函数将返回多数票，对于该样本为"否"。

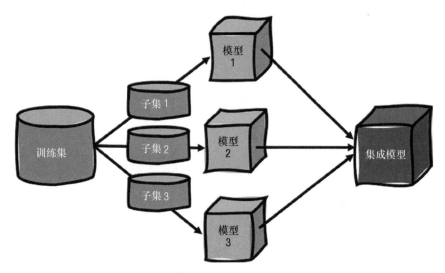

图 10.3　装袋集成以并行独立训练的同质模型为特征

有时，装袋集成的组合函数会查看学习器返回的每个类别值的概率，并对概率进行平均，而不是计算投票数。集合然后返回具有最高概率的类别值，这就是所谓的软投票。例如，假设对于图 10.3 的模型 1 中所示的相同装袋集成，返回 0.87 作为特定样本的标签为"是"的概率。对于相同的样本，模型 2 返回"是"的概率为 0.46，模型 3 返回"是"的概率为 0.48。3 个概率的平均值是 $\frac{0.87 + 0.46 + 0.48}{3} = 0.60$。使用软投票，因为平均概率高于默认阈值 0.5，集成函数将为该样本返回"是"。

提示：当处理回归问题时，装袋集成通过简单地取预测的平均值来调和差异。

最流行的装袋集成方法之一是随机森林或决策树森林集成技术。它的名字来源于这样一个事实：集成由大量的决策树学习器（统称为森林）组成，并且其分配函数结合自助抽样和随机变量选择来生成分配该集合中每个学习器的数据。通过仅使用完整变量集的随机子集，随机森林能够处理非常广泛的数据集（具有大量变量的数据集）。

为了说明 R 中的随机森林集成技术，在 caret 中使用了 rf 方法，它依赖于恰当命名的 randomForest 包。对 rf 方法使用 modelLookup() 命令显示它只有一个可调参数——mtry。这是在每次分割时要考虑的随机选择变量的数量（稍后将对此进行详细介绍）。

```
> library(randomForest)
> modelLookup("rf")

model parameter                               label  forReg forClass probModel
1 rf         mtry #Randomly Selected Predictors       TRUE   TRUE     TRUE
```

根据 randomForest 包提供的文档，当处理分类问题时，mtry 的默认值是数据集中变量数的平方根。对于回归问题，mtry 的默认值是数据集中变量数的 1/3。由于收入预测示例是一个分类问题，因此将 mtry 的值设置为 11 的平方根（数据集中的预测变量的数量）。这大约是 3。通过将 mtry 设置为 3，我们指定在每个袋中决策树的递归分区过程中，每棵树将只考虑 3 个随机选择的变量进行分割（参见第 8 章了解决策树和递归分区过程）。通过保持 mtry 的小值，目标是有足够多的树，它们之间有显著的随机变化。这确保了当原始数据中所有变量都被树的集合考虑时，用于训练每棵树的数据也将有很大的差异。

为了说明基本集成方法的能力，选择不对随机森林模型进行超参数调整，这也意味着不需要进行重抽样。为此，将 trainControl() 函数中的方法参数设置为 none，并训练模型。

```
> set.seed(1234)
> rf_mod <- train(
    income ~ .,
    data = income_train,
    metric = "Accuracy",
    method = "rf",
    trControl = trainControl(method = "none"),
    tuneGrid = expand.grid(.mtry = 3)
  )
```

让我们看看随机森林集成模型对未见的测试数据表现如何。

```
> rf_pred <- predict(rf_mod, income_test)
> confusionMatrix(rf_pred, income_test$income, positive = "<=50K")

Confusion Matrix and Statistics
```

```
              Reference
Prediction <=50K >50K
     <=50K   4981   495
     >50K    1198  1465

                  Accuracy : 0.792
                    95% CI : (0.783, 0.8008)
       No Information Rate : 0.7592
       P-Value [Acc > NIR] : 1.099e-12

                     Kappa : 0.4932

 Mcnemar's Test P-Value : < 2.2e-16

               Sensitivity : 0.8061
               Specificity : 0.7474
            Pos Pred Value : 0.9096
            Neg Pred Value : 0.5501
                Prevalence : 0.7592
            Detection Rate : 0.6120
      Detection Prevalence : 0.6728
         Balanced Accuracy : 0.7768

          'Positive' Class : <=50K
```

结果表明，随机森林集成表现相对较好，只需很少的努力。在不进行参数调整的情况下，集成准确性为 79.2%，略低于前面例子中调整后的决策树所达到的 81.23%。此外，Kappa 值 0.493 2 与调整后决策树的 0.524 2 值相差不远。其他性能指标（灵敏度、特异性、查准率和查全率）的结果也说明了类似的情况。

10.2.2　提升

我们介绍的第二种常用的集成方法叫作提升法。与装袋法类似，提升法集成是基于一组同质的基础模型构建的。然而，提升法与装袋法的不同之处在于，提升法集成中基本模型不是并行地独立训练，而是按顺序训练。在这个序列中，每一个连续的模型都试图通过从其前身的错误中学习来改进性能。这就是为什么它被称为提升法。每个连续的模型都会提高集成的性能。

图 10.4 给出了提升法集成技术的基本架构。该过程包括训练数据的初始模型。然后对模型进行评估，并根据其在训练数据中的表现给其打分。

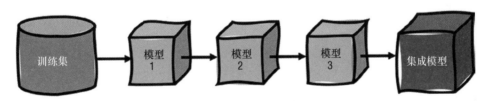

图 10.4　提升法集成以同质模型的线性序列为特征

然后对训练数据进行重抽样，以便对第一个模型错误预测的例子给予更大的权重。通过以这种方式应用权重，错误分类的例子在新训练数据中出现得更频繁，而正确分类的例子出现得不那么频繁。基于这个新加权的训练数据来训练集成序列中的下一个模型。然后对这个模型进行评估和评分，与第一个模型类似。然后根据第二个模型的表现，用新的权重对训练数据进行重抽样。对序列中的每个模型重复此重抽样、训练、评估和评分的过程，直到所有模型都被训练好为止。

自适应提升法与梯度提升法

我们描述的提升法称为自适应提升法。另一种常见的提升法称为梯度提升法。对于梯度提升法，不是试图在每次提升法迭代中正确预测先前错误分类的例子，而是将重点放在预测残差（预测值和实际值之间的差异）上。

可以把提升法想象成高尔夫球手试图把球打入洞中。通过自适应提升法，想象一下高尔夫球手最初试图把球打入洞中，但没成功。然后，球手继续从同一起始位置开始，连续不断地尝试将球打入洞中。目标是从以往的尝试中学习，只需一杆就可以将球打入洞中。

对于梯度提升，高尔夫球手的策略有点不同。球手不是从同一个起始位置进行所有的尝试，而是从上一次球落地的地方进行每次连续的尝试。有时高尔夫球手可能会打不到球洞，有时又会打过球洞。每次焦点都集中在上一次尝试时球落地的地方和球洞之间的距离。

提升集成法的集成函数的工作原理与装袋法的集成函数类似。对于分类问题，提升集成法通过计票来协调模型的预测。然而，与装袋集成法不同的是，提升集成法还考虑了在训练过程中分配给每个基本模型的性能分数。因此，集成返回的预测是这些加权投票的线性集成。表现较好的模型比表现较差的模型对最终预测的影响更大。对于回归问题，通过使用预测的加权平均值来协调预测中的差异。

为了说明提升法在 R 中如何工作，我们使用了一种流行的提升集成算法，称为 extreme gradient boosting（XGBoost）。caret 中的 xgbTree 方法实现了这个集成，并且依赖于 xgboost 包。modelLookup() 函数显示 xgbTree 方法有 7 个可调参数。

```
> library(xgboost)
> modelLookup("xgbTree")

    model         parameter                             label  forReg  forClass  probModel
1 xgbTree           nrounds         # Boosting Iterations    TRUE      TRUE       TRUE
2 xgbTree         max_depth                Max Tree Depth    TRUE      TRUE       TRUE
3 xgbTree               eta                     Shrinkage    TRUE      TRUE       TRUE
4 xgbTree             gamma        Minimum Loss Reduction    TRUE      TRUE       TRUE
5 xgbTree  colsample_bytree   Subsample Ratio of Columns    TRUE      TRUE       TRUE
6 xgbTree  min_child_weight  Minimum Sum of Instance Weight  TRUE      TRUE       TRUE
7 xgbTree          subsample         Subsample Percentage    TRUE      TRUE       TRUE
```

xgboost 包提供的 R 文档介绍了有关这些超参数含义的有用信息。在本节的例子中使用这个文档来确定给每个参数分配什么值。对于它们中的每一个，除了 nrounds 之外，还可以使用包提供的默认值。nrounds 没有默认值，所以将其设置为 100，因为我们知道此数字越高，模型的性能越好，但也越有可能与训练数据进行过似合。通过参数组合构建了我们的模型，确保指定我们不想重抽样，就像在前面的例子中所做的那样。

```
> set.seed(1234)
> xgb_mod <- train(
    income ~ .,
    data = income_train,
    metric = "Accuracy",
    method = "xgbTree",
    trControl = trainControl(method = "none"),
    tuneGrid = expand.grid(
      nrounds = 100,
      max_depth = 6,
      eta = 0.3,
      gamma = 0.01,
      colsample_bytree = 1,
      min_child_weight = 1,
      subsample = 1
    )
)
```

根据测试数据来评估模型做得有多好。

```
> xgb_pred <- predict(xgb_mod, income_test)
> confusionMatrix(xgb_pred, income_test$income, positive = "<=50K")
Confusion Matrix and Statistics

          Reference
Prediction <=50K >50K
    <=50K   5168   477
    >50K    1011  1483

              Accuracy : 0.8172
                95% CI : (0.8086, 0.8255)
   No Information Rate : 0.7592
   P-Value [Acc > NIR] : < 2.2e-16

                 Kappa : 0.5425

Mcnemar's Test P-Value : < 2.2e-16

           Sensitivity : 0.8364
           Specificity : 0.7566
        Pos Pred Value : 0.9155
        Neg Pred Value : 0.5946
            Prevalence : 0.7592
        Detection Rate : 0.6350
  Detection Prevalence : 0.6936
     Balanced Accuracy : 0.7965

      'Positive' Class : <=50K
```

准确性为 81.72%，Kappa 值为 0.542 5，提升集成算法比以前的所有例子都表现得更好。这没有任何超参数调整。这说明了集成算法的强大，如 XGBoost，通过将多个学习器集成在一起解决问题来提高模型的性能。

10.2.3　堆叠

我们要介绍的下一个集成技术叫作堆叠。堆叠法与装袋法和提升法的不同之处在于，这些方法通常使用同质的基础模型构建，而堆叠集成中的基础模型通常是异质的。例如，堆叠集成算法可以由 KNN 模型、logistic 回归模型和朴素贝叶斯模型组成。

堆叠法确实与装袋法有一些相似之处，因为它依赖于几个独立构建的学习器，学习器的预测最终通过组合函数进行协调。然而，与装袋法不同的是，堆叠法使用的组合函数是不确定的。这意味着它不遵循一组预定义的规则或模式，这是因为堆叠集成算法的组合函数是另一种机器学习算法，它从集成中其他学习器的输出中学习，以决定最终的预测。如图 10.5 所示，模型 4 是机器学习模型，其将模型 1、2 和 3 的输出作为输入，以进行最终预测。这种从其他模型中学习的机器学习模型被称为元模型。

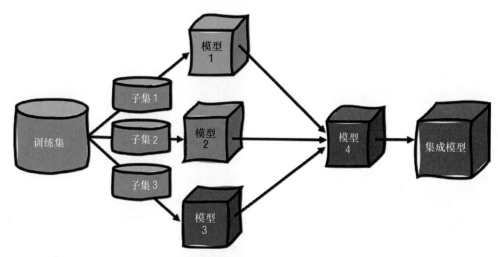

图 10.5　叠加集成算法以独立训练的异质模型为特征，以元模型作为组合函数

为了说明如何在 R 中实现堆叠集成算法，使用 caretEnsemble 包，它允许我们从 caret 模型构建自定义集成。在此之前我们需要修改类别的标签。caretEnsemble 包提供的函数特别关注类别值的标记方式，对于以数字或特殊字符开头的类别值没有很好的响应。因此，将重新编码收入变量的值，使得 <=50K 现在变为 Below，而 >50K 变为 Above。通过在 dplyr 包中 mutate 命令中使用 recode() 函数来实现这一点。

```
> library(tidyverse)
> library(DMwR)
> income <- income %>%
    mutate(income = as.factor(recode(income, "<=50K" = "Below", ">50K" =
"Above")))
```

在重新编码类别值之后，使用 caret 中的 createDataPartition() 函数来重新创建训练和测试集，并确保平衡训练数据。

```
> library(caret)
> set.seed(1234)
> sample_set <-
    createDataPartition(y = income$income, p = .75, list = FALSE)
> income_train <- income[sample_set, ]
> income_test <- income[-sample_set, ]

> set.seed(1234)
```

```
> income_train <-
    SMOTE(income ~ .,
          data.frame(income_train),
          perc.over = 100,
          perc.under = 200)
```

接下来，加载 caretEnsemble 包并创建一个名为 ensembleLearner 的学习器列表，我们打算使用这些学习器来构建集成算法——rpart（决策树）、glm（logistic 回归）和 knn（k 近邻）。请注意，还需要为这些学习器加载依赖包。

```
> library(caretEnsemble)
> ensembleLearners <- c("rpart","glm","knn")
> library(rpart)
> library(stats)
> library(class)
```

使用 caretEnsemble 包中 caretList() 函数，基于列表中的每个学习器来训练一个模型。通过将学习器列表传递给 methodList 参数来实现这一点。对于训练的每个模型，重复 10 折交叉验证重抽样方法 5 次以估计未来的性能。此外还保存了每个学习器的类别概率和最终调整模型的预测，以供进一步评估。这是一个相当计算密集型的过程，需要一段时间才能完成。

```
> models <- caretList(
    income ~ .,
    data = income_train,
    metric = "Accuracy",
    methodList = ensembleLearners,
    trControl = trainControl(
      method = "repeatedcv",
      number = 10,
      repeats = 5,
      savePredictions = "final",
      classProbs = TRUE
    )
)
```

在训练完基础模型之后，下一步是训练作为组合函数的元模型。在这样做之前，首先需要分析基础模型的结果，看看它们相对于训练数据的表现如何。通过使用 resamples() 函数从每个模型收集结果，并使用 summary() 函数提供结果的汇总统计信息来实现这一点。

```
> results <- resamples(models)
> summary(results)

Call:
summary.resamples(object = results)

Models: rpart, glm, knn
Number of resamples: 50

Accuracy
            Min.   1st Qu.    Median      Mean   3rd Qu.      Max. NA's
rpart 0.7151361 0.7312514 0.7630184 0.7543618 0.7755102 0.7937925    0
glm   0.7857143 0.8042092 0.8097364 0.8084176 0.8143268 0.8222789    0
knn   0.7733844 0.7850158 0.7901786 0.7904017 0.7963435 0.8099490    0

Kappa
            Min.   1st Qu.    Median      Mean   3rd Qu.      Max. NA's
rpart 0.4302721 0.4625029 0.5260449 0.5087228 0.5510204 0.5875850    0
```

```
glm    0.5714286 0.6084184 0.6194728 0.6168353 0.6286527 0.6445578    0
knn    0.5467687 0.5700317 0.5803571 0.5808035 0.5926871 0.6198980    0
```

结果显示 3 种模型之间的平均性能相似，其中 logistic 回归模型（glm）表现最好。接下来要做的是评估 3 个模型之间结果的相关性。当使用堆叠法集成不同模型的预测时，要确保集成的基本模型具有很低的相关性。在这种情况下低相关性显示，有一批擅长不同方面的模型，它们以不同方式处理问题。这为元模型提供了评估每个模型输出并选择最佳模型的机会，以提高整个集成的性能。

```
> modelCor(results)

              rpart           glm           knn
rpart     1.00000000  -0.04723051  -0.1593756
glm      -0.04723051   1.00000000   0.3920402
knn      -0.15937561   0.39204015   1.0000000
```

相关结果表明模型结果之间的相关性很小。相关系数最高可达 0.39，这是在 knn 和 glm 模型之间。这个数字很低，不值得关注。对于我们的目的而言，±0.75 或者更高的相关性将被认为是高的。

现在，我们已经准备好构建堆叠集成的最后一部分，即元模型。为此，使用随机森林集成算法作为机器学习算法。caretEnsemble 包提供了一个名为 caretStack() 的函数，该函数允许通过使用堆叠算法集成多个预测模型。使用这个函数，我们现在来训练元模型，它将作为集成的组合函数。请注意，我们不是像以前那样传递预测公式和数据，而是简单地将训练好的模型（称为 models）传递给 caretStack() 函数。这一次，将随机森林的 rf 指定为方法，并保持所有其他参数与之前相同。这也是一个相当密集的计算过程，需要一段时间才能完成。

```
> library(randomForest)
> stack_mod <- caretStack(
    models,
    method = "rf",
    metric = "Accuracy",
    trControl = trainControl(
      method = "repeatedcv",
      number = 10,
      repeats = 5,
      savePredictions = "final",
      classProbs = TRUE
    )
  )
```

现有一个训练有素的堆叠集。根据测试数据来评估它的性能。

```
> stack_pred <- predict(stack_mod, income_test)
> confusionMatrix(stack_pred, income_test$income, positive = "Below")

Confusion Matrix and Statistics

          Reference
Prediction Below Above
     Below  4747   451
     Above  1432  1509
```

```
            Accuracy : 0.7686
              95% CI : (0.7593, 0.7778)
 No Information Rate : 0.7592
 P-Value [Acc > NIR] : 0.0233

               Kappa : 0.4596

 Mcnemar's Test P-Value : <2e-16

         Sensitivity : 0.7682
         Specificity : 0.7699
      Pos Pred Value : 0.9132
      Neg Pred Value : 0.5131
          Prevalence : 0.7592
      Detection Rate : 0.5832
Detection Prevalence : 0.6387
   Balanced Accuracy : 0.7691

    'Positive' Class : Below
```

堆叠集成的准确性（76.86%）和 Kappa 值（0.4596）都不如自定义调整参数模型，也不如装袋法或提升法集成算法。虽然没有通过堆叠集成算法获得更好的性能，但它确实提供了对流程更细粒度的控制，以及在决定要将哪些模型放在一起来解决问题时提供了更大的灵活性。

10.3　练习

练习 1. 使用 caret 包可用于研究其他学习方法的调整参数。以下每种技术都可以调整哪些参数？

　　a. k 近邻算法（使用 knn 包）。

　　b. 广义线性模型（使用 glm 包）。

　　c. 朴素贝叶斯（使用 naive_bayes 包）。

　　d. 随机森林（使用 rf 包）。

练习 2. 尝试通过进行一些额外的参数调整来提高收入预测随机森林模型的准确性。你在预测准确性方面有什么改进？

练习 3. 尝试利用 XGBoost 来提高收入预测模型的预测准确性。这一次，不是显式设置调整参数，而是使用 caret 为每个超参数计算两个值，以便选择提供最佳预测准确性的组合。你在预测准确性方面有什么改进？

第五部分　无监督学习

第 11 章

用关联规则发现模式

在第 4 ~ 8 章中，介绍了几种有监督的机器学习方法。通过这些方法，使用先前标记的数据来训练模型，然后使用该模型将标签分配给未标记的数据。在第 9 章和第 10 章中，讨论了评估和改进监督学习性能的几种常用方法。在接下来的两章中，将介绍两种无监督学习技术。无监督学习与监督学习的不同之处在于，在无监督学习中没有先前标记的样本可供学习。在无监督学习中，不再试图做出预测；而是在数据中寻找新的有趣的模式和见解。

在本章中，将介绍本书中介绍的两种无监督机器学习技术中的第一种——关联规则。关联规则通常用于发现一组事务中存在的模式。这些交易可以是在销售点发生的零售交易，也可以是在药物试验期间给患者服用某些药物时观察到的症状，或者还可以是在不同时间点同时发生的任何一组项目或事件。

在本章结束时，你将学到以下内容：

- 关联规则方法背后的基本思想；
- 评估和量化关联规则强度的不同方法；
- 如何在 R 语言中生成与评估关联规则；
- 关联规则的优缺点。

11.1 超市购物篮分析

当客户购买商品和服务时，会生成有关这些交易的大量数据，并经常存储起来以供进一步分析。这些数据提供了关于客户行为的大量信息，并为能够理解这些信息的企业提供了可操作的见解。这些数据通常被称为超市购物篮数据。对这些数据进行研究，以识别模式并提取有意义的见解被称为超市购物篮分析或亲和力分析。值得注意的是，虽然超市购物篮分析通常用于零售交易的分析，但它可以应用于在不同时间点同时发生一组独特事件的任何过程。

当应用于零售领域时，超市购物篮数据由单个客户交易组成。每笔交易都由客户购买的一组或一组独特的物品组成。在一个交易中可以一起购买的任何物品组合称为项目集。例如，根据图 11.1 中的交易数据集，交易 T1 由项目集 { 面包、牛奶、啤酒 } 组成，交易

T3 由项目集 { 牛奶、尿布、啤酒、可乐 } 组成。请注意，项目集是项目的唯一列表，不考虑购买的每个项目的数量。还需要注意的是，项目集并不总是指客户购买的所有物品。它指顾客可以一起购买的任何物品的组合。例如，{ 鸡蛋，可乐 } 是数据集中的一个项目集，尽管没有任何交易将这两个项目一起列出。

事务	购买物品
T1	面包，牛奶，啤酒
T2	面包，尿布，啤酒，鸡蛋
T3	牛奶，尿布，啤酒，可乐
T4	面包，牛奶，尿布，啤酒
T5	面包，牛奶，尿布，可乐

图 11.1　显示 5 种不同交易的超市购物篮数据集

11.2　关联规则

在超市购物篮分析中，通过一组关联规则来描述项目与项目集之间的关系。关联规则描述哪些项或项目集组倾向于同时出现在数据中。它们使用 IF-THEN 格式表示，其中左侧（IF）列出一起发生的一组项目（或事件），而右侧（THEN）列出与前一组项目（或事件）同时发生的相应项目（或事件）。规则的左侧也被称为前因，而右侧则被称为后果。关联规则例子如图 11.2 所示。该规则规定，对于超市购物篮数据中的一组交易，当购买啤酒和牛奶时，也会购买尿布。

提示：对于图 11.2 所示的规则，项目集中有 3 个项目，因此说该规则的长度为 3。长度为 2 的规则如下所示：{ 啤酒 } → { 牛奶 }。在这里，啤酒是前因，而牛奶是后果。需要注意的是，关联规则允许在前因中有一个或多个项目，但在后果中只允许一个项目。关联规则的长度也可以是 1。这样的规则有结果但没有前因。例如，{ 啤酒 }、{ 牛奶 } 和 { 尿布 } 也是有效的规则，尽管长度为 1。

{ 啤酒，牛奶 } → { 尿布 }

前因　　　　　　　　后果

图 11.2　一种关联规则，描述当购买啤酒和牛奶时，也会购买尿布

如前所述，有效的超市购物篮分析可以为零售商提供对客户购买模式的有价值的洞察。有了这种理解，零售商就能够回答以下关键问题。

- 哪些产品应该在商店里一起展示？
- 哪些产品可以一起打折以增加销售额？
- 作为交叉销售策略的一部分，应向客户推荐哪些产品？

虽然关联规则在描述项目集之间的关系时很有用，但它们不能提供有用性的客观度量。用户必须对生成的每个规则进行定性评估。在这方面，关联规则可以分为三大类之一。

- 可操作的：这些规则提供了清晰而有用的见解，可以付诸行动。例如，一条表明购买面包的顾客经常购买鳄梨的规则，可以提供一些关于鳄梨烤面包的食物趋势的有趣见解。因此，商店可以决定将这两种商品放在商店内彼此非常接近的地方。

- 不重要的：这些规则提供了熟悉该领域的人已经熟知的洞察力。例如，一条表明购买钢笔的顾客也经常购买笔记本的规则，并不能真正提供有意义的新见解。
- 不能解释的：这些规则无视理性解释，需要更多的研究来理解，并且没有提出明确的行动方案。例如，发现买鞋的顾客更有可能也买钢笔，这就违背了理性的解释，需要更多的研究来理解。

判断一个规则是可操作的、不重要的还是不能解释的，完全取决于用户的判断。单个规则可以被一个用户认为是可操作的，而被另一个用户认为是微不足道的。需要注意的是，大多数规则通常是不重要的或不能解释的。识别真正可操作的规则并根据这些规则采取行动，是为企业提供价值的关键。

11.2.1 识别强规则

为了确定哪些关联规则可能有用，评估数据集中所有可能的项目组合非常重要。对于具有 p 个不同项的数据集，存在 $3^p-2^{p+1}+1$ 个既有前因也有后果的可能规则。对于样本数据集（参见图 11.1），有 6 个不同的项目；因此，可以创建 $3^6-2^7+1=602$ 个不同的关联规则。评估 602 条不同的规则，以确定其中哪些是潜在有用的，这是一个艰苦的过程。与此相反，另一种方法是只查看满足特定标准的规则。其中一个标准是只查看基于数据集中经常出现的项目集的规则，这些被称为频繁项集。

1. 支持度

为了识别数据集中的频繁项集，需要决定某个特定项目集需要多长时间出现一次才能被认为频繁项集。项目集的频率是使用称为支持度或覆盖率的度量来衡量的。项目集的支持度被定义为数据集中包含该项目集的交易的一部分。在样本数据集中（参见图 11.1），项目集 { 啤酒，牛奶 } 发生在 5 个交易中的 3 个交易中；因此，对项目集 { 啤酒，牛奶 } 的支持度 =3/5=0.6。同样，项目集 { 啤酒，牛奶，尿布 } 的支持度 =2/5=0.4。

通过计算每个项目集的支持度，可以设置一个最小支持度阈值，一个特定的规则必须满足这个阈值才能被评估是否有用。这能够减少最终要查看的规则数量。请注意，在支持度下，将项目集和规则视为同一事物。因为规则 { 啤酒，牛奶 } → { 尿布 }，{ 啤酒，尿布 } → { 牛奶 }，{ 尿布，牛奶 } → { 啤酒 } 都有相同的支持度。这是因为它们来自同一个项目集：{ 啤酒，尿布，牛奶 }。

2. 置信度

除了限制我们对频繁项集的关注，只需要考虑那些在前因和后因之间很强相关性的规则，这些被认为是强有力的规则。识别数据集中强规则的一种方法是考虑每个规则的确定程度。这意味着，鉴于前因发生，后果在多大程度上发生？另一种看待这个问题的方式是从概率的角度来看——假设交易包含前因项目集，随机选择的交易包含后果项目集的条件概率是多少？用来量化这一点的度量被称为规则的置信度或准确性。规则的置信度被定义为同时包含前因和后因的交易数量与仅包含前因的交易数量的比率。例如，对于样本数据集，规则 { 啤酒，牛奶 } → { 尿布 } 的置信度为 2/3=0.67。这是 { 啤酒，牛奶 } → { 尿布 } 规则的支持度除以 { 啤酒，牛奶 } 规则的支持度。结果表明，在所有购买啤酒和牛奶的交易中，67% 的交易还包括购买尿布。

规则的置信度越高，前因和后果之间的关系就越强。例如，如果规则 { 啤酒，牛奶 } → { 尿布 } 的置信度是 100%，那么可以有把握地说，顾客总是一起购买啤酒、牛奶和尿布。请注意，与支持度不同的是，尽管项目集是相同的，但是 { 面包 } → { 鸡蛋 } 的置信度为 0.25 与 { 鸡蛋 } → { 面包 }=1/1=1 的置信度不同。

3. 提升度

衡量关联规则强度的另一种方法是，与结果单独出现的典型比率相比，前因和后果同时出现的可能性增加或减少，这种度量被称为提升度，它被定义为包含前因和后果的项目集置信度除以仅包含前因的项目集支持度。高支持度的项目仅凭偶然性就可以有高置信度。提升度通过评估项目集中项目之间的关系强度来帮助解释这种偶然的共现。应用到样本数据集，规则 { 啤酒，牛奶 } → { 尿布 } 的提升度为 0.67/0.80=0.84。这是规则 { 啤酒，牛奶 } → { 尿布 } 置信度除以规则 { 尿布 } 的支持度。提升度为 0.84 说明购买啤酒和牛奶的顾客购买尿布的可能性是 0.84 倍。由于该值小于 1，这意味着购买啤酒和牛奶的顾客购买尿布的可能性较低。如果提升度大于 1，则反之亦然。需要注意的是，与支持度类似，基于相同项目集的规则提升度总是相同的。例如，{ 面包 } → { 鸡蛋 } 的提升度 0.25/0.20=1.25 与 { 鸡蛋 } → { 面包 }=1/0.80=1.25 的提升度相同。

11.2.2 Apriori 算法

11.2.1 节中描述的频繁项集过程要求生成所有项目集来评估和确定哪些是频繁项集，哪些派生规则是强的。这可能是一个计算成本很高的过程，特别是对于具有大量不同项的数据集（p）。对于具有 p 个不同项的数据集，存在 2^p-1 个可能的项目集。因此，对于样本数据集，有 $2^6-1=63$ 个可能的项目集。现在想象一下，一个小小的街角杂货店只卖 50 种不同的商品。超市购物篮数据将由略多于 1 千万亿（15 个零）的可能项目集组成，以供评估。为了最小化这个过程的计算成本，通常使用 Apriori 算法来限制生成的项目集的数量。Apriori 算法最早由拉克什·阿格拉瓦（Rakesh Agrawal）和罗摩克里希南·斯里坎特（Ramakrishnan Srikant）于 1993 年提出，它的名字来源于它在生成过程中使用了关于频繁项集属性的先验知识。

Apriori 算法的基本原理是，项目集的支持度永远不会超过其子集的支持度。换句话说，如果一个项目集是不频繁的，那么它的超集也是不频繁的。例如，如果项目集 { 啤酒 } 或项目集 { 牛奶 } 不经常出现，那么项目集 { 啤酒，牛奶 } 也不经常出现，这就是所谓的支持的反单调性质。

为了帮助说明 Apriori 算法，请考虑图 11.3 中所示的项集格。

该算法首先生成只有一个项目的项目集。对每个项目集进行评估，以确定它们是否满足用户设置的最小支持阈值。假设项目集 {E} 被确定为不频繁。基于支持的反单调性质，如果项目集 {E} 不频繁，那么它的所有超集（红色）也将不频繁。因此，Apriori 算法不会生成这些项目集。这就是先验剪枝的含义——算法事先知道这些项目集不会频繁出现，因此不会生成它们。

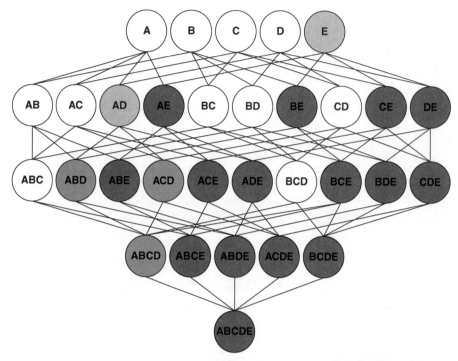

图 11.3　从 A、B、C、D 和 E 项目派生的所有可能项目集（项集格）

Apriori 过程的下一步是仅基于前一阶段的频繁项集生成包含两个项的项目集。评估这些项目集以确定它们是否满足支持阈值。如果假设项目集 {A，D} 被确定为不频繁，那么它的超集（橙色）也将不频繁，并被修剪。

最后，基于前一阶段的频繁项生成包含 3 个项的项目集。在例子中，这些是项目集 {A，B，C} 和 {B，C，D}。没有额外的项目集要生成或评估，因此我们的过程到此结束。然后被确定为频繁的 11 个项目集（白色）将用于生成关联规则。根据最小置信度和提升度阈值对这些规则进行评估，以评估前因和后果之间的关系强度。

提示：虽然 Apriori 算法是减少项目集数量的最流行方法之一，但它不是唯一的方法。另一种流行的方法是频繁模式增长（FP-growth）方法。这种方法使用树状结构来存储信息，从而更容易识别频繁出现的项目集。

11.3　发现关联规则

在本章中探讨关联规则时，将使用包含匿名比利时超市购物信息的数据集。该数据集最初是由汤姆·布里斯（Tom Brijs）收集的，并作为公共数据集提供 [1]。

数据集可作为本书附带的电子资源的一部分提供给你。（有关访问电子资源的更多信息，请参见前言。）数据集的结构非常简单，数据集的每一行表示商店收银台的一笔交易。这些行由对应于在该交易中购买项目的整数列表组成。例如，以下是数据集的前10行（为清晰起见，添加了行号）：

```
1: 0 1 2 3 4 5 6 7 8 9 10 11 12 13 14 15 16 17 18 19 20 21 22 23 24 25
26 27 28 29
2: 30 31 32
3: 33 34 35
4: 36 37 38 39 40 41 42 43 44 45 46
5: 38 39 47 48
6: 38 39 48 49 50 51 52 53 54 55 56 57 58
7: 32 41 59 60 61 62
8: 3 39 48
9: 63 64 65 66 67 68
10: 32 69
```

第一笔交易涉及30个不同的项目，编号为0～29。在第二笔交易中，客户购买了3种不同的商品，但没有一个包含在第一次交易中，因此他们得到了3个新的数字——30～32。如果跳到交易5，则该客户购买了4件商品。其中两个项目，项目38和39，是以前在第四笔交易中购买的，因此这些项目编号被重新使用。剩下的两个项目第一次出现在数据集中，所以这些项目被分配了编号47和48。

在这个数据集中，不知道具体涉及哪些项目。第30项可能是一个苹果、一辆玩具车或一盒麦片。但对手头任务来说，这实际上并不重要：识别通常一起购买的物品。

11.3.1 生成规则

以比利时超市数据为例，说明如何在R中基于超市购物篮数据构建关联规则。我们要做的第一件事是导入数据。为此，使用R中arules包的函数read.transactions()，该函数以稀疏矩阵的形式读取数据集。这意味着它是一个由1和0组成的矩阵，其中绝大多数值是0。在这种情况下，矩阵中的每一行代表一笔交易，而每一列代表超市销售的一种唯一商品。如果列对应的项目是作为该行对应商品的一部分购买的，则每个单元格的值为1。对于超市购物篮数据使用稀疏矩阵，而不是标准的数据框或tibble，因为它有助于加快处理速度，并使用更少的内存空间。将两个参数传递给read.transactions()函数——第一个参数指定要读取的文件名称，第二个参数（sep）指定数据文件中字段的分隔方式。从上面内容知道，数据中的字段是用空格分隔的，所以使用sep=" "。

```
> library(arules)
> supermart <- read.transactions("retail.txt", sep = "")
```

现在让我们获取数据集的一些汇总统计数据。

```
> summary(supermart)

transactions as itemMatrix in sparse format with
 88162 rows (elements/itemsets/transactions) and
 16470 columns (items) and a density of 0.0006257289
```

```
most frequent items:
     39        48        38        32        41   (Other)
  50675     42135     15596     15167     14945    770058

element (itemset/transaction) length distribution:
sizes
     1     2     3     4     5     6     7     8     9    10    11    12    13    14
  3016  5516  6919  7210  6814  6163  5746  5143  4660  4086  3751  3285  2866  2620
    15    16    17    18    19    20    21    22    23    24    25    26    27    28
  2310  2115  1874  1645  1469  1290  1205   981   887   819   684   586   582   472
    29    30    31    32    33    34    35    36    37    38    39    40    41    42
   480   355   310   303   272   234   194   136   153   123   115   112    76    66
    43    44    45    46    47    48    49    50    51    52    53    54    55    56
    71    60    50    44    37    37    33    22    24    21    21    10    11    10
    57    58    59    60    61    62    63    64    65    66    67    68    71    73
     9    11     4     9     7     4     5     2     2     5     3     3     1     1
    74    76
     1     1

    Min. 1st Qu.  Median    Mean 3rd Qu.    Max.
    1.00    4.00    8.00   10.31   14.00   76.00

includes extended item information - examples:
  labels
1      0
2      1
3     10
```

注意 summary() 函数的输出与之前看到的非常不同。这是因为与前面章节中使用的数据集（数据框或 tibble）不同，这个数据集是一个稀疏矩阵，输出提供了一些关于数据的高层次见解。前 3 行告诉我们，数据集中有 88 162 个交易（行）和 16 470 个唯一项（列）。还看到数据集的密度是 0.000 625 728 9。回想一下，第 3 章中将数据集的密度描述为数据集中未缺失项的比率。密度是稀疏性的倒数，稀疏性代表缺失项的比率。超市数据集非常稀疏，这是超市购物篮数据的预期。大多数交易不包括商店出售的大部分商品。

输出的下 3 行列出了商店中最常购买的商品，以及它们发生交易的次数。在这里，项目 39 是最常购买的项目，是在数据集中 88 162 个交易中 50 675 个购买了它。

接下来的 14 行输出提供了数据集中交易长度的摘要，以及该长度的相应交易数量。例如，第一列的前两行告诉我们有 3016 个交易的长度为 1。换言之，有 3016 笔交易只购买了一件商品。一直到最后一对值，看到有一个交易中购买了 76 个独特的项目。输出的剩余行简单地显示交易长度的值范围和数据集中 3 个项目的样本。

为了更好地理解数据，需要仔细查看数据集中的一些交易。arules 包提供了 inspect() 函数。使用此函数列出数据集中的前 5 个事务。

```
> inspect(supermart[1:5])

    items
[1] {0,1,10,11,12,13,14,15,16,17,18,19,2,20,21,22,23,24,25,26,27,28,29,
3,4,5,6,7,8,9}
[2] {30,31,32}
[3] {33,34,35}
[4] {36,37,38,39,40,41,42,43,44,45,46}
[5] {38,39,47,48}
```

输出显示，第一个交易有 30 个唯一商品，第二个交易有 3 个，以此类推。正如在上面提到的，不知道这些数字代表什么具体商品，但知道它们代表了超市购物篮数据中的唯一商品。记住这一点，可以使用 itemFrequency() 函数查看每个商品在数据集中出现的频率。请注意，商品的频率与商品的支持频率相同。前面看到商品 39 是数据集中最常购买的商品。看看这个商品的频率。

```
> itemFrequency(supermart[ ,"39"])

      39
0.5747941
```

商品 39 的项目频率（或支持度）是 0.574 794 1，这告诉我们它发生在数据集中几乎 60% 的交易中。arules 包或在为数据探索提供的功能方面相当有限。例如，它没有提供按频率列出前 5 项或后 5 项。为了获得这些信息，需要将 itemFrequency() 函数的输出转换为更易于处理的格式。itemFrequency() 函数的输出是一个数值向量，每个值都有一个标签。例如，在之前的输出中，数值向量 0.574 794 1 的附加标签为 39。使用这些数据，可以创建一个包含两列的表，其中一列表示项，另一列表示项的频率。使用 tibble 包（包含在 tidyverse 包中）中的 tibble() 函数来实现这一点。这个函数创建了在 R 中被称为 tibble 的东西，它只是标准数据框的 tidyverse 版本。

```
> library(tidyverse)
> supermart_frequency <-
  tibble(
    Items = names(itemFrequency(supermart)),
    Frequency = itemFrequency(supermart)
  )
```

使用 head() 函数查看数据集前 6 行的项目频率。

```
> head(supermart_frequency)

# A tibble: 6 x 2
  Items Frequency
  <chr>     <dbl>
1 0       0.00201
2 1       0.00302
3 10      0.00808
4 100     0.000613
5 1000    0.00480
6 10000   0.0000227
```

有了这种格式的数据，现在可以很容易地回答这样一个问题：商店里最常买的 10 种商品是什么？只需按频率降序对结果进行排序，并通过 dplyr 包（也包含在 tidyverse 包）中的 slice() 函数将结果限制在前 10 名。

```
> supermart_frequency %>%
  arrange(desc(Frequency)) %>%
  slice(1:10)

# A tibble: 10 x 2
  Items Frequency
  <chr>     <dbl>
1 39        0.575
```

```
2   48       0.478
3   38       0.177
4   32       0.172
5   41       0.170
6   65       0.0507
7   89       0.0435
8   225      0.0369
9   170      0.0352
10  237      0.0344
```

从结果中看到，项目 39 和 48 出现在 50% 或更多的交易中。然而，随着我们往下看，出现的频率急剧下降。记住前面讨论过支持的反单调原则，这些结果显示关联规则的支持度阈值必须等于或低于 0.034 4，才能捕获包含这些项的规则。

有了对数据的进一步了解，我们可以继续构建关联规则。arules 包提供 apriori() 函数来生成关联规则。这个函数需要两个参数：第一个参数是数据；第二个参数是参数列表，允许为规则指定最小支持度、置信度和规则长度阈值。通常，为关联规则设置适当的阈值需要大量的反复试验。如果把门槛定得太高，可能得不到任何规则。如果门槛定得太低，可能会被太多的规则弄得不知所措。

当设置最小支持阈值时，一个有用的方法是决定一个模式应该多久出现一次，以便对你有用。假设我们只对每天至少发生 5 次的模式感兴趣。因为数据是在 5 个月的时间内收集的，并且假设每个月都有 30 天，那么每天至少出现 5 次的模式将需要在数据集中至少 5×150 个交易中发生。数据集中有 88 162 个交易；因此，对模式的最低支持度需要是 5×150÷88 162=0.008 5。对于置信度阈值，从期望开始，为了包含一个规则，前因和后果必须在至少 50% 的时间内同时出现。这意味着将置信阈值设置为 0.5。

为了排除少于两项的规则，将最小规则长度设置为 2。确定了这些阈值后，现在就可以生成规则了。

```
> supermartrules <-
  apriori(supermart,
        parameter = list(
            support = 0.0085,
            confidence = 0.5,
            minlen = 2
        ))
```

11.3.2 评估规则

有了规则，现在可以开始评估它们的用处了。为了获得规则的高级概述，将规则集（supermartrules）传递给 summary() 函数。

```
> summary(supermartrules)

set of 145 rules

rule length distribution (lhs + rhs):sizes
 2  3  4
76 54 15
```

```
         Min. 1st Qu. Median  Mean 3rd Qu.  Max.
        2.000   2.000  2.000 2.579   3.000 4.000

    summary of quality measures:
        support          confidence          lift              count
     Min.   :0.008507   Min.   :0.5024   Min.   :0.9698   Min.   :   750
     1st Qu.:0.010458   1st Qu.:0.6037   1st Qu.:1.1618   1st Qu.:   922
     Median :0.013543   Median :0.6724   Median :1.2476   Median :  1194
     Mean   :0.025466   Mean   :0.6976   Mean   :1.7245   Mean   :  2245
     3rd Qu.:0.021880   3rd Qu.:0.7610   3rd Qu.:1.3816   3rd Qu.:  1929
     Max.   :0.330551   Max.   :0.9942   Max.   :5.6202   Max.   : 29142

    mining info:
          data ntransactions support confidence
     supermart        88162  0.0085        0.5
```

与使用 summary() 函数获取导入后的超市购物篮数据的描述性统计数据时所看到的类似，这个输出也与以前看到的任何输出不同。这是因为现在拥有的是一个规则集，而不是稀疏矩阵、tibble 或数据框。输出的前两部分显示，根据设置的阈值生成了 145 条规则。在生成的规则中，76 条规则的长度为 2，54 条规则的长度为 3，15 条规则的长度为 4。输出的下一部分提供了对生成的规则的支持度、置信度、提升度和计数的统计汇总。输出的最后一部分列出了用于生成规则的参数。

还可以查看生成的每个单独规则。通过使用 inspect() 函数来实现这一点，就像对超市购物篮数据所做的那样。先来看看前 10 条规则。

```
> inspect(supermartrules[1:10])

         lhs         rhs    support     confidence lift      count
    [1]  {371}   => {38}  0.008699893 0.9808184  5.544429  767
    [2]  {37}    => {38}  0.011864522 0.9739292  5.505485 1046
    [3]  {286}   => {38}  0.012658515 0.9433643  5.332706 1116
    [4]  {286}   => {39}  0.008507067 0.6339814  1.102971  750
    [5]  {2958}  => {48}  0.008836006 0.8617257  1.803049  779
    [6]  {740}   => {39}  0.008609151 0.6426757  1.118097  759
    [7]  {78}    => {48}  0.009346430 0.7773585  1.626521  824
    [8]  {78}    => {39}  0.008779293 0.7301887  1.270348  774
    [9]  {49}    => {48}  0.009561943 0.7526786  1.574882  843
    [10] {49}    => {39}  0.008711236 0.6857143  1.192974  768
```

第一条规则显示，98%（置信度）的时候，购买商品 371 的顾客也购买了商品 38。在数据集的 0.86% 或 767（支持度和计数）的交易中发现这种模式。该规则还告诉我们，购买商品 371 的顾客同样购买商品 38 的可能性要高 5.54 倍，这是一条非常强的规则。虽然不知道商品 371 和 38 项究竟是什么，但确实知道这两项之间有着密切的联系。

为了帮助识别数据集中的其他强规则，能够基于某些条件对规则进行排序和筛选是非常有用的。例如，如果想基于提升度对前 10 条规则进行排序和筛选，那么可以使用 arules 包提供的 sort() 函数来完成。

```
> supermartrules %>%
    sort(by = "lift") %>%
    head(n = 10) %>%
    inspect()

         lhs         rhs  support    confidence lift      count
```

```
[1]   {110,39,48} => {38} 0.011694381 0.9942141   5.620153 1031
[2]   {170,39,48} => {38} 0.013531907 0.9892206   5.591925 1193
[3]   {110,39}    => {38} 0.019736394 0.9891984   5.591800 1740
[4]   {170,48}    => {38} 0.017445158 0.9877970   5.583878 1538
[5]   {170,41}    => {38} 0.009006148 0.9863354   5.575616  794
[6]   {110,48}    => {38} 0.015437490 0.9862319   5.575030 1361
[7]   {371}       => {38} 0.008699893 0.9808184   5.544429  767
[8]   {170,39}    => {38} 0.022901023 0.9805731   5.543042 2019
[9]   {170}       => {38} 0.034379892 0.9780574   5.528821 3031
[10]  {110}       => {38} 0.030909008 0.9753042   5.513258 2725
```

在这个例子中，指定 by="lift" 来表示希望规则按提升度排序。请注意，还可以按支持度、置信度或计数进行排序。假设将项目 41 确定为感兴趣的商品，并决定查看包含该特定商品的所有规则。为此，可以使用 subset() 函数。

```
> supermartrules %>%
    subset(items %in% "41") %>%
    inspect()

      lhs              rhs    support     confidence  lift      count
[1]   {41}         => {48} 0.102288968 0.6034125   1.262562 9018
[2]   {41}         => {39} 0.129466210 0.7637337   1.328708 11414
[3]   {170,41}     => {38} 0.009006148 0.9863354   5.575616  794
[4]   {41,65}      => {39} 0.008983462 0.7959799   1.384809  792
[5]   {38,41}      => {48} 0.026927701 0.6091866   1.274644 2374
[6]   {38,41}      => {39} 0.034606747 0.7829099   1.362070 3051
[7]   {32,41}      => {48} 0.023400104 0.6454944   1.350613 2063
[8]   {32,41}      => {39} 0.026757560 0.7381101   1.284130 2359
[9]   {41,48}      => {39} 0.083550736 0.8168108   1.421049 7366
[10]  {39,41}      => {48} 0.083550736 0.6453478   1.350306 7366
[11]  {38,41,48}   => {39} 0.022583426 0.8386689   1.459077 1991
[12]  {38,39,41}   => {48} 0.022583426 0.6525729   1.365424 1991
[13]  {32,41,48}   => {39} 0.018670175 0.7978672   1.388092 1646
[14]  {32,39,41}   => {48} 0.018670175 0.6977533   1.459958 1646
```

还可以结合 sort() 和 subset() 函数来帮助我们组织想要查看的规则。例如，假设想看看包含项目 41 的前 10 条提升度规则。

```
> supermartrules %>%
    subset(items %in% "41") %>%
    sort(by = "lift") %>%
    head(n = 10) %>%
    inspect()

      lhs            rhs    support     confidence  lift     count
[1]   {170,41}   => {38} 0.009006148 0.9863354   5.575616  794
[2]   {32,39,41} => {48} 0.018670175 0.6977533   1.459958 1646
[3]   {38,41,48} => {39} 0.022583426 0.8386689   1.459077 1991
[4]   {41,48}    => {39} 0.083550736 0.8168108   1.421049 7366
[5]   {32,41,48} => {39} 0.018670175 0.7978672   1.388092 1646
[6]   {41,65}    => {39} 0.008983462 0.7959799   1.384809  792
[7]   {38,39,41} => {48} 0.022583426 0.6525729   1.365424 1991
[8]   {38,41}    => {39} 0.034606747 0.7829099   1.362070 3051
[9]   {32,41}    => {48} 0.023400104 0.6454944   1.350613 2063
[10]  {39,41}    => {48} 0.083550736 0.6453478   1.350306 7366
```

这个输出提供了一个更有针对性的规则列表。根据对规则中包含的项目的了解，可以决定每个规则是可操作的、不重要的还是不能解释的。

---

subset() 函数

请注意，subset() 函数可以与几个关键字和运算符一起使用，如下所示。

- 关键字项目与规则中出现的任何项目相匹配。
- 还可以分别使用 lhs 和 rhs 关键字，根据规则左侧或右侧的项目限制规则。例如，要列出左侧只有项目 41 的规则，使用 subset(lhs %in%"41")。
- 运算符 %in% 表示必须在你定义的列表中找到至少一个项目。
- 还可以使用 %pin% 运算符进行部分匹配。例如，使用 subset(items %pin%"41")，可以找到名称中包含项目 41 的所有规则，这包括项目 41 和 413。
- 运算符号 %ain% 允许进行完全匹配。当想要查找所有列出项目的所有规则时，这很有用。例如，要查找包含项目 38 和 41 的所有规则，使用 subset(items %ain% c("38"，"41"))。
- 还可以使用 subset() 函数按支持度、置信度或提升度进行过滤。例如，为了列出置信度为 0.8 或更高的规则，使用 subset(confidence>=0.8)。
- subset() 函数还支持使用 R 逻辑运算符，例如 and（&）、or（|）、and not（！）。例如，要列出置信度为 0.8 或更高且提升度小于 2 的规则，使用 subset(confidence>=0.8 & lift<2)。

11.3.3 优缺点

与任何其他机器学习方法一样，关联规则有许多优缺点。了解这些优缺点有助于选择何时使用它们，以及何时可能不是最佳方法。

以下是一些优点。
- 关联规则在处理大量交易性数据时非常有用。
- 前因和后果之间关系的基本 IF-THEN 表示很容易理解。
- 关联规则能够很好地识别数据中以前未见的甚至是意外模式。

以下是一些缺点。
- 虽然关联规则非常适合大型交易性数据，但处理小型数据集时并不可靠。
- 通常很难从生成的大量规则中获得可操作的见解。
- 从关联规则识别的模式中很容易得出错误和误导性结论，因为规则只是强调项目一起出现，但不能用来推断因果关系。

11.4　案例研究：识别杂货店购买模式

在本章的案例研究中，将使用来自 arules 软件包提供的 Groceries[2] 数据集改编的超市购物篮数据。该数据集由在一个月时间内从一家小杂货店收集的 9835 笔交易组成。数据集的结构与本章前面介绍的比利时超市数据相似，但有两个主要区别。第一个区别是，与比利时超市的数据不同，在比利时超市的数据中，每一项都用空格分隔，而这个数据集中项目都用逗号分隔。第二个区别是，该数据集中的项目没有像比利时超市数据集中的项目那样匿名化。这一次，实际上知道每一项是什么。目标是生成描述数据中有趣的购买模式的关联规则。

11.4.1 导入数据

从导入数据开始。正如我们之前所做的，使用来自 arules 包中的函数 read.transactions()。注意，这一次根据数据的格式将 sep 参数设置为 ","。

```
> library(arules)
> groceries <- read.transactions("groceries.csv", sep = ",")
```

11.4.2 探索和预处理数据

导入数据后，开始数据探索过程以便更好地理解它。要做的第一件事是使用 summary() 函数获取数据的高级汇总。

```
> summary(groceries)

transactions as itemMatrix in sparse format with
 9835 rows (elements/itemsets/transactions) and
 169 columns (items) and a density of 0.02609146

most frequent items:
      whole milk other vegetables        rolls/buns        soda
          2513              1903              1809            1715
          yogurt           (Other)
          1372             34055

element (itemset/transaction) length distribution:
sizes
   1    2    3    4    5    6    7    8    9   10   11   12  13  14  15
2159 1643 1299 1005  855  645  545  438  350  246  182  117  78  77  55
  16   17   18   19   20   21   22   23   24   26   27   28  29  32
  46   29   14   14    9   11    4    6    1    1    1    1   3   1

   Min.  1st Qu.  Median   Mean 3rd Qu.   Max.
  1.000   2.000   3.000  4.409   6.000 32.000

includes extended item information - examples:
            labels
1 abrasive cleaner
2 artif. sweetener
3   baby cosmetics
```

从输出中，了解到数据集中有 9835 个交易和 169 个不同的商品。在数据集的交易中，有 2159 笔交易涉及购买一件商品，有一笔交易涉及购买 32 个不同的商品。最常购买的商品是全脂牛奶、其他蔬菜、面包卷、苏打水和酸奶。要获得这些项的频率（或支持度）的细节，首先需要使用 itemFrequency() 函数获得每个项的频率，然后将数据转换为 tibble。

```
> library(tidyverse)
> groceries_frequency <-
    tibble(
      Items = names(itemFrequency(groceries)),
      Frequency = itemFrequency(groceries)
    )
```

有了这种格式的数据，现在可以很容易地列出商店中最常购买的 10 种商品。

```
> groceries_frequency %>%
    arrange(desc(Frequency)) %>%
    slice(1:10)

# A tibble: 10 x 2
   Items            Frequency
   <chr>                <dbl>
 1 whole milk           0.256
 2 other vegetables     0.193
 3 rolls/buns           0.184
 4 soda                 0.174
 5 yogurt               0.140
 6 bottled water        0.111
 7 root vegetables      0.109
 8 tropical fruit       0.105
 9 shopping bags        0.0985
10 sausage              0.0940
```

结果确认了我们从 summary() 函数的结果中看到的前 5 个最常购买的商品列表。但是，这一次，看到了每个商品的实际频率（或支持度）。支持度显示每 4 笔交易中就有一笔是购买全脂牛奶；每 5 笔交易中大约有一笔会购买其他蔬菜、面包卷和苏打水。

使用 summary() 函数，还可以获得商品频率的汇总统计信息。中位数商品频率（0.010 472 8）提供了一个较低标准，用于生成关联规则时应该使用的最小支持阈值。低于中位数的阈值表示发生率低于数据集中的典型发生率的规则。

```
> groceries_frequency %>%
    select(Frequency) %>%
    summary()

   Frequency
Min.   :0.0001017
1st Qu.:0.0038637
Median :0.0104728
Mean   :0.0260915
3rd Qu.:0.0310117
Max.   :0.2555160
```

11.4.3 生成规则

为了生成规则，将最小支持度、置信度和规则长度阈值传递给 apriori() 函数。与前面的例子中所做的类似，将考虑每天至少发生 5 次的任何模式都是重要的。考虑到数据集是在 30 天内收集的，这意味着最小支持度阈值将是 5×30÷9835=0.15。这一次，将最小置信度阈值保持在 0.25，最小规则长度保持为 2。

```
> groceryrules <-
  apriori(groceries,
          parameter = list(
            support = 0.015,
            confidence = 0.25,
            minlen = 2
          ))
```

11.4.4 评估规则

规则的汇总显示，基于设置的阈值，我们能够生成 78 个关联规则（其中 62 个长度为 2，16 个长度为 3）。

```
> summary(groceryrules)

set of 78 rules
rule length distribution (lhs + rhs):sizes
 2  3
62 16

   Min. 1st Qu.  Median    Mean 3rd Qu.    Max.
  2.000   2.000   2.000   2.205   2.000   3.000

summary of quality measures:
    support           confidence          lift            count
 Min.   :0.01505   Min.   :0.2537   Min.   :0.9932   Min.   :148.0
 1st Qu.:0.01790   1st Qu.:0.3084   1st Qu.:1.5047   1st Qu.:176.0
 Median :0.02191   Median :0.3546   Median :1.7400   Median :215.5
 Mean   :0.02558   Mean   :0.3608   Mean   :1.7632   Mean   :251.6
 3rd Qu.:0.02888   3rd Qu.:0.4056   3rd Qu.:1.9427   3rd Qu.:284.0
 Max.   :0.07483   Max.   :0.5174   Max.   :3.0404   Max.   :736.0

mining info:
      data ntransactions support confidence
 groceries          9835    0.015       0.25
```

有了规则，就可以开始研究数据集中寻找潜在的有趣购买模式。让我们先来看看关于置信度的前 10 条规则。

```
> groceryrules %>%
    sort(by = "confidence") %>%
    head(n = 10) %>%
    inspect()

     lhs                             rhs                 support    confidence lift     count
[1]  {tropical fruit,yogurt}      => {whole milk}        0.01514997 0.5173611  2.024770 149
[2]  {other vegetables,yogurt}    => {whole milk}        0.02226741 0.5128806  2.007235 219
[3]  {butter}                     => {whole milk}        0.02755465 0.4972477  1.946053 271
[4]  {curd}                       => {whole milk}        0.02613116 0.4904580  1.919481 257
[5]  {other vegetables,root vegetables}=> {whole milk}  0.02318251 0.4892704  1.914833 228
[6]  {other vegetables,tropical fruit} => {whole milk}  0.01708185 0.4759207  1.862587 168
[7]  {root vegetables,whole milk} => {other vegetables} 0.02318251 0.4740125  2.449770 228
[8]  {domestic eggs}              => {whole milk}        0.02999492 0.4727564  1.850203 295
[9]  {rolls/buns,yogurt}          => {whole milk}        0.01555669 0.4526627  1.771563 153
[10] {whipped/sour cream}         => {whole milk}        0.03223183 0.4496454  1.759754 317
```

这些规则确实提供了一些关于购买模式的见解。例如，第一条规则显示，那些同时购买热带水果和酸奶的人购买全脂牛奶的可能性是其他人的两倍。这可能是一杯冰沙或某种水果饮料。注意，这些规则中的大多数都以全脂牛奶作为结果。考虑到全脂牛奶是数据集中最常购买的商品，这是意料之中的。为了从不同角度来看待这些规则，来看看提升度方面的前 10 条规则，是否能得到一些新的见解。

```
> groceryrules %>%
    sort(by = "lift") %>%
    head(n = 10) %>%
    inspect()

        lhs                         rhs                  support    confidence lift     count
[1]  {beef}                      => {root vegetables}    0.01738688 0.3313953 3.040367 171
[2]  {other vegetables,whole milk} => {root vegetables}  0.02318251 0.3097826 2.842082 228
[3]  {whole milk,yogurt}         => {tropical fruit}     0.01514997 0.2704174 2.577089 149
[4]  {pip fruit}                 => {tropical fruit}     0.02043721 0.2701613 2.574648 201
[5]  {tropical fruit,whole milk} => {yogurt}             0.01514997 0.3581731 2.567516 149
[6]  {root vegetables,whole milk} => {other vegetables}  0.02318251 0.4740125 2.449770 228
[7]  {curd}                      => {yogurt}             0.01728521 0.3244275 2.325615 170
[8]  {root vegetables}           => {other vegetables}   0.04738180 0.4347015 2.246605 466
[9]  {chicken}                   => {other vegetables}   0.01789527 0.4170616 2.155439 176
[10] {other vegetables,whole milk} => {yogurt}           0.02226741 0.2975543 2.132979 219
```

这些规则提供了一些关于购买模式的附加信息。第一条规则显示，如果顾客买牛肉，根茎类蔬菜被购买的可能性是其他蔬菜的 3 倍。第二条规则表明，那些同时购买全脂牛奶和其他蔬菜的人也很有可能购买根茎类蔬菜。全脂牛奶和其他蔬菜是最常购买的两种商品，我们把它们排除在规则之外，看看还有哪些商品集提供了有趣的规则。

```
> groceryrules %>%
    subset(!items %in% c("whole milk","other vegetables")) %>%
    sort(by = "lift") %>%
    inspect()

        lhs                      rhs                  support    confidence lift     count
[1]  {beef}                   => {root vegetables}    0.01738688 0.3313953 3.040367 171
[2]  {pip fruit}              => {tropical fruit}     0.02043721 0.2701613 2.574648 201
[3]  {curd}                   => {yogurt}             0.01728521 0.3244275 2.325615 170
[4]  {whipped/sour cream}     => {yogurt}             0.02074225 0.2893617 2.074251 204
[5]  {tropical fruit}         => {yogurt}             0.02928317 0.2790698 2.000475 288
[6]  {citrus fruit}           => {yogurt}             0.02165735 0.2616708 1.875752 213
[7]  {fruit/vegetable juice}  => {yogurt}             0.01870869 0.2587904 1.855105 184
[8]  {frankfurter}            => {rolls/buns}         0.01921708 0.3258621 1.771616 189
[9]  {sausage}                => {rolls/buns}         0.03060498 0.3257576 1.771048 301
[10] {bottled water}          => {soda}               0.02897814 0.2621895 1.503577 285
[11] {sausage}                => {soda}               0.02430097 0.2586580 1.483324 239
[12] {fruit/vegetable juice}  => {soda}               0.01840366 0.2545710 1.459887 181
```

现在有 12 种按提升度排序的不同规则。第一条规则已经讨论过。第二条规则似乎相当琐碎。一个买有籽水果的人也会买热带水果，这并不奇怪。这只是说明，各种水果往往一起购买。第三、四条规则说明购买各种乳制品。第五、六、七条规则说明顾客可能会在购买不同种类别的水果时搭配酸奶。其余的规则为食物搭配提供了额外见解，在商店布局方面支持可操作的措施，这些措施可以加强或利用物品之间的强关系。

11.5 练习

练习 1. 你在医院工作，可以查阅患者病历。你决定对各种可用的数据集使用关联规则。在这种情况下，你可能会发现哪些关联规则符合以下每个类别？

a. 可操作的。

b. 不重要的。

c. 不可解释的。

练习 2. 想象一个你现在或过去工作过的组织。如果你从来没有工作过，想象一个你熟悉的组织，比如学校或社区团体。在这种环境下，可能有用的关联规则应用是什么？

练习 3. 继续探索本章案例研究中展示的食品杂货数据集。回答以下问题。

a. 最不常购买的 10 种商品是什么？

b. 如果将最小规则长度更改为 3，将生成多少条规则？如果改成 4 呢？

c. 将最小规则长度改回 2，并生成一个涉及苏打水或生奶油 / 酸奶油的规则列表。

11.6 参考资料

1. Brijs T., Swinnen G., Vanhoof K., and Wets G.（1999），*The Use of Association Rules for Product Assortment Decisions: A Case Study*，in: Proceedings of the Fifth International Conference on Knowledge Discovery and Data Mining，San Diego（USA），August 15-18，pp. 254-260. ISBN: 1-58113-143-7.

2. Hahsler M，Hornik K，Reutterer T. *Implications of Probabilistic Data Modeling for Mining Association Rules*. In: Gaul W，Vichi M，Weihs C，ed. *Studies in Classification，Data Analysis，and Knowledge Organization: from Data and Information Analysis to Knowledge Engineering*. New York: Springer；2006:598-605.

第 12 章

用聚类对数据分组

在第 11 章中介绍了关联规则，这是在本书中介绍的两种无监督机器学习方法中的第一种。在这种方法中，目标是开发一组规则来描述交易集中事件或项之间存在的模式。在本章中介绍了第二种无监督机器学习方法——聚类。对于聚类，目标是找到基于相似性度量对项目进行分组的有趣方法。聚类在现实世界中有几种应用，最常见的情况是，将聚类应用于基于人口统计或购买行为的客户细分以及异常网络活动检测等问题。作为对聚类讨论的一部分，我们将介绍聚类背后的基本思想，讨论描述聚类方法的不同方式，探索常见聚类算法（k 均值聚类）的机制，并说明如何在 R 中使用 k 均值聚类算法聚类数据。

在本章结束时，你将学到以下内容：

* 聚类作为一种无监督机器学习方法背后的基本思想；
* k 均值聚类算法的工作原理；
* 如何在 R 中使用 k 均值算法分割数据；
* k 均值聚类的优缺点。

12.1 聚类

聚类作为一种机器学习任务，是指基于相似性将未标记数据划分为若干子集的几种方法，这些子集被称为簇。聚类有两个目标。第一个目标是确保特定簇中的样本尽可能相似，这被称为簇内高相似度。聚类的第二个目标是确保一个簇中的样本与其他簇中的样本尽可能不同，这被称为簇外低相似度。两个样本之间的相似度通常基于距离度量进行量化。其中一种距离度量是欧几里得距离。大家还记得在第 6 章讨论 k 近邻方法时候，首先介绍欧几里得距离。

如前所述，聚类是一种无监督的机器学习方法。与监督学习不同，在监督学习中使用先前标记的数据来构建模型，通过聚类，试图对未标记的数据进行分组来识别感兴趣的模式。为了说明聚类是如何工作的，假设有 12 个由两个变量（变量 A 和 B）描述的样本 [见图 12.1（a）]。如果将原始数据表示为散点图 [见图 12.1（b）]，可以开始看到一些简单的基于视觉检查的模式出现。通过评估每个项目之间的距离，可以将它们分为 3 个不同的簇 [见图 12.1（c）]。

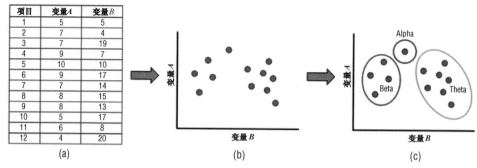

项目	变量A	变量B
1	5	5
2	7	4
3	7	19
4	9	7
5	10	10
6	9	17
7	7	14
8	8	15
9	8	13
10	5	17
11	6	8
12	4	20

图 12.1　显示先前未标记样本（a）的模拟数据集。
相同的样本在散点图（b）中表示，聚集并标记（c）

这些簇除了表示密切相关的样本之外，没有任何内在意义。由用户为每个簇分配上下文标签。在我们的例子中，可以将标签 Alpha、Beta 和 Theta 分配给三个簇。通过这样做，我们隐式地为每个簇中每个样本分配标签。由于能够以这种方式将标签应用于以前未标记的数据，聚类有时也被称为无监督分类。这里描述的聚类方法是众多方法之一，有几种方法可以描述不同的聚类方法。接下来讨论其中的几个。

聚类可以描述为分层或分区。对于分层聚类，簇嵌套在其他簇中，这意味着特定簇的边界可以落在另一个簇的边界内，从而创建父子关系。簇之间的这种嵌套结构创建一个层次结构，该层次结构通常以簇树的形式表示，称为树形图。对于分区聚类，每个簇边界都是相互独立的。簇之间没有层次关系，图 12.2 说明了分层和分区聚类方法之间的区别。

聚类也可以描述为重叠或排他。顾名思义，重叠簇是一个簇的边界可以与其他簇的边界重叠。这意味着数据集中每个样本都可以属于一个或多个簇。这不同于分层聚类方法，因为分层聚类时，子簇的边界必须始终在父簇的边界内。在我们的例子中（见图 12.2），看到红色簇完全位于蓝色簇内部，而蓝色簇则完全位于黄色簇内部。重叠簇并不总是这样，如图 12.3 所示。与重叠聚类不同，排他聚类方法导致每个样本只能属于一个簇。每个样本的簇成员都是"排他的"。这两种方法的结果差异如图 12.3 所示。

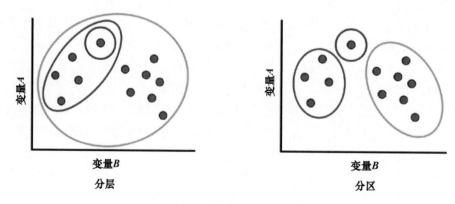

图 12.2　分层聚类与分区聚类

在重叠方法和排他方法之间是另一种称为模糊或软聚类的方法。对于软聚类，特定簇的样本隶属度由介于 0 和 1 之间的隶属度权重指定。权重越大，样本属于特定簇的可能性越大。如果权重为 0，则该样本绝对不属于簇。如果权重为 1，则该样本绝对属于所讨论的簇。

提示：需要注意的是，尽管排他聚类和分区聚类的结果是相似的（见图 12.2 和图 12.3），但在关注点方面，方法是不同的。分区聚类侧重于确保每个簇是独立的，而不是嵌套在另一个簇中，而排他聚类的重点是确保每个样本只属于一个簇。

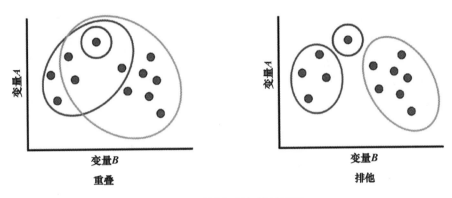

图 12.3　重叠聚类与排他聚类

聚类可以描述为完全聚类或部分聚类。对于完全聚类，数据集中的每个样本必须分配给至少一个簇。但是，对于部分聚类，情况并非如此。使用这种方法，簇的数量事先是未知的。相反，目标是基于数据集中样本的相似性来估计簇数量和簇边界。因此，与其他样本（通常是异常值）没有足够相似性的样本不会被分配到一个簇。完全聚类与部分聚类结果的差异如图 12.4 所示。

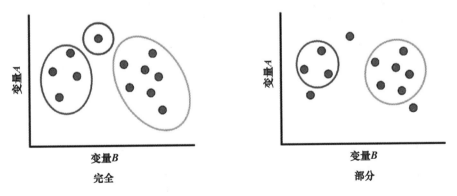

图 12.4　完全聚类与部分聚类

12.2　k 均值聚类

正如在 12.1 节中讨论的，有几种方法可以进行聚类。其中最常用的一种是 k 均值聚类。根据 12.1 节描述的聚类技术，k 均值聚类是一种分区的、排他的和完全的聚类方法。

这意味着簇边界彼此独立；每个样本只能属于一个簇并且每个样本都被分配给一个簇。在 k 均值聚类中，用户决定一个给定的数据集应该划分成多少个簇（k）。然后，该算法尝试根据相似度将数据集中每个样本分配给 k 个不重叠的簇中的一个（也是唯一一个）。

k 均值聚类算法是一种简单有效的聚类方法，因为它采用了启发式方法进行聚类。这意味着它首先要决定样本应该属于哪些簇。然后，根据簇中的样本相似程度以及它们与其他簇中样本的不同程度来评估决策的影响。根据此评估的结果，它将对其样本簇分配进行调整。它重复分配和评估的过程，直到它不能再改善簇分配或更改变得无关紧要。

为了详细说明 k 均值聚类算法的工作原理，使用图 12.1 中相同的模拟数据集。假设期望是将数据集中的样本分组到 3 个不同的簇中。这意味着首先将 k 的值设置为 3。该算法首先在特征空间中选取 k 个随机点作为簇的初始中心。由于设置了 $k=3$，所以选择了 3 个不同的点作为簇的中心。这些初始中心由图 12.5（a）中的点 C_1、C_2 和 C_3 表示。

随机初始化陷阱

需要注意的是，这些初始簇中心不必代表原始数据集中的实际点。另外，在例子中初始中心是分散的。情况并非总是如此，由于它们是随机选择的，所以没有什么能阻止它们聚集在一起，这突出了 k 均值聚类方法的一个重要弱点。最后一组簇对初始簇中心的位置非常敏感。这意味着可以多次运行 k 均值聚类过程，并根据初始簇中心的选择，每次都得到不同外观的簇，这就是所谓的随机初始化陷阱。有几种方法试图克服或减轻这一弱点。其中一种方法被称为 k-means[1]，该方法背后的思想是总是选择一组彼此尽可能远的初始簇中心。通过这样做，最小化随机性对最终簇的影响。

选择初始簇中心后，每个样本被分配给最接近它的簇中 [见图 12.5（b）]。k 均值聚类最常用的距离度量是欧几里得距离。正如在第 6 章中首次提到的，欧几里得距离是多维空间中两点坐标之间的直线距离。假设二维空间中有两个点 p 和 q，它们之间的欧几里得距离计算如下：

$$\text{dist}(p,q) = \sqrt{(p_1 - q_1)^2 + (p_2 - q_2)^2} \tag{12.1}$$

其中 p_1 和 q_1 分别表示 p 和 q 的第一变量的值，而 p_2 和 q_2 表示 p 和 q 的第二变量的值。

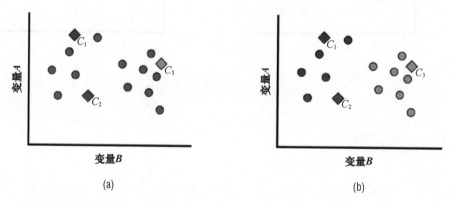

(a)

(b)

图 12.5 随机选择初始簇中心（a），每个样本被分配到最接近中心的簇（b）

现在将每个样本分配给一个簇，算法继续计算每个簇的真实中心。这就是所谓的簇质心。簇质心是当前分配给簇样本的平均位置。假设有一个由二维空间中的 3 个样本 x、y 和 z 组成的簇，分别由点（x_1，x_2）、（y_1，y_2）和（z_1，z_2）表示，簇质心计算如下：

$$\text{centroid}(x, y, z) = \left(\frac{x_1 + y_1 + z_1}{3}, \frac{x_2 + y_2 + z_2}{3} \right) \tag{12.2}$$

在计算新的簇中心后，k 均值聚类算法将每个样本重新分配给最接近它的簇中。如图 12.6 所示，这会产生将一些点从一个簇转移到另一个簇的效果。在图 12.6（a）中看到所有 3 个簇中心都发生了变化，从最初随机选择的中心（灰色菱形）到新计算的中心（彩色菱形）。作为转移的结果，看到原来属于红色簇的一个样本现在被分配给蓝色簇 [见图 12.6（b）]。这是因为该样本现在更接近蓝色簇中心（C_2），而不是红色簇中心（C_1）。

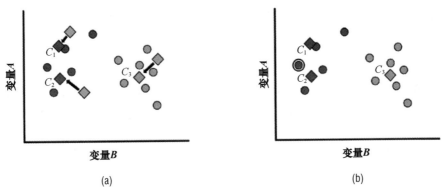

(a)　　　　　　　　　　(b)

图 12.6　选择新的聚类中心（a）；然后将每个样本重新分配给最接近其质心的簇（b）

分配和评估过程重复进行，为每个簇计算新的质心 [见图 12.7（a）]，并根据每个样本到质心的距离将每个样本分配给离它最近的簇 [见图 12.7（b）]。

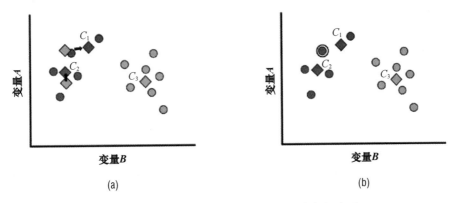

(a)　　　　　　　　　　(b)

图 12.7　在下一次迭代中再次选择新的簇中心（a），
并将每个样本重新分配给最接近其质心的簇（b）

最终，质心的移动 [见图 12.8（a）] 将是无关紧要的，不会导致任何后续的簇分配变化。在这一点上，算法据说已经达到收敛。在图 12.8（a）中看到红色簇的质心偏移对簇分配没有影响，因为每个样本都已被分配给其最近质心的簇。此时，可以停止过程并报告数据集中每个样本的簇分配［见图 12.8（b）］。

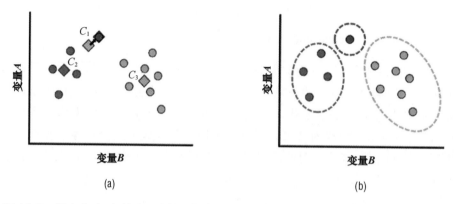

(a)　　　　　　　　　　　　(b)

图 12.8　簇中心（a）的变化没有导致簇成员的变化，因此算法已经收敛并停止（b）

其他距离度量

需要注意的是，虽然欧几里得距离是用于 k 均值聚类的默认距离度量，但它不是聚类中使用的唯一距离度量。距离度量的选择对聚类结果有很大的影响，应该根据诸如聚类的数据类型和要进行的聚类类型等因素来选择。其中常见的距离度量包括曼哈顿距离、皮尔逊相关距离、斯皮尔曼相关距离和肯德尔相关距离。

12.3　基于 k 均值聚类的大学细分

当本章探讨 k 均值聚类时，将使用包含美国大量高校信息的数据集。这些数据来自美国教育部，并已根据我们的目的进行了过滤和修改。它可以作为本书附带的电子资源的一部分（有关访问电子资源的更多信息，请参见前言）。该数据集包括 1270 所高校的各种信息。

- id 是每个高校的唯一整数标识符。
- name 是高校的名称。
- city 是高校所在城市的名称。
- state 是高校所在州的两个字符的缩写。
- region 是高校所在的四个美国地区之一（东北、中西部、西部或南部）。
- highest_degree 是该高校提供的最高级别学位（准学士、学士、研究生或非学位）。
- control 是高校的性质（公立或私立）。
- gender 是高校学生的性别（男女同校、男性或女性）。
- admission_rate 是申请并被学校录取的学生的百分比。
- sat_avg 是申请人的平均 SAT 考试分数（分数范围为 400 ～ 1600）。

- undergrads 是指该高校的本科生数。
- tuition 是学校每年收取的学费，单位为美元。
- faculty_salary_avg 是教职员工的平均月薪，单位为美元。
- loan_default_rate 是指学生后来不能偿还学生贷款的百分比。
- median_debt 是指毕业生的债务中位数，单位为美元。
- lon 是学校主校区的经度。
- lat 是学校主校区的纬度。

使用该数据集的目标是使用 k 均值聚类方法对高校进行分类。出于说明的目的，我们将分析仅限于马里兰州的高校。然而，这里介绍的概念和方法可以应用于数据的任何其他子集。作为章节练习的一部分，本书为读者提供了这样做的机会。

12.3.1 创建簇

为了开始我们的分析，首先使用 readr 包中的 read_csv() 函数导入高校数据集（作为 tidyverse 包的一部分）。请注意，使用函数的 col_types 参数来指定导入要素的目标数据类型。数据导入后，使用 glimpse() 函数预览数据。

```
> library(tidyverse)
> college <- read_csv("college.csv", col_types = "nccfffffnnnnnnnnn")
> glimpse(college)

Observations: 1,270
Variables: 17
$ id                 <dbl> 102669, 101648, 100830, 101879, 100858, 100...
$ name               <chr> "Alaska Pacific University", "Marion Milita...
$ city               <chr> "Anchorage", "Marion", "Montgomery", "Flore...
$ state              <fct> AK, AL, AL, AL, AL, AL, AL, AL, AL, AL, AL,...
$ region             <fct> West, South, South, South, South, South, So...
$ highest_degree     <fct> Graduate, Associate, Graduate, Graduate, Gr...
$ control            <fct> Private, Public, Public, Public, Public, Pu...
$ gender             <fct> CoEd, CoEd, CoEd, CoEd, CoEd, CoEd, CoEd, C...
$ admission_rate     <dbl> 0.4207, 0.6139, 0.8017, 0.6788, 0.8347, 0.8...
$ sat_avg            <dbl> 1054, 1055, 1009, 1029, 1215, 1107, 1041, 1...
$ undergrads         <dbl> 275, 433, 4304, 5485, 20514, 11383, 7060, 3...
$ tuition            <dbl> 19610, 8778, 9080, 7412, 10200, 7510, 7092,...
$ faculty_salary_avg <dbl> 5804, 5916, 7255, 7424, 9487, 9957, 6801, 8...
$ loan_default_rate  <dbl> 0.077, 0.136, 0.106, 0.111, 0.045, 0.062, 0...
$ median_debt        <dbl> 23250.0, 11500.0, 21335.0, 21500.0, 21831.0...
$ lon                <dbl> -149.90028, -87.31917, -86.29997, -87.67725...
$ lat                <dbl> 61.21806, 32.63235, 32.36681, 34.79981, 32....
```

导入过程中，由于两个例子的 loan_default_rate 数据类型转换失败，生成了两个警告。这对分析来说并不重要，所以忽略警告继续前进。如前所述，分析将仅限于马里兰州的高校。创建了一个新数据集，命名为 maryland_college。

```
> maryland_college <- college %>%
    filter(state == "MD") %>%
    column_to_rownames(var = "name")
```

请注意，对于新数据集，我们还使用 tibble 包（tidyverse 包中也包含该函数）中的 column_to_rownames() 函数为数据的每一行分配了一个标签。此函数用于将 var 参数（name）指定的列转换为行标签。这有效地将每个学校的名称指定为数据集中每个观察的行标签。稍后将簇可视化时，行标签将派上用场。

我们过程中的下一步是决定使用数据集中的 17 个变量中的哪一个用于细分。类似于我们选择将自己限制在马里兰州的大学，我们也决定将细分限制在两个变量（admission_rate 和 sat_avg）上。看看这两个变量的汇总统计：

```
> maryland_college %>%
    select(admission_rate, sat_avg) %>%
    summary()

 admission_rate      sat_avg
 Min.   :0.1608   Min.   : 842
 1st Qu.:0.5181   1st Qu.: 900
 Median :0.5961   Median :1048
 Mean   :0.5886   Mean   :1062
 3rd Qu.:0.6606   3rd Qu.:1176
 Max.   :0.8696   Max.   :1439
```

从结果可以看出，两个变量取值范围是不同的。在第 6 章中解释了对于距离度量，具有较大值的变量或具有较大值范围的变量往往会对计算产生不相称的影响。因此，必须在构建模型之前对值进行标准化。使用 R 基础包中的 scale() 函数，创建了一个新的 z 分数标准化数据集，名为 maryland_college_scaled。

```
> maryland_college_scaled <- maryland_college %>%
    select(admission_rate, sat_avg) %>%
    scale()
```

新数据集的统计汇总信息显示打算用于细分的两个变量的标准化值。

```
> maryland_college_scaled %>%
    summary()

 admission_rate       sat_avg
 Min.   :-2.77601   Min.   :-1.2512
 1st Qu.:-0.45725   1st Qu.:-0.9218
 Median : 0.04895   Median :-0.0813
 Mean   : 0.00000   Mean   : 0.0000
 3rd Qu.: 0.46753   3rd Qu.: 0.6485
 Max.   : 1.82387   Max.   : 2.1393
```

现在已经准备好对数据进行聚类。为此，使用 stats 包中的 kmeans() 函数，该函数的作用是获取几个控制聚类过程的参数。第一个参数是需要聚集的数据。第二个参数（centers）是想要得到的簇的数量，这表示 k 的值，将该值设置为 3。最后一个参数（nstart）指定要尝试的初始配置数。将选择提供最佳结果的配置。把这个参数设为 25。

```
> library(stats)
> set.seed(1234)
> k_3 <- kmeans(maryland_college_scaled, centers=3, nstart = 25)
```

12.3.2 分析簇

kmeans() 函数返回一个对象，该对象具有几个描述所创建簇的属性。其中一个属性是 size 属性，这表示每个簇中的样本数。

```
> k_3$size

[1] 2 9 8
```

输出结果显示，对于这 3 个簇分别有 2 个、9 个和 8 个样本。kmeans() 函数返回的另一个属性是 centers。顾名思义，这表示每个簇的中心，这些是簇质心的坐标。

```
> k_3$centers

  admission_rate    sat_avg
1     -1.7425275   1.7871932
2     -0.2001854  -0.8322366
3      0.6608405   0.4894679
```

基于 kmeans() 函数的输出，还可以可视化簇。factoextra 包提供一个名为 fviz_cluster() 的有用函数来实现这一点。我们给这个函数传递了 3 个参数：第一个参数（k_3）是聚类结果；第二个参数是用于创建簇的数据（data）；第三个参数（repel=TRUE）有助于在可视化中组织样本标签的布局。

```
> library(factoextra)
> fviz_cluster(k_3, data = maryland_college_scaled, repel = TRUE)
```

可视化（见图 12.9）显示了 3 个簇中每个簇中的大学。与该州的其他大学相比，第一组的大学（约翰霍普金斯大学和马里兰大学帕克分校）的 SAT 分数高于平均水平（>0），录取率低于该州其他大学的平均水平（<0）。这些都是高选择性的学校，学生人数众多。第二组大学的平均 SAT 分数低于州平均水平，这些大学的录取率也低于州平均水平。第三组的大学录取率和 SAT 分数一般都在州平均水平或以上。

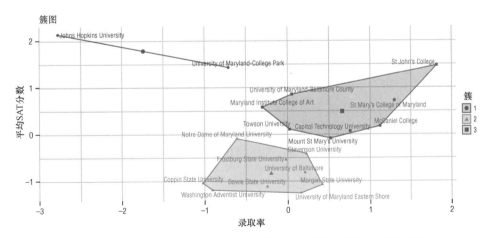

图 12.9　按平均 SAT 分数和录取率划分马里兰州的大学三大簇的可视化

还可以评估其他属性，如学费、贷款违约率、教职员工月薪等，在簇之间如何变化。

为此，首先需要为 maryland_college 数据集中样本分配簇标签。然后，选择要比较的属性，按簇进行分组并为选择的每个属性生成平均值。

```
> maryland_college %>%
  mutate(cluster = k_3$cluster) %>%
  select(cluster,
         undergrads,
         tuition,
         faculty_salary_avg,
         loan_default_rate,
         median_debt) %>%
  group_by(cluster) %>%
  summarise_all("mean")

# A tibble: 3 x 6
  cluster undergrads tuition faculty_salary_avg loan_default_rate median_debt
    <int>      <dbl>   <dbl>              <dbl>             <dbl>       <dbl>
1       1     16286.  28244.              11258            0.0175       17875
2       2      3407   14219.               7781.           0.108        24776.
3       3      4711.  27523.               7593.           0.045        23925.
```

研究结果对不同簇提供了进一步的见解。与该州的其他大学相比，第一组的大学（平均）倾向于拥有更多的本科生（16 286 人）、更高的学费（28 244 美元）和更高的教职员工月薪（11 258 美元）。研究结果还显示，从这些学校毕业的学生倾向于以较低的比例（1.75%）拖欠大学贷款。这与这些学生毕业时贷款负担较低（17 875 美元）的事实有关。

12.3.3　选择最佳簇数

到目前为止，聚类分析是基于这样的假设：马里兰州的大学应该属于基于平均 SAT 分数和录取率的三个聚类（$k=3$）之一。因为聚类是一种无监督的学习方法，所以没有先前标签可以用来评估工作。因此，选择 3 个是否是正确的簇数选择由用户自行决定。有时，簇的预期数量的先验知识被用来通知 k 的值。这可能基于现有的业务需求或约束，有时在缺乏先验知识的情况下，使用一个简单的经验法则。其中一个规则是将 k 设置为数据集中样本数的平方根。可以想象，这条规则仅限于在小数据集上使用。然而，有几种统计方法提供了"一些指导"，即在数据集中样本进行分割时，有多少簇是合理的。接下来介绍 3 种方法——肘法、平均轮廓法和差距统计法。

1. 肘法

k 均值聚类背后的思想是，决定 k 的值，算法尝试根据相似度将数据集中的每个样本分配到 k 个簇之一中。簇内样本相似（或不相似）的程度可以使用称为簇内平方和（Within-Cluster Sum of Squares，WCSS）的度量进行量化。簇的 WCSS 是簇中样本与簇质心之间的距离之和。对于 $k=3$，WCSS 计算如下：

$$\sum \text{distance}(P_{1i}, C_1)^2 + \sum \text{distance}(P_{2i}, C_2)^2 + \sum \text{distance}(P_{3i}, C_3)^2 \qquad (12.3)$$

其中 C_1、C_2 和 C_3 表示簇 1、2 和 3 的中心；而 P_{1i}、P_{2i} 和 P_{3i} 表示簇 1、2 和 3 中的样本。簇中的样本离质心越近，WCSS 值越小。WCSS 值越小，簇中的相似样本就越多。随着 k 值的增加，每个簇中的样本越接近，总 WCSS 值越小。如果要计算基于不同 k 值创建簇的总 WCSS，将得到一个负斜率的凸曲线，如图 12.10 所示。

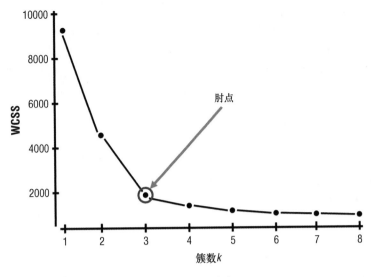

图 12.10　肘法

如图 12.10 所示，随着 k 的增加，不仅 WCSS 值下降，而且 k 每增加一个单位，WCSS 值的减少也会下降。在曲线的某一个点上，出现一个可见的弯曲，代表着 k 值的增加不再导致 WCSS 值显著降低，这一点被称为肘部。在这一点上的 k 值通常被认为是数据集的适当簇数。这种利用 WCSS 曲线的肘部来确定正确簇数的技术称为肘法。

factoextra 包以前用于可视化簇，也提供了简单易用的函数 fviz_nbclust() 来确定最佳的簇数量。该函数有 3 个参数：第一个参数是数据集（maryland_college_scaled），第二个参数是聚类方法（kmeans），最后一个参数是评估方法（wss）。注意，对于此函数，评估方法 wss 意味着 WCSS。

```
> fviz_nbclust(maryland_college_scaled, kmeans, method = "wss")
```

如图 12.11 所示，两个红色圆圈表明，k 有两个可能的值（4 或 7），这意味着数据的最佳簇数是 4 或 7。然而，在确定 k 的最终值之前，让我们看一下另外两种确定正确簇数的统计方法，看看这将告诉我们什么。

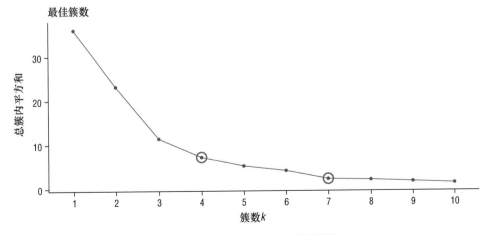

图 12.11　使用肘法确定适当簇数

2. 平均轮廓法

考虑的下一种统计方法被称为平均轮廓法。样本轮廓是衡量该样本与同一簇中其他样本的匹配程度，以及与相邻簇中样本的松散程度。轮廓值接近 1 意味着样本属于正确的簇，而轮廓值接近 −1 意味着样本在错误的簇中。平均轮廓法根据 k 的不同值计算数据集中所有样本的平均轮廓。如果大多数样本的值较高，则平均值较高，聚类配置被认为是合适的。但是，如果很多点的轮廓值较低，则平均值也会较低，聚类配置就不是最优的。

与肘法类似，使用平均轮廓法，根据不同的 k 值绘制平均轮廓。与最高平均轮廓相对应的 k 值表示最佳簇数。在 R 中使用 fviz_nbclust() 来实现这个方法。但是没有为这个方法指定 wss，而是指定了轮廓。

```
> fviz_nbclust(maryland_college_scaled, kmeans, method = "silhouette")
```

与肘法相似，平均轮廓法的结果（见图 12.12）也表明 k=4 和 k=7 都提供了最佳簇数。

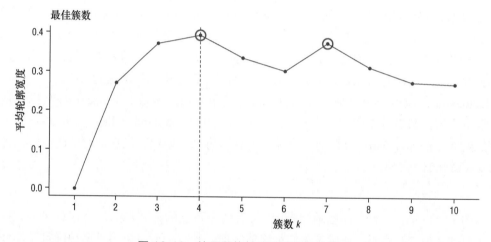

图 12.12　使用平均轮廓法确定最佳簇数

3. 差距统计法

考虑的第三种统计方法比较了从观测数据创建的簇和从随机生成的数据集（称为参考数据集）创建的簇之间的差异。对于给定的 k，差距统计量是观测数据和参考数据集的总 WCSS 的差值。最佳簇数由产生最大差距统计的 k 值表示。fviz_nbclust 函数的作用是：可视化不同 k 值的差距统计。这次将方法设置为 gap_stat。

```
> fviz_nbclust(maryland_college_scaled, kmeans, method = "gap_stat")

Clustering k = 1,2,..., K.max (= 10): .. done
Bootstrapping, b = 1,2,..., B (= 100) [one "." per sample]:
.......................................... 50
.......................................... 100
```

结果（见图 12.13）表明，最佳簇数应为 1 或 7。这些是具有最大差距统计的 k 值。基于所考虑的 3 种方法，其中两种建议最佳聚类数为 4 或 7，一种建议最佳聚类数为 1 或 7。

这意味着选择 4 或 7 作为簇的最终数量是合理的。

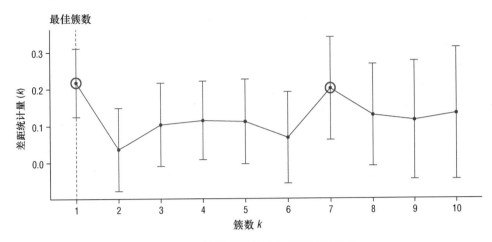

图 12.13　使用差距统计确定适当的簇数

重要的是要注意，这里介绍的统计方法只是提供了 k 的建议值，将这些方法视为一个专家小组，从不同的角度看待一个问题。在为 k 选择一个值时，最重要的是要考虑最终的簇对你来说有多合理。考虑到在马里兰州的数据集中只有 19 所大学，设置 $k=7$ 意味着每个簇平均只有两三所大学。这并没有提供足够的空间来比较一个簇内的大学，所以将使用 $k=4$ 来代替。这使得每个簇中大约四到五所大学（平均）。使用这个 k 值，重新创建并可视化簇，见图 12.14。

```
> k_4 <- kmeans(maryland_college_scaled, centers = 4, nstart = 25)
> fviz_cluster(
    k_4,
    data = maryland_college_scaled,
    main = "Maryland Colleges Segmented by SAT Scores and Admission
Rates",
    repel = TRUE)
```

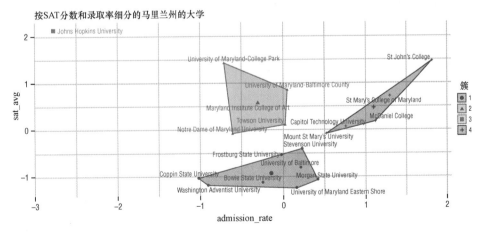

图 12.14　根据平均 SAT 分数和录取率将马里兰州的大学细分为 4 簇

12.3.4 k 均值聚类的优缺点

与其他机器学习方法类似，k 均值聚类方法也有一定的优缺点。了解这种方法的优点和缺点，有助于确定它是否适合当前问题。

以下是优点。

- k 均值聚类方法之所以在将数据细分为子组时如此常用，原因之一是它具有广泛的实际应用。
- 该方法还具有灵活性和可塑性，因为只需改变 k 的值就可以改变样本分组的子组的数量。
- k 均值聚类背后的基本数学原理（如欧几里得距离）并不难理解。

以下是缺点。

- k 均值聚类需要用户设置 k 值。有时选择正确数量的簇需要更多问题领域的额外知识。
- 因为只能计算数值之间的距离，所以 k 均值聚类仅适用于数值数据。
- 算法对异常值敏感。
- k 均值算法不擅长对具有复杂几何形状的簇（非球形簇）进行建模。
- k 均值聚类的简单性使得它在不使用距离度量的情况下不太适合建模项目之间的复杂关系。
- 使用随机或伪随机初始质心意味着该方法在某种程度上依赖于偶然。

12.4 案例研究：对购物中心客户进行细分

在本章的案例研究中，将使用包含 200 个购物中心客户的模拟数据集。每个客户记录由一个唯一标识符（CustomerID）、性别（gender）、年龄（age）、年薪（Income）和基于客户的购买习惯和其他几个因素（SpendingScore）的 1 ～ 100 之间的指定分数组成。我们的目标是根据 Income 和 SpendingScore 对客户进行细分。

首先，使用 tidyverse 包中的 read_csv() 函数导入数据。

```
> library(tidyverse)
> mallcustomers <- read_csv("mallcustomers.csv")
> glimpse(mallcustomers)

Observations: 200
Variables: 5
$ CustomerID    <dbl> 1, 2, 3, 4, 5, 6, 7, 8, 9, 10, 11, 12, 13, ...
$ Gender        <chr> "Male", "Male", "Female", "Female", "Female...
$ Age           <dbl> 19, 21, 20, 23, 31, 22, 35, 23, 64, 30, 67,...
$ Income        <chr> "15,000 USD", "15,000 USD", "16,000 USD", "...
$ SpendingScore <dbl> 39, 81, 6, 77, 40, 76, 6, 94, 3, 72, 14, 99...
```

12.4.1 探索和准备数据

基于数据预览，看到 Income 变量存储为字符串。k 均值聚类利用欧几里得距离来评估样本变量之间的距离。只能计算数值之间的距离。因此，需要将 Income 变量转换为一个数值。为此，首先需要从数据中删除子字符串 "，" 和 "USD"。然后可以把它转换成数字。使用 stringr 包中的 str_replace_all() 函数将子字符串替换为空字符串（""）。使用 R 的 base 包中函数 as.numeric() 将数值类型从字符串更改为数值。

```
> library(stringr)
> mallcustomers <- mallcustomers %>%
  mutate(Income = str_replace_all(Income," USD","")) %>%
  mutate(Income = str_replace_all(Income,",","")) %>%
  mutate(Income = as.numeric(Income))
> summary(mallcustomers)

   CustomerID        Gender               Age            Income         SpendingScore
 Min.   :  1.00   Length:200        Min.   :18.00   Min.   : 15000   Min.   : 1.00
 1st Qu.: 50.75   Class :character  1st Qu.:28.75   1st Qu.: 41500   1st Qu.:34.75
 Median :100.50   Mode  :character  Median :36.00   Median : 61500   Median :50.00
 Mean   :100.50                     Mean   :38.85   Mean   : 60560   Mean   :50.20
 3rd Qu.:150.25                     3rd Qu.:49.00   3rd Qu.: 78000   3rd Qu.:73.00
 Max.   :200.00                     Max.   :70.00   Max.   :137000   Max.   :99.00
```

统计汇总结果表明，在 Income 和 SpengdingScore 的规模上存在显著差异。因此，需要使它们标准化。在这样做之前，排除了对分割没有用处的其他变量，然后使用 scale() 函数使用 z 分数标准化方法对这两个变量进行标准化。

```
> mallcustomers_scaled <- mallcustomers %>%
  select(-CustomerID, -Gender, -Age) %>%
  scale()
> summary(mallcustomers_scaled)

     Income          SpendingScore
 Min.   :-1.73465   Min.   :-1.905240
 1st Qu.:-0.72569   1st Qu.:-0.598292
 Median : 0.03579   Median :-0.007745
 Mean   : 0.00000   Mean   : 0.000000
 3rd Qu.: 0.66401   3rd Qu.: 0.882916
 Max.   : 2.91037   Max.   : 1.889750
```

12.4.2 聚类数据

有了标准化的变量，现在就可以对数据进行聚类了。正如前面所讨论的，k 均值聚类方法要求用户指定数据应分组到多少个簇（k）。确定 k 的最佳值有几种方法，我们讨论了 3 种最常用的方法——肘法、平均轮廓法和差距统计法。使用 fviz_nbclust() 得到了基于所有 3 种方法的 k 的推荐值，见图 12.15。

```
> fviz_nbclust(mallcustomers_scaled, kmeans, method = "wss")
> fviz_nbclust(mallcustomers_scaled, kmeans, method = "silhouette")
> fviz_nbclust(mallcustomers_scaled, kmeans, method = "gap_stat")
```

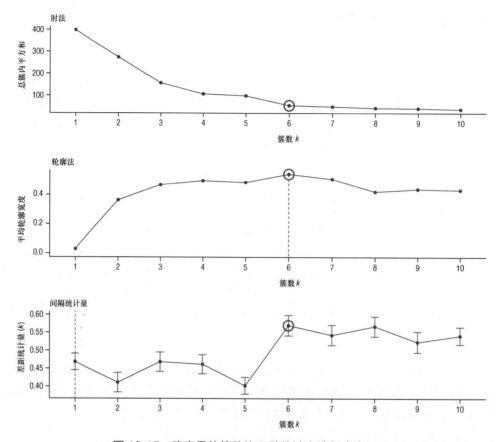

图 12.15　确定最佳簇数的 3 种统计方法都建议 k=6

结果表明，k=6 是数据集的最佳簇数。当 k 设置为 6 时，创建最后一组簇并将结果可视化，以查看每个购物中心客户属于哪个簇。

```
> set.seed(1234)
> k_clust <- kmeans(mallcustomers_scaled, centers = 6, nstart = 25)
> fviz_cluster(
    k_clust,
    data = mallcustomers_scaled,
    main = "Mall Customers Segmented by Income and Spending Score",
    repel = TRUE)
```

12.4.3　评估簇

从簇可视化（见图 12.16）中看到，簇 1 和簇 2 中的客户拥有高于平均水平的消费得分和高于平均水平的收入，这些人收入高，花钱大手大脚。簇 3 的客户也是高收入者，但他们的消费得分低于平均水平。这些人收入高，花钱少。这些客户为企业提供了创收机会。簇 4 代表低收入和低消费的客户，而簇 5 代表平均收入和平均消费得分的平均客户。簇 6 中的客户是消费高于平均水平但收入低于平均水平的客户。如果这些细分客户被用来评估信用风险，那么这些客户将是风险最大的细分客户。

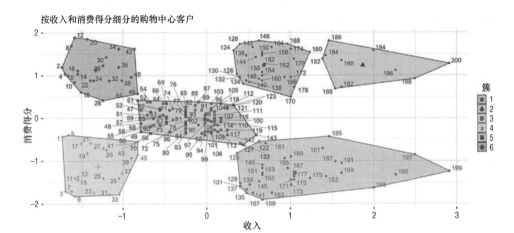

图 12.16   购物中心的客户根据他们的消费得分和收入被分成 6 簇

还可以通过为原始数据分配簇标签，并评估每个簇的性别分布和平均年龄，进一步了解每个细分市场中客户的人口统计特征。为了帮助评估性别分布，创建了两个虚拟变量（Male 和 Female）来代表 Gender 变量。

```
> mallcustomers %>%
  mutate(cluster = k_clust$cluster) %>%
  mutate(Male = ifelse(Gender == "Male", 1, 0)) %>%
  mutate(Female = ifelse(Gender == "Female", 1, 0)) %>%
  select(cluster, Male, Female, Age) %>%
  group_by(cluster) %>%
  summarise_all("mean")

# A tibble: 6 x 4
  cluster  Male Female   Age
    <int> <dbl>  <dbl> <dbl>
1       1 0.483  0.517  32.9
2       2 0.4    0.6    32.2
3       3 0.543  0.457  41.1
4       4 0.391  0.609  45.2
5       5 0.407  0.593  42.7
6       6 0.409  0.591  25.3
```

结果显示，除簇 1 和簇 3 外，所有簇的性别分布相似（60% 为女性，40% 为男性）。在这些簇中，看到了稍微更平衡的性别分布，簇 1 显示出对女性的轻微倾斜，簇 3 显示出对男性的倾斜。

每个簇的平均年龄也提供了一些额外的信息。簇 3、4 和 5 的客户平均年龄在 41 ～ 45 岁之间。这些客户在消费上倾向更加保守（见图 12.16）。簇 1 和簇 2 中的客户平均年龄为 32 岁。这些都是高收入高消费人群。簇 6 的客户平均年龄为 25 岁，往往更年轻。总体而言，人口统计信息似乎表明，客户年龄越大平均消费越少。

12.5   练习

练习 1. 使用本章中的高校数据集，对印第安纳州高校的平均教师工资和年学费进行聚类分析。选择 k=3 并生成簇的可视化效果。

练习 2．使用本章中描述的技术，为练习 1 中编码的聚类问题选择两个可能的最佳 k 值。证明你的答案是正确的。

练习 3．为在练习 2 中选择的两个 k 值生成簇图。你认为哪一个是最好的结果？为什么？

12.6　参考资料

1．有关 k 均值 ++ 方法的更多信息，请参阅以下内容：

Arthur，D.，Vassilvitskii，S. *k-means++: The advantages of careful seeding.*In: Proceedings of the eighteenth annual ACM-SIAM symposium on discrete algorithms. 2007:1027- 1035.